煤炭高等教育"十四五"规划教材

地下工程测量学

主　　编　齐修东
参编人员　葛小三　井瑞祥　李　伟　王　宇

应急管理出版社
·北　京·

内 容 提 要

本书主要内容包括矿山测量、城市地铁测量、长隧道测量、地下工程（隧道）变形监测和贯通误差预计等。共分八章，第一章为绪论，第二至四章为矿山测量学内容，包括联系测量、井下控制测量和井下施工测量；第五章为城市地铁测量；第六章为长隧道测量，包括洞内外控制测量、隧道施工测量和三维激光扫描在隧道施工中的应用；第七章为地下工程（隧道）变形监测，主要包括变形监测方法、隧道变形监测技术和变形监测数据分析等内容；第八章为贯通误差预计，主要包括预计参数获取、各项测量误差分析等内容。

本书适用于测绘工程及相关测绘类专业本科生教学用书，同时也可作为土木工程专业、相关矿山测量和工程测量技术人员的参考书。

前　　言

本书是按照煤炭高等教育"十四五"规划教材的要求，根据测绘专业本科生培养计划和课程标准进行编写的。

近年来，随着测绘科学和技术的飞速发展，新型测量仪器设备不断涌现，地下工程测量技术有了新的提高，特别是高精度全站仪、陀螺仪和三维激光扫描仪等精密仪器的出现，使测绘技术从形式到内容都发生了巨大变化，测量自动化和测量成果数字化已成为现代测量的发展方向。为适应现代地下工程测量理论、技术、方法和仪器的发展，便于读者理解和掌握地下工程测量的基本原理和方法，结合当前矿山、地铁、隧道等工程测量与变形监测工作的实际情况，编者将矿山测量、变形监测理论与应用和工程测量课程中的地下工程测量部分内容进行提炼重组，编写成本书。

本书在编写过程中，注重加强基础理论教学，同时注重学生能力培养和知识面拓展，努力做到通用性、实用性和先进性相结合，力争反映当代测绘科学技术及其发展趋势，符合新世纪高等教育改革潮流。本书以满足40~50学时的教学需求为基础，在全面系统讲解地下工程测量理论的同时增添了大量案例，帮助学生理论联系实际，增强解决地下工程复杂问题的能力。

本书由河南理工大学教授葛小三、高级工程师齐修东、讲师李伟、讲师王宇和中国南水北调集团中线有限公司河南分公司高级工程师井瑞祥等共同编写。全书共八章，具体分工如下：第一章和第五章由葛小三编写；第二章和第八章由齐修东编写；第三章和第六章由王宇编写；第四章由李伟编写；第七章由井瑞祥编写。全书由齐修东统稿。

本书的出版得到了河南理工大学测绘与国土信息工程学院教材出版基金资助项目的资助。本书在编写过程中得到了河南理工大学教授魏峰远、程钢、张健雄、李长春和副教授连增增的大力支持，并提出了许多宝贵意见，在此表示衷心感谢！同时，在编写过程中参考了大量同类文献，在此向有关文献资料的作者表示真诚的谢意！

本书在编写过程中，虽然编者做了大量工作，但由于水平有限，书中难免有错误、不足和不妥之处，敬请读者批评指正。

编　者

2023 年 11 月

目　　次

第一章 绪 论

随着现代科学技术的迅速发展，我国的地下工程测量技术水平有了新的提高，特别是近年来随着高精度全站仪、卫星导航定位系统（GNSS）、陀螺全站仪和三维激光扫描仪等精密仪器的出现，各种大型地下建筑物及构筑物的工程建设、矿山建设工程不断增多，给地下工程测量提出了新任务、新课题和新要求。工程测量从单一的矿山测量扩大到地下工程测量，服务领域不断拓宽，地下工程测量事业不断发展与进步。

一、地下工程的种类和特点

地下工程根据工程建设的特点可分为三大类。第一类属于地下通道工程，主要包括交通隧道工程、引水隧道和地下管廊等；第二类属于地下建（构）筑物，主要包括地下工厂、地下停车场、地下文化娱乐设施、地下发电站、地下各种储备设施、人防避难工程等；第三类是地下采矿工程，主要包括煤矿、铁矿、铝土矿、金矿等。

由于工程的环境、性质和地质采矿条件不同，地下工程的施工方法也各不相同，主要有明挖法和暗挖法。如浅埋的隧道（即挖开地面修筑衬砌，然后再回填）可采用明挖法，深埋的地下工程常采用暗挖法（包括盾构法和矿山法）。与地面工程测量相比，地下工程测量具有以下特点：

（1）地下工程施工环境差。如黑暗潮湿、通视条件不好、需经常进行点下对中（常把点位布设在坑道顶部）、边长长短不一并且有时较短，导致测量精度难以提高。

（2）点位误差易积累。地下工程的坑道往往采用独头掘进，而硐室之间又互不相通，因此不便组织校核，出现错误往往不能及时发现。并且随着坑道向前掘进，点位误差的累积越来越大。

（3）测量形式简单。地下工程施工面狭窄，并且坑道一般只能前后通视，致使控制测量形式比较单一，常规的地面控制测量形式已不再适合，只能采用导线形式。

（4）先低级后高级。随着工程的进展，测量工作需要不间断地进行。一般先以低等级导线指示坑道掘进，而后布设高级导线进行检核。

（5）测量方法独特。由于地下工程的需要，往往采用一些特殊或特定的测量方法（如联系测量等）和仪器（陀螺经纬仪等）。同时，有的采矿工程有矿尘和瓦斯（如井工矿），要求仪器具有较好的密封性和防爆性。

二、地下工程对测量的要求

地下工程的测量环节包括建立地面控制网、地面和地下的联系测量、地下测量和变形监测。地下工程对测量的要求如下：

（1）在地下工程中，为加快施工进度，往往采用多头施工，存在贯通工程，因此要严格控制影响贯通质量的误差。对于不同工程、不同功能巷道的贯通，其精度要求不相同，其贯通误差的允许数值应满足相应的工程规范要求。

（2）为保证地下工程的施工质量，工程施工前应进行工程测量误差预计。在方案设计中，要根据限差要求进行，不必追求过高精度。对一些大型贯通，为保证贯通精度，应尽量采用先进测量技术和先进测量设备。如通过加测陀螺定向边提高导线精度，用三维激光扫描仪控制隧道超挖和欠挖等。

三、地下工程测量的具体内容

（一）规划设计阶段

在地下工程规划设计阶段，视工程规模大小和建筑物所处地下深度，需要使用已有的各种大、中比例尺地形图或测绘专用地形图。地形图测绘范围除满足主体工程和附属工程的设计需要外，还应考虑岩体掘空后地面沉陷、岩体移动以及地下水渗入的可能影响范围。对于大型地下工程，测图比例尺在规划阶段为 1：5000～1：25000；在初步设计阶段为 1：1000～1：5000；在施工设计阶段为 1：200～1：1000。对于小型地下工程，初步设计和施工设计用图的比例尺采用 1：500～1：2000。此外，还要测绘必要的纵、横断面图及地质剖面图等。

（二）施工阶段

在施工阶段，配合施工步骤和施工方法，进行施工控制测量以及建（构）筑物的定线放样测量，保证地下工程按照设计正确施工。主要内容有：

1. 地下工程施工控制测量

地下工程施工控制测量分为地面控制和地下控制两部分，另外还应将地面和地下两部分联测，形成具有统一坐标和高程系统的控制网。

地面平面控制测量一般采用导线、GNSS 控制网和三角网。高程控制测量一般采用水准网或电磁波测距三角高程控制网，高程控制网的首级网应布设成闭合环线，加密网可布设成附合路线、结点网或闭合环。

地面与地下的联系测量，对于采用平硐或斜井进行施工的地下工程，可采用导线进行平面联系测量，采用水准或电磁波测距三角高程进行高程联系测量。如果通过竖井施工，则可采用几何联系测量（一井、两井定向测量等）或物理定向（陀螺定向测量等）的方法进行平面联系测量。高程联系测量通常采用长钢尺法、长钢丝法或电磁波测距仪测深法。

地下控制测量从各硐口或井口引进，随坑道掘进而逐步延伸。地下控制网的形状和测量方法依坑道形状和净空大小而定。地下平面控制一般采用导线或狭长的导线网，并在适当位置加测陀螺方位角以减少测角误差的积累。地下高程控制一般采用水准测量或电磁波测距三角高程进行。

2. 地下工程施工放样

地下工程的定线放样工作，是依据地下平面控制点和水准控制点，放样出施工中线和施工腰线，给出开挖方向，从而布置炮眼进行钻爆或以掘进机械进行开挖（近代已用激光导向的方法操纵掘进机械的进程）。待硐体成型或部分成型后，即根据校准的中线放样断面线，进行衬砌。地下工程衬砌后，要进行断面测量，核实净空。对于硐室、地下油库等还要测算实际库容。

3. 地下工程竣工测量

地下工程竣工后，要测制竣工图和记录必要的测量数据，在经营管理阶段还要针对地下工程的设备安装、维修、改建、扩建等进行各种测量工作。

4. 变形监测

地下工程施工时，因岩体掘空，围岩应力发生变化，可能导致地下建筑物及其周围岩体下沉、隆起、两侧内挤、断裂以至滑动等变形和位移。因此，必要时从施工前开始直到经营期间，应对地面、地面建筑物、地下岩体进行系统的变形观测，以保证安全施工，鉴定工程质量，并开展相应的科学研究工作。对于地面沉降观测通常采用重复水准测量方法，首级网用精密水准仪进行观测，次级网用低一级的水准测量，均按一定周期进行观测，并用严密平差方法求得各观测点的高程。地面水平位移观测通常要布设高精度的变形控制网，由基准点和工作基点组成首级变形控制网，由工作基点与变形观测点组成次级网。变形控制网按不同观测对象和不同观测仪器可布设成测角网、测边网、边角网。在没有固定点可利用的情况下，变形网则布设成自由网（全部控制点位于变形影响范围以内）。对较复杂的网形，应在预定的工作量下进行优化设计。对于岩层断裂、滑坡地区任意方向的位移观测，常布设跨越断层的单三角形、大地四边形、中点多边形等图形。特定方向的位移观测常用基准线法、测小角法或活动觇标法测定观测点偏离，以计算位移值。20世纪60年代以来开始应用激光准直、正垂线和倒垂线等方法测定特定方向的位移。

四、地下工程测量的沿革及展望

地下工程测量是一门直接为国民经济和国防建设服务，与生产实践紧密结合，集地质、采矿和测绘于一体的综合性应用学科。其发展可以追溯到古代，公元前2200年古巴比伦王朝修建了长达1 km的横断幼发拉底河的水底隧道，春秋时期《周礼·地官》记载，"矿人掌金玉锡石之地，……若以时取之，则物其地图以授之"，说明那时已进行了矿山测量绘图。罗马时代修筑的很多隧道工程，西汉时期修建的梁孝王墓葬，公元8世纪新疆坎儿井的"穿井"之术，都进行了地下工程测量。中世纪时期由于对铜、铁等金属的需求，在矿石开采工程中采用了矿山测量技术。20世纪50年代以后，随着陀螺经纬仪、光电测距仪、电子经纬仪和计算机等在矿山测量工作中的使用，变革了传统的矿山测量学理论和技术，特别是随着高精度全站仪、GNSS和三维激光扫描仪等精密仪器的出现和工程建设规模的不断扩大，各种大型地下建筑物和构筑物的工程建设、隧道建设、矿山建设工程在不断增多，给矿山测量提出了新任务、新课题和新要求，使其从单一的矿山测量扩大到整个地下工程测量，其服务领域也不断得到拓宽，同时更好地推动了地下工程测量事业的进步与发展。

（一）地下工程测量技术的发展现状

1. 传感器的研究应用与集成

传感器是一个非常广义的概念，可泛指各种能自动化、高精度地采集数据的设备。GNSS接收机、激光跟踪仪、智能全站仪、马达驱动的全站仪、CCD数码相机以及工程岩土位移伸缩计、流体静力水准等都属于传感器。当今，新型、高精度和实时动态性是保证结构复杂的大型工程安全施工和运营的重要保障，这就要求不同知识和专业领域的科技人员共同合作，较全面地了解和掌握工程的安全状态，以综合分析建筑物的实时状态。因此，需要充分利用传感器的自动化和高精度特点，实现数据的自动采集、传输、处理和表达。这种需求极大地促进了各种传感器的研发，并在各种工程中广泛应用。

2. 变形监测

变形监测自动化是目前变形监测手段的重要话题。一个变形监测系统应该是一个测量传感器和"非测量"传感器组成的联合自动化系统。对目前的监测手段而言，大部分还是以 GNSS、测量机器人和数字水准仪为主体，因为这几种方法设站灵活、成本低、易自动化，且在大部分情况下都能满足变形测量的要求。同时，为弥补其不足，流体静力水准、倾斜测量仪、温度传感器、风力传感器、光纤位移传感器、交通流量测量传感器、振动测量传感器等设备的应用也越来越广泛，可满足具体工程的特殊要求和便于全面地变形分析。变形监测的对象主要集中在常规的土木工程如道路、桥梁、隧道、铁路、水坝、厂房设备、电视塔等高大建筑物和滑坡、岩崩、雪崩等。由于各种传感器的大量使用，我们不仅可以连续地测量变形本身，而且可以连续测量包括温度、水位、气压、荷载、风力、降雨、湿度等变形体周围的多种环境数据。因此，变形监测的数据处理主要集中在对连续时间序列的处理、对多传感器数据的联合处理、变形可视化表达和建立变形动态模型等方面。通过数据处理后的分析对变形作出合理解释，对工程建筑物的现状给出正确评价，对其发展趋势给出正确预报。

3. 新仪器的研究与应用

激光扫描仪是近几年出现的一种新型传感器，激光扫描仪的突出优点是不需要反射合作目标，速度快、精度高，主要用于快速、精确地测定物体的表面形状，尤其适合形状和结构特别复杂的对象，如在工业设备测定、隧道超挖欠挖测量和变形监测等方面都得到了广泛应用。目前对其研究的重点集中在两个方面：一是测量精度的研究，包括距离测量精度、角度测量精度、物体表面影响和同名点的匹配精度等；二是具体的实际应用，如地下工程三维模型建立、工程施工和竣工的形状资料等。

高精度的陀螺经纬仪由微机控制，仪器自动、连续地观测陀螺摆动并能补偿外部干扰，观测时间短、精度高。如 Cromad 陀螺经纬仪在 7 min 左右的观测时间能获取 3″的精度，比传统陀螺经纬仪精度提高近 7 倍，作业效率提高近 10 倍。

（二）地下工程测量技术的展望

（1）测量机器人将作为多传感器集成系统在人工智能方面得到进一步发展，其应用范围将进一步扩大，影像、图形和数据处理方面的能力进一步增强。

（2）在变形观测数据处理和大型工程建设中，将发展基于知识的信息系统，并进一步与大地测量、地球物理、工程与水文地质以及土木建筑等学科相结合，解决工程建设中及运行期间的安全监测、灾害防治和环境保护的各种问题。

（3）多传感器的混合测量系统将得到迅速发展和广泛应用，如 GNSS 接收机与电子全站仪或测量机器人集成，可在大区域乃至国家范围内进行无控制网的各种测量工作。地理信息技术将紧密结合工程项目，在勘测、设计、施工管理一体化方面发挥重大作用。

（4）大型和复杂结构建筑、设备的三维测量、几何重构及质量控制将是工程测量学发展的一个热点。固定式、移动式、车载、机载三维激光扫描仪将成为快速获取被测物体乃至地面建筑物、构筑物基础信息的重要仪器。用精密工程测量的设备和方法进行工业测量、大型设备的安装、在线监测和质量控制，将成为设计制造的重要组成部分，甚至作为制造系统不可分割的一个单元是工业领域应用的一个趋势。

（5）数据处理中数学物理模型的建立、分析和辨识将成为工程测量学专业教育的重要内容。数据处理由测角网的平差计算、点的坐标计算、几何元素计算发展到高密度空间三维点、"点云"数据处理、被测物体的三维重建、可视化分析、"逆向工程"以及与实体模型的比较分析、测量数据和各种设计数据库的无缝链接等。

综上所述，地下工程测量学的发展，主要表现在从一维、二维到三维、四维，从点的信息到平面和立体信息获取，从静态到动态，从后处理到实时处理，从人眼观测操作到机器人自动寻找目标观测，从大型特种工程到人体测量工程，从高空到地面、地下及水下，从人工量测到无接触遥测，从周期观测到持续测量，测量精度从毫米级到微米乃至纳米级。地下工程测量学的上述发展将对提高人们的生活环境和生活质量起到重要作用。

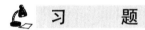 习　　题

1. 地下工程测量的特点是什么？
2. 简述地下工程测量技术的发展方向。

第二章 联 系 测 量

矿井（地铁和隧道）建设和生产，需要建立地面和地下统一的平面坐标与高程系统。将地面的平面坐标系统及高程系统传递到地下，使地面与地下建立统一的坐标系统，该项工作称为联系测量。其中将平面坐标系统传递到地下的测量称为平面联系测量，简称定向；将地面高程系统传递到地下的测量称为高程联系测量，简称导入高程。

第一节 联系测量概述

一、联系测量的目的和任务

矿井联系测量的目的在于使地面和井下测量控制网采用同一坐标系统。其必要性在于：①确定地下工程（特别是地下采矿工程）与地面建筑物、铁路、河湖等之间的相对位置关系，保证采矿工程安全生产，同时及早采取预防措施，使地面建筑物、铁路免遭重大破坏；②保证地下工程按照设计图纸正确施工，确保巷道贯通。

联系测量的任务主要是确定井下导线起算点的平面坐标 x 和 y；确定井下导线起算边的坐标方位角；确定井下水准基点的高程 H。

二、平面联系测量的种类和要求

1. 平面联系测量的种类

平面联系测量的种类主要有几何定向和物理定向。

几何定向主要有通过平硐或斜井的导线测量定向；通过一个立井的几何定向（一井定向）；通过两个立井的几何定向（两井定向）。一井定向主要有三角形法，优点是占用井筒时间短，缺点是定向精度低。两井定向主要是无定向导线法，优点是定向精度高，缺点是占用井筒时间长、工作组织复杂。

物理定向主要有精密磁性仪器定向、投向仪定向和陀螺仪定向。

随着测量技术和仪器设备的发展，高精度陀螺仪的普及，矿井联系测量主要采用一井陀螺定向。

2. 平面联系测量的限差要求

《煤矿测量规程》规定的联系测量的主要精度要求见表2-1。

表2-1 联系测量的主要精度

联系测量类别	容 许 限 差		备 注
几何定向	由近井点推算的两次独立定向结果的互差	一井定向：<2′ 两井定向：<1′	井田一翼长度小于300 m的小矿井，可适当放宽限差，但应小于10′

表 2-1（续）

联系测量类别	容　许　限　差		备　　注
陀螺仪定向	同一边任意两测回测量陀螺方位角的互差	±15″级：＜40″ ±25″级：＜70″	陀螺仪精度级别是按实际达到的一测回陀螺方位角的中误差确定的
	井下同一定向边两次独立陀螺经纬仪定向的互差	±15″级：＜40″ ±25″级：＜60″	

三、近井点和水准基点

为了把地面坐标系统和高程系统传递到井下，在联系测量前，必须在地面井口附近设立平面控制点和高程控制点。

井筒附近的平面控制点称为"近井点"；井筒附近的高程控制点称为"水准基点"（一般近井点也可作为水准基点）；定向前在地面井口附近设立作为定向时与垂球线连接的点，叫作"连接点"。

1. 近井点和水准基点的精度要求

近井点一般是在布设矿井控制网时一同布设，其精度对于测设它的起算点来说，其点位中误差不得超过±7 cm（地铁点位中误差不得超过±1 cm），后视方位角中误差不得超过±10″。

水准基点一般按四等水准测量进行施测。

2. 近井点和水准基点的布设要求

近井点和水准基点尽可能埋设在便于观测、保存和不受开采影响的地方；近井点至井口的连测导线边数应不超过 3 条；水准基点个数应不少于 2 个。

第二节　立井几何定向

随着生产技术和测量技术的发展，一井定向一般用在矿井建设阶段和生产阶段，两井定向主要应用在地铁联系测量中。本节主要讲述一井定向，两井定向将在地铁联系测量中讲述。立井几何定向，就是在井筒内悬挂钢丝垂线，钢丝一端固定在井架上，另一端用垂球悬挂于定向水平。通过地面测量，计算出垂球线的平面坐标；在定向水平，把垂球线与井下导线连接起来，这样便能把地面的方向和坐标传递到井下，实现定向目的。一井定向测量工作可分为投点和连接测量两项工作。

一、一井定向

一井定向方法主要有三角形法、四边形法和适用于小型矿井的瞄直法等，这里仅介绍常用的三角形法。采用三角形法进行一井定向时，一般在井筒内悬挂两根垂球线。

（一）投点

投点时，通常采用单重投点法（即投点过程中垂球质量不变）。单重投点可分为单重稳定投点和单重摆动投点两类。单重稳定投点是将垂球放在水桶内，使其基本上处于静止状态，只有当井筒中风流、滴水很小、垂球线基本稳定时才能应用。单重摆动投点是让钢丝自由摆动，用专门的设备观测其摆动，从而求出它的摆动平衡位置，然后把它固定在平衡位置上。由地面向定向水平上投点时，由于井筒内气流、滴水等影响，致使井下垂球线偏离地面上的位置，该线量偏差 e 称为投点误差，由此而引起的垂球线连线的方向误差 θ 称为投向误差。A 和 B 的投点误差大小和方向都是不定的，当两者的投点误差方向相反时，引起的投向误差达到最大，如图 2-1 所示。

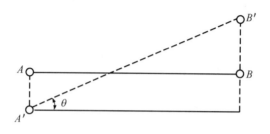

图 2-1 投点误差与投向误差

$$\theta = \pm \frac{e}{c} \rho'' \tag{2-1}$$

式中 c——两钢丝之间的距离，mm。

当 $c=3$ m、$e=1$ mm 时，$\theta = \pm 68.8''$，按《煤矿测量规程》规定，两次独立定向之差不大于 $\pm 2'$，则一次定向的允许误差为 $\pm \dfrac{2'}{\sqrt{2}}$，其中误差为

$$m_\alpha = \pm \frac{2'}{2\sqrt{2}} = \pm 42''$$

从式（2-1）可以看出，投点误差对定向精度的影响是非常大的，因此在投点时必须采取有效措施减小投点误差。

减少投点误差的主要措施：①尽量增加两垂球线间的距离，并选择合理的垂球线位置，例如使两垂球线连线方向尽量与气流方向一致，以减少投向误差；②尽量减少马头门处气流对垂球线的影响，定向时最好停止风机运转；③采用小直径、高强度钢丝，适量加大垂球质量，并将垂球浸入稳定液中；④减少滴水对垂球线及垂球的影响，在淋水大的井筒必须采用挡水措施，并在大水桶上加挡水盖。

1. 投点设备

进行投点所需的设备和安装系统如图 2-2 所示，缠绕钢丝的手摇绞车固定在井口附近合适的位置，钢丝通过安装在井架横梁上或罐笼（罐笼应用钢梁在井口托起）中的导向滑轮垂下。在钢丝下端挂上垂球，并将它放在装有稳定液的水桶中。对投点设备的要求如下：

（1）垂球以对称砝码式的垂球为好，当井深小于 100 m 时，采用 30~50 kg 的垂球；当井深超过 100 m 时，则宜采用 50~100 kg 的垂球。

（2）钢丝应采用直径为 0.5~2 mm 的高强度优质碳素弹簧钢丝，钢丝上悬挂的重锤质量应为钢丝极限强度的 60%~70%。

（3）手摇绞车各部件的强度应能承受 3 倍投点时的荷重。

（4）导向滑轮的轮缘做成锐角形的绳槽，以防止钢丝脱落，最好采用滚珠轴承。

（5）小垂球在提放钢丝时采用，其形状制成圆柱形或普通垂球形。

（6）大水桶用以稳定垂球线，一般可采用废汽油桶，桶上应加盖。

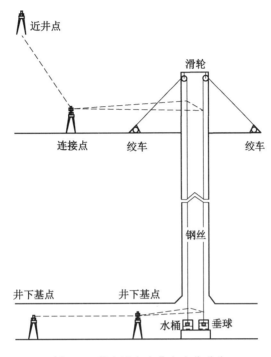

图 2-2　投点设备安装和安装系统

2. 钢丝的下放和自由悬挂的检查

进行作业之前，应该用坚固的木板扣在上、下井口盖上，以保证作业人员安全。在进行设备安装及下放钢丝时，定向水平的作业人员必须离开下井口。因井筒内安装有罐梁、罐道等设备，投点时钢丝通过滑轮并挂上小垂球后，应均匀缓慢下放，减少钢丝摆动，以避免钢丝缠绕其他设备。每下放 50 m 稍作停顿，使垂球摆动稳定后再继续下放。当收到垂球到达定向水平的信号后，即停止下放，并闸住绞车。在定向水平上，取下小垂球，挂上定向垂球，此时应事先考虑到钢丝因挂上重锤后被拉伸的程度。挂好后，应检查垂球是否与桶底及桶壁接触。

垂球线在井筒中的自由悬挂检查常采用信号圈法，信号圈法是在地面上采用铁丝做成直径 2~3 cm 的小圈（信号圈）套在钢丝上，每间隔 10 s 下放 1 个（一般下放 3 个即可），看其是否能顺利到达定向水平。采用此方法时，信号圈不能太重。另外应尽量减少钢丝摆动，以免信号圈空隙通过接触面，导致信号圈丢失。

3. 单重稳定投点

当垂球线在井筒内处于铅垂位置不动时称为单重稳定投点，当井筒不深、滴水不大、风流不大且垂球线摆动很小时（不超过 0.4 mm）采用，一般地铁、隧道竖井定向采用此方法。

4. 单重摆动投点

当垂球线在井筒内不停摆动时采用单重摆动投点，一般竖井井深超过 200 m 时，定向用得较多。通过连接测量的全站仪跟踪观测钢丝的方向值和水平距离的最大和最小值，最后取平均值作为最终值。

（二）连接测量

连接测量时，常采用连接三角形法，如图 2-3 所示。C 与 C′ 称为井上下的连接点，A、B 点为两垂球线点，从而在井上下形成了以 AB 为共用边的三角形 ABC 和三角形 ABC′。

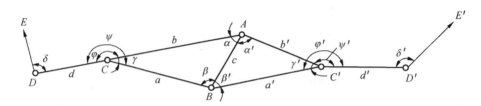

图 2-3　连接三角形示意图

选择井上下连接点 C 和 C′ 时应满足下列要求：①CD 和 C′D′ 的长度应尽量大于 20 m；②应使点 C 和 C′ 处的锐角 γ 及 γ′ 小于 2°，构成最有利的延伸三角形；③点 C 和 C′ 应适当地靠近最近的垂球线，使 a/c 和 b′/c 之值尽量小一些。

连接测量时，在连接点 C 和 C′ 处用 J₂ 经纬仪按测回法测量角度 γ、γ′、φ、φ′。当 CD 边小于 20 m 时，在 C 点进行水平角观测，其仪器必须对中 3 次，每次对中应将照准部（或基座）位置变换 120°。角度观测的中误差地面最大为 ±5″，地下最大为 ±7″。同时丈量井上下连接三角形的 6 个边长 a、b、c、a′、b′、c′。量边时，可在钢丝上粘贴反射片，利用光电测距。同一边各次观测值的互差不得大于 2 mm，取平均值作为丈量结果。在垂球摆动情况下，应测其最大和最小值，用摆动观测的方法至少连续读取 6 个读数，以求得边长。每边均须用上述方法丈量 2 次，互差不得大于 3 mm，取其平均值作为丈量结果。井上、井下量得两垂球线距离的互差，一般应不超过 2 mm。

内业计算时，首先应对全部记录进行检查，然后对边长加入各项改正，并按下式解算连接三角形各未知要素：

$$\begin{cases} \sin\alpha = \dfrac{a}{c}\sin\gamma \\[2mm] \sin\beta = \dfrac{b}{c}\sin\gamma \end{cases} \tag{2-2}$$

计算出的 α、β 角应满足 α+β+γ = 180°。在计算 α、β 角时，数值受凑整误差的影响，上述条件可能会不满足。若有微小残差，则可将其平均分配给 α 和 β。另外，计算时应对两垂球线间距进行检查。设 $c_{测}$ 为两垂线间的实际丈量值，$c_{计}$ 为其计算值，则：

$$c_{计}^2 = a^2 + b^2 + 2ab\cos\gamma$$

$$d = c_{测} - c_{计}$$

如在地面连接三角形中 d 小于 2 mm、井下连接三角形中 d 小于 4 mm，可在丈量的边长中分别加入下列改正数，以消除误差：

$$\begin{cases} v_a = -\dfrac{d}{3} \\[2mm] v_b = +\dfrac{d}{3} \\[2mm] v_c = -\dfrac{d}{3} \end{cases} \qquad (2\text{-}3)$$

上式是针对地面连接三角形而言，对于图 1-3 所示的井下连接三角形，其井下各边长改正数应为

$$\begin{cases} v_a = +\dfrac{d}{3} \\[2mm] v_b = -\dfrac{d}{3} \\[2mm] v_c = -\dfrac{d}{3} \end{cases} \qquad (2\text{-}4)$$

即长边的改正数为正，短边的改正数为负。在对各边长加入上述改正后，可依照 $D \to C \to A \to B \to C' \to D'$ 顺序构成支导线，并按一般支导线进行计算。

（三）示例

某矿进行一井定向，近井点 D 至连接点 C 的坐标方位角 $\alpha_{DC} = 163°56'45''$，$x_C = 555.085$ m，$y_C = 894.572$ m。地面联系三角形的观测值 $\gamma = 0°03'06''$，经过改正后边长 $a = 8.3359$ m，$b = 11.4052$ m，$c = 3.0697$ m。井下联系三角形的观测值 $\gamma' = 0°27'01.5''$，经过改正后边长 $a' = 4.8526$ m，$b' = 7.9237$ m，$c' = 3.0720$ m。$\angle BC'E = 191°29'00''$，$\angle C'EF = 171°56'56''$，$l_{C'E} = 34.884$ m，$l_{EF} = 43.857$ m。

第一步：解算连接三角形。

地面联系三角形解算见表 2-2，井下联系三角形解算与地面相似（略）。

表 2-2　地面联系三角形解算

$\angle\alpha$、$\angle\beta$ 计算			边长核算	误差计算	
D C γ b A B c	$\alpha=\dfrac{a}{c}\gamma$ $\beta=\dfrac{b}{c}\gamma$		$c_{\text{计}}^2 = a^2 + b^2 + 2ab\cos\gamma$	$m_\alpha = \dfrac{a}{c}m_\gamma$ $m_\beta = \dfrac{b}{c}m_\gamma$	
观测值	a	8.3359 m	c	3.0697 m	
	b	11.4025 m	γ	0°03′06″	
改正数	$v_a = -0.0001$ m $v_b = +0.0002$ m $v_c = -0.0001$ m		a^2	69.48722881	m_γ	±6.3″
			a^2	130.078587	m_α	±17.1″
			$\cos\gamma$	0.99999959	m_β	±23.4″
			$2ab\cos\gamma$	190.1451354		
平差值	a	b	c		
	8.3358 m	11.4054 m	3.0696 m		

表 2-2（续）

	∠α、∠β 计算		边长核算		误差计算
γ	186″	$c_{计}^2$	9.4206804		
a/c	2.715542235				
α	505.0908557″				
α	0°08′25.1″				
b/c	3.715411929				$v_a = -\dfrac{d}{3}$
β	691.0666187″	$c_{计}$	3.0693		$v_b = +\dfrac{d}{3}$
(β)	0°11′31.1″	$c_{丈}$	3.0697		
β	179°48′28.9″	$d=c_{丈}-c_{计}$	0.0004		$v_c = -\dfrac{d}{3}$
$\Sigma = \alpha+\beta+\gamma$	180°00′00″				

第二步：计算各点坐标。

按支导线方式进行计算，结果见表 2-3。

表 2-3 井上下连接导线计算

测站	水平角/ (° ′ ″)	坐标方位角/ (° ′ ″)	边长/ m	坐标增量/m		坐标/m		草图
				Δx	Δy	x	y	
D		163 56 45						
C	86 03 33	70 00 18	11.405	+3.900	+10.718	555.085	894.572	
A	359 54 35	249 51 53	3.071	-1.057	-2.883	558.985	905.290	
B	178 50 17	248 42 10	4.852	-1.762	-4.521	557.928	902.407	
C′	191 29 00	260 11 10	34.884	-5.946	-34.374	556.166	897.886	
E	171 56 56	252 08 06	43.857	-13.454	-41.742	550.220	863.512	
F						536.766	821.770	

（四）一井定向的工作组织

一井定向因工作环节多、测量精度要求高，同时又要缩短占用井筒的时间，所以需要有很好的工作组织，才能圆满地完成定向工作。

一井定向的工作组织可分为准备工作、制定地面的工作内容及顺序、制定定向水平上的工作内容及顺序、定向时的安全措施和定向后的技术总结。

1. 准备工作

（1）选择连接方案，做出技术设计。

（2）定向设备及用具的准备。

（3）检查定向设备及检验仪器。

（4）预先安装某些投点设备和将所需用具设备等送到定向井口和井下。

（5）确定井上下负责人，统一负责指挥和联系工作。

2. 制定地面的工作内容及顺序

主要有连接点设置、定向设备安装、连接导线测量、水准测量等工作。

3. 制定定向水平上的工作内容及顺序

主要有定向设备安装、井下连接导线测量、井下水准测量等工作。

4. 定向时的安全措施

在进行联系测量时，应特别注意安全，必须采取下列措施：

（1）在定向过程中，应劝阻一切非定向工作人员在井筒附近停留。

（2）提升容器应牢固停妥。

（3）井盖必须结实、可靠地盖好。

（4）对定向钢丝必须事先仔细检查，提放钢丝时应事先通知井下，只有当井下人员撤出井筒后才能开始作业。

（5）垂球未到井底或地面时，井下人员不得进入井筒。

（6）下放钢丝时应严格遵守均匀慢放等规定，切忌时快时慢和突然停止，避免钢丝折断或缠绕。

（7）应向参加定向工作的全体人员反复进行安全教育，提高安全意识。在地面工作的人员不得将任何东西掉入井内，在井盖工作的人员均应佩戴安全带。

（8）定向时，地面井口自始至终不能离人，应有专人负责井上下联系。

5. 定向后的技术总结

定向工作完成后，应认真总结经验，并写出技术总结，同技术设计书一起长期保存。

定向后的技术总结，首先应对技术设计书的执行情况作简要说明，指出在执行中遇到的问题、更改的部分及原因。其次编写下列内容：①定向测量的实际时间安排，实际参加定向的人员及分工；②地面连测导线的计算成果及精度；③定向的内业计算及精度评定；④定向测量的综合评述和结论。

二、两井定向

当地下工程中有两个立井，且两立井之间在定向水平上有巷道相通并能进行测量时，应采用两井定向。两井定向就是在两井筒中各悬挂一根垂球线，在地面上测定两垂球线的坐标，其实质就是无定向导线测量；在井下巷道中用导线将两垂球线进行连测，以假定坐标系统，确定井下两垂球线连线的假定方位角和假定坐标，然后将其与地面上确定的坐标方位角相比较，其差值便是井下假定坐标系统和地面坐标系统的方位差，这样便可以确定井下导线在地面坐标系统中的坐标方位角。在两井定向中，由于两垂球线间距离远大于一井定向时两垂球线间的距离，因而其投向误差也大大减小。

两井定向具体参见第五章第一节。

第三节　陀螺仪定向

一、自由陀螺仪的特性

凡是能绕其质量对称轴高速旋转的物体均称为陀螺，具有 3 个自由度的陀螺仪称为自由陀螺仪，自由陀螺仪在高速旋转时具有两个重要特性：①陀螺仪自转轴在无外力矩作用时，始终指向其初始恒定方向，该特性称为定轴性；②陀螺仪自转轴受到外力矩作用时，将按一定的规律产生进动，该特性称为进动性。

目前，常用的陀螺仪是采用两个完全自由度和一个不完全自由度的钟摆式陀螺仪。它是根据陀螺仪的定轴性和进动性，结合陀螺仪对地球自转的相对运动，使陀螺轴在测站子午线附近作简谐摆动的原理制成的。

二、陀螺仪的基本原理

1. 地球自转及其对悬挂式陀螺仪的作用

在研究地球自转及其对悬挂式陀螺仪的作用关系时，应以太阳或其他恒星作为惯性参考系，不能以地球作为惯性参考系。地球绕其自转轴以 $\omega_E = 7.25 \times 10^{-5} \text{rad/s}$ 的角速度旋转（从地轴的北端看地球，它是以逆时针方向旋转的），矢量 ω_E 沿其自转轴指向北端，如图 2-4 所示。对纬度为 φ 的地面点 P 而言，地球自转角速度矢量 ω_E 和当地的水平面成 φ 角，且位于过当地的子午面内。在无外力矩作用时，陀螺轴在惯性空间中的指向不变，但是地球的自转改变了陀螺轴与地表面的关系。现将 ω_E 分解为地球旋转的水平分量 ω_1（沿子午线方向）和地球旋转的垂直分量 ω_2（沿铅垂方向）。

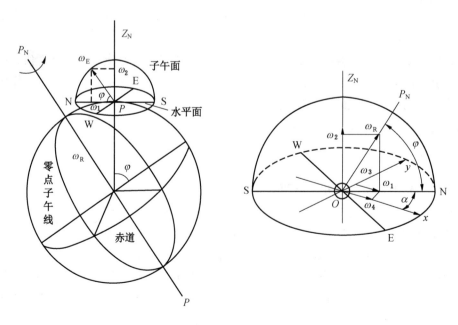

图 2-4　地球自转角速度 ω_E 分量示意图

$$\begin{cases} \omega_1 = \omega_E \cos\varphi \\ \omega_2 = \omega_E \sin\varphi \end{cases} \tag{2-5}$$

ω_1 表示地平面在空间绕子午线旋转的角速度，该旋转造成地平面东落西升，使地球上的观测者感到太阳和其他星体的高度发生变化。ω_2 表示子午面在空间绕铅垂线旋转的角速度，该运动使子午线的北端向西移动，使观测者在地球上感到太阳和其他星体的方位发生变化。对于陀螺轴而言，ω_1 使陀螺轴逐渐偏离真北方向（实际上是在以太阳为参考的惯性系中，子午线远离陀螺轴），ω_2 使陀螺轴与地平面的夹角逐渐加大。

为了进一步说明地球旋转角速度对钟摆式陀螺仪的影响，我们把地球旋转的水平分量 ω_1 再分解为两个互相垂直的分量 ω_3（沿 y 轴）和 ω_4（沿 x 轴）。其大小为

$$\begin{cases} \omega_3 = \omega_E \cos\varphi \sin\alpha \\ \omega_4 = \omega_E \sin\varphi \cos\alpha \end{cases} \tag{2-6}$$

分量 ω_4 对陀螺轴在空间的方位没有影响，所以不加考虑。分量 ω_3 对陀螺轴 x 的进动有影响，是地球自转有效分量，它使陀螺轴相对于地平面发生高度的变化。当陀螺轴在子午线以东时，其向东的一端相对于地平面上升（因 ω_3 的作用使地平面东半部下降），向西的一端下降。

假设陀螺轴 x 在某一时刻其正端位于子午线以东（图 2-5），与地平面平行，陀螺仪的转子高速旋转并处于自由悬挂状态。此时陀螺房上的悬重 Q 对 x 轴不产生重力矩，所以对陀螺轴的方位没有影响。但在下一时刻，由于地平面以角速度 ω_3 绕 y 轴旋转，而高速旋转的陀螺具有定轴性，从而使 x 轴与地平面不再平行。因此，悬重 Q 对 x 轴正端产生重力矩（该重力矩的矢量方向指向 y 轴正端），使 x 轴正端产生进动，依据右手定则，x 轴的进动方向朝向子午面。其进动角速度为

$$\omega_P = \frac{M}{H}\sin\theta = \frac{Ql}{H}\sin\theta \tag{2-7}$$

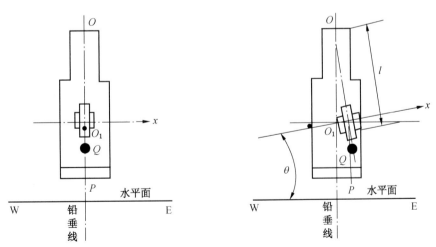

图 2-5　陀螺轴与重力矩的关系图

当陀螺轴 x 正端位于子午线以西时，x 轴的进动方向也朝向子午面。因此，钟摆式陀螺仪在地球自转有效分量 ω_3 的影响下，其主轴 x 总是向子午面方向进动的。

2. 陀螺轴与子午面间的相对运动

由于地球自转垂直分量 ω_2 的影响，子午面在不断地变换位置，造成陀螺轴与子午面之间产生相对运动。下面结合图 2-6 说明陀螺轴与子午面之间的相对运动过程。

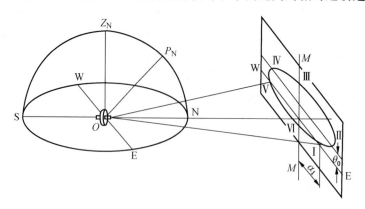

图 2-6　陀螺轴与子午面的相对运动示意图

图 2-6 中，SZN 面为子午面，ESWN 面表示地平面，竖直投影面 H 垂直于子午面。H 面内的纵轴为子午面的投影，表示陀螺轴正端对地平面倾角 θ 的变化量。横轴为地平面的投影，表示陀螺轴正端偏离子午面角度 α 的变化量。假设初始状态时陀螺轴正端位于子午面以东，方位角为 α_0 且 $\theta=0$（图 2-6 中的 I 点），此时 $\omega_P=0$。因地球自转有效分量 ω_3 的作用，陀螺轴正端相对于地平面仰起（$\theta>0$），陀螺轴开始进动。但此时进动角速度 ω_P 小于子午面在空间绕铅垂线旋转的角速度 ω_2，因此 α 角仍在增大。当陀螺轴的进动角速度 ω_P 与角速度分量 ω_2 相等时，$\theta=\theta_0$（称为补偿角），此时 α 角达到最大值（图 2-6 中的 II 点），该点称为东逆转点。此后，随着 θ 角的增大，使 $\omega_P>\omega_2$，α 角逐渐减小。当 $\alpha=0$ ［即陀螺轴回到子午面内（图 2-6 中 III 点）］时，θ 角达到最大值，ω_P 也达到最大值，所以陀螺轴将超过子午面向西进动。但由于地球自转有效分量 ω_3 的作用，西边地平面相对于陀螺轴正端抬高，使 θ 角逐渐减小。当达到图 2-6 中 IV 点时（$\theta=\theta_0$，$\omega_P=\omega_2$），$|\alpha|$ 达到最大值，因此该点称为西逆转点。片刻后 θ 开始小于 θ_0，使 $\omega_P<\omega_2$，α 角逐渐减小，直至图 2-6 中 V 点，在该点处 $\theta=0$，$\omega_P=0$。随着地平面西半部的继续上升，陀螺轴正端低于水平面，重力矩出现负值，陀螺轴正端开始向东进动。由于负端 θ 角的绝对值越来越大，陀螺轴正端向东进动的速度越来越快，重新回到子午面内（图 2-6 中的 VI 点），并继续向东进动，形成以子午面为中心的简谐摆动，其轨迹为一很扁的椭圆。

3. 钟摆式陀螺仪的运动方程

首先建立陀螺仪转动的微分方程。在惯性坐标系（以地球为惯性参考系）中，陀螺仪所受的外加力矩可分解为 M_x、M_y、M_z 三个分量。在 x 方向，存在外力矩 M_x、惯性力矩 $J_x \dfrac{\mathrm{d}\omega_z}{\mathrm{d}t}$、$-\omega_y H_z$ 和 $\omega_z H_y$。根据达朗伯原理，按动静法可列出微分方程：

$$M_x = J_x \frac{\mathrm{d}\omega_x}{\mathrm{d}t} - \omega_y H_z + \omega_z H_y \tag{2-8}$$

同理可得：

$$M_y = J_y \frac{\mathrm{d}\omega_y}{\mathrm{d}t} - \omega_z H_x + \omega_x H_z \qquad (2-9)$$

$$M_z = J_z \frac{\mathrm{d}\omega_z}{\mathrm{d}t} - \omega_x H_y + \omega_y H_x \qquad (2-10)$$

陀螺的运动是空间的相对运动，首先建立如图 2-7 所示的两个参考坐标系。其中 *O-XYZ* 为空间坐标系，*X* 轴和 *Y* 轴在水平面内，*X* 轴指向北方，*Y* 轴指向东方。*O-xyz* 为陀螺坐标系，其中 *x* 轴为陀螺自转轴，*z* 轴与 *x* 轴垂直，且与陀螺重心和上悬挂点的连线重合。*y* 轴垂直于 *x* 轴和 *z* 轴，且与 *x*、*z* 轴构成右手坐标系。设某时刻钟摆式陀螺仪与真北方向的夹角为 α，现平面的倾角为 θ，陀螺相对地理坐标系运动的相对角速度为 $\frac{\mathrm{d}\alpha}{\mathrm{d}t}$、$\frac{\mathrm{d}\theta}{\mathrm{d}t}$，陀螺转子的旋转角速度为 ω，陀螺转子对转子轴的转动惯量为 *J*。则陀螺仪在惯性空间中的转动角速度为

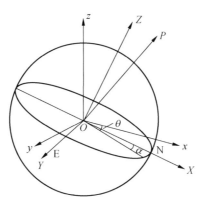

图 2-7　惯性坐标系

$$\begin{cases} \omega_x = \omega + \omega_x \cos\varphi \cos\alpha \\[2mm] \omega_y = \dfrac{\mathrm{d}\theta}{\mathrm{d}t} - \omega_E \cos\varphi \sin\alpha \\[2mm] \omega_z = \omega_E \sin\varphi - \dfrac{\mathrm{d}\alpha}{\mathrm{d}t} \end{cases} \qquad (2-11)$$

因为 ω 比 ω_E、$\frac{\mathrm{d}\theta}{\mathrm{d}t}$ 和 $\frac{\mathrm{d}\alpha}{\mathrm{d}t}$ 大得多，因此陀螺动量矩各分量可简化为

$$H_x = J\omega = H \qquad H_y = H_z = 0$$

外力矩为 $M_x = 0$，$M_y = -M_G\theta$，$M_z = 0$。

由式（2-11）可得：

$$\begin{cases} \dfrac{\mathrm{d}\omega_y}{\mathrm{d}t} = \dfrac{\mathrm{d}^2\theta}{\mathrm{d}t} \\[3mm] \dfrac{\mathrm{d}\omega_z}{\mathrm{d}t} = -\dfrac{\mathrm{d}^2\alpha}{\mathrm{d}t^2} \end{cases} \qquad (2-12)$$

将以上结果代入式（2-9）、式（2-10）得：

$$-M_G\theta = J_y\frac{d^2\theta}{dt} - \left(\omega_E\sin\varphi - \frac{d\alpha}{dt}\right)H \tag{2-13}$$

$$M_z = -J_z\frac{d^2\alpha}{dt^2} + \left(\frac{d\theta}{dt} - \omega_E\cos\varphi\sin\alpha\right)H \tag{2-14}$$

式（2-13）两边对 t 求导，并略去 $\frac{d^3\theta}{dt^3}$ 得：

$$\frac{d\theta}{dt} = -\frac{H}{M_G}\frac{d^2\alpha}{dt^2} \tag{2-15}$$

代入式（2-14），则有：

$$M_x = -\left(J_x + \frac{H^2}{M_G}\right)\frac{d^2\alpha}{dt^2} - H\omega_E\cos\varphi\sin\alpha \tag{2-16}$$

上式中 α 数值均较小，则 $\sin\alpha \approx \alpha$。令 $D_K = H\omega_E\cos\varphi$（称为陀螺力矩），令 $M_K = D_K\sin\alpha$（称为指向力矩）。则式（2-16）可写成：

$$-\left(J_z + \frac{H^2}{M_G}\right)\frac{d^2\alpha}{dt^2} - D_K\alpha = M_z \tag{2-17}$$

当 $M_z = 0$ 时，上式的一般解式为

$$\alpha = A\sin\frac{2\pi}{T_A}(t - t_0) \tag{2-18}$$

式中 A、t_0 为积分常数，实际意义为陀螺摆幅和初相时间，由具体过程的初始状态所决定。摆动周期 T_A 的表达式为

$$T_A = 2\pi\sqrt{\frac{J_z + \dfrac{H^2}{M_G}}{D_K}} = 2\pi\sqrt{\frac{H}{M_G\omega_E\cos\varphi}} \tag{2-19}$$

令

$$T_A^0 = 2\pi\sqrt{\frac{H}{M_G\omega_E}} \tag{2-20}$$

则

$$T_A = \frac{T_A^0}{\sqrt{\cos\varphi}} \tag{2-21}$$

将式（2-18）代入式（2-13）并忽略 $\frac{d^2\theta}{dt^2}$，整理得陀螺轴的倾角方程

$$\theta = \frac{H\omega_E\sin\varphi}{M_G} - A\sqrt{\frac{H\omega_E\cos\varphi}{M_G}}\cos\frac{2\pi}{T_A}(t - t_0) \tag{2-22}$$

令

$$\theta_0 = \frac{H\omega_E\sin\varphi}{M_G} \tag{2-23}$$

$$\theta_{\max} = \theta_0 + A\sqrt{\frac{H\omega_E\cos\varphi}{M_G}} \tag{2-24}$$

则式（2-22）成为

$$\theta = \theta_0 - (\theta_{\max} - \theta_0)\cos\frac{2\pi}{T_A}(t - t_0) \tag{2-25}$$

将式（2-18）与式（2-25）两式等号两边平方相加得

$$\left(\frac{\alpha}{A}\right)^2 + \left(\frac{\theta - \theta_0}{\theta_{max} - \theta_0}\right)^2 = 1 \qquad (2-26)$$

该椭圆反映了陀螺轴在空间的运动轨迹，其中（$\theta_{max} - \theta_0$）$\leqslant A$。另外，上面讨论的所有角度（如 α、θ 等）均以弧度计。

三、陀螺全站仪的组成

陀螺全站仪是由陀螺仪和全站仪组合而成，根据连接方式不同可分为上架式陀螺仪和下架式陀螺仪，如图2-8、图2-9、图2-10所示。根据观测方式不同可分为手动、半自动和自动陀螺仪。上架式陀螺仪就是陀螺仪在全站仪上面，下架式陀螺仪就是陀螺仪在全站仪下面。上架式陀螺仪比较高，风速对精度影响大。

图2-8 上架式陀螺仪　　　图2-9 下架式陀螺仪　　　图2-10 下架式自动陀螺仪

四、陀螺全站仪的定向方法

陀螺全站仪的定向方法主要有逆转点法和中天法。逆转点法测定陀螺北方向时，仪器照准部处于跟踪状态；中天法测定陀螺北方向时，仪器照准部处于锁定状态。逆转点法是观测陀螺在逆转点时的全站仪读数，中天法是用秒表观测陀螺的摆动周期。手动观测一般采用逆转点法，因为中天法人工秒表计时精度低。下面以逆转点法为例讲述井下未知边方位角的测定过程。

（一）定向过程

陀螺定向一般采用3-3-3或2-2-2方式，即先在地面已知边上观测3或2个测回，然后到井下未知边上观测3或2个测回，最后回到地面已知边上再观测3或2个测回。全部观测完成，一般不超过3昼夜，已知边和未知边在 x 坐标方向上不超过3 km。

1. 在地面已知边上测定仪器常数

由于陀螺轴与望远镜光轴及观测目镜分划板零线所代表的光轴因安装或调整不完善，使上述三轴不在同一竖直面中，所以陀螺轴的稳定位置通常不与地理子午线重合，两者的夹角称为仪器常数（用 Δ 表示）。如果陀螺仪稳定位置位于地理子午线的东边，Δ 为正；反之，则为负（图2-11）。

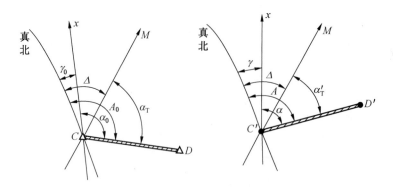

图 2-11　各方位角及仪器常数关系

$$\Delta = A_0 - \alpha_T = \alpha_0 + \gamma_0 - \alpha_T \qquad (2-27)$$

式中　A_0——已知边 CD 的真北方位角；

　　　α_T——已知边 CD 的陀螺方位角；

　　　α_0——已知边 CD 的坐标方位角；

　　　γ_0——已知边 CD 在 C 点的子午线收敛角。

陀螺定向时，首先在已知边 CD 上测定仪器常数 2~3 测回，各测回间的互差对于标称精度为 15″ 的仪器应小于 40″，标称精度为 5″ 的仪器应小于 15″。然后按式（2-27）求出仪器常数 Δ。每次测量后，要停止陀螺运转 10~15 min，全站仪度盘应变换 180°/n。

2. 在待定边上测定陀螺方位角 α_T'

在待定边 $C'D'$ 上测定陀螺方位角 α_T' 后，则定向边的真北方位角 A 为

$$A = \alpha_T' + \Delta \qquad (2-28)$$

测定待定边陀螺方位角应独立进行 2~3 次，各测回间的互差同 1）。

3. 在地面重新测定仪器常数

待定边陀螺方位角观测完成后，在已知边上重新测定仪器常数 2~3 次。各测回间的互差同 1）。然后求出仪器常数的平均值，并按式（2-29）评定陀螺常数精度。

$$m_\Delta = \pm \sqrt{\frac{[vv]}{n - 1}} \qquad (2-29)$$

式中　n——测定仪器常数的次数。

4. 求算子午线收敛角

子午线收敛角 γ 可按式（2-30）计算。

$$\gamma = Ky \qquad (2-30)$$

式中　γ——子午线收敛角，以分为单位；

　　　y——点的横坐标（高斯坐标自然值），km；

　　　K——系数，以纵坐标 x（以 km 为单位）为引数在表 2-4 中查得。

子午线收敛角 γ 的符号，点位于中央子午线以东为正，以西为负。

【例2-1】 已知某点的坐标（3821149.1552，38512394.7118），求子午线收敛角γ。

解 坐标化为以公里为单位，其中y的国家统一坐标化为高斯坐标自然值。

$x=3821$ km，$y=512.4-500=12.4$ km，

查表2-4得，$K=0.3677+0.0125\times0.21=0.370325$，

$\gamma=0.370325\times12.4=4.59203'=0°04'35''$。

5. 求算待定边的坐标方位角

待定边的坐标方位角为

$$\alpha = A - \gamma = \alpha_{\mathrm{T}} + \Delta_{\mathrm{平}} - \gamma \tag{2-31}$$

式中 $\Delta_{\mathrm{平}}$——仪器常数的平均值。

表2-4 子午线收敛角系数K

x/km	K	Δ	x/km	K	Δ	x/km	K	Δ	x/km	K	Δ
100	0.0085	85	1600	0.1390	91	3100	0.2865	110	4600	0.4768	153
200	0.0170	85	1700	0.1481	92	3200	0.2975	111	4700	0.4921	157
300	0.0255	86	1800	0.1573	93	3300	0.3086	114	4800	0.5078	162
400	0.0341	86	1900	0.1666	93	3400	0.3200	116	4900	0.5240	167
500	0.0426	86	2000	0.1759	95	3500	0.3316	118	5000	0.5407	172
600	0.0512	86	2100	0.1854	95	3600	0.3434	120	5100	0.5579	178
700	0.0598	86	2200	0.1949	97	3700	0.3554	123	5200	0.5757	184
800	0.0684	87	2300	0.2046	97	3800	0.3677	125	5300	0.5941	190
900	0.0771	87	2400	0.2143	99	3900	0.3802	129	5400	0.6131	197
1000	0.0858	87	2500	0.2242	100	4000	0.3931	131	5500	0.6328	205
1100	0.0945	88	2600	0.2343	102	4100	0.4062	134	5600	0.6533	212
1200	0.1033	88	2700	0.2444	103	4200	0.4196	138	5700	0.6745	222
1300	0.1121	89	2800	0.2547	104	4300	0.4334	141	5800	0.6967	230
1400	0.1210	90	2900	0.2651	107	4400	0.4475	144	5900	0.7197	240
1500	0.1300	90	3000	0.2753	107	4500	0.4619	149	6000	0.7437	248

（二）陀螺方位角的一次测定过程

在已知边上测定仪器常数及待定边上测定陀螺方位角均需进行多次，且每次作业过程都相同。该作业过程称为陀螺方位角的一次测定，其作业步骤如下：

（1）测前方向值观测。在测站上整平对中陀螺全站仪，以一个测回测定待定边或已知边的方向值，然后将仪器大致对准北方（全自动陀螺仪定向无此过程）。

（2）粗略定向（测定近似北方向）。锁紧灵敏部，启动陀螺马达，待达到额定转速后

下放陀螺灵敏部，用粗略定向的方法测定近似北方向。测量后托起锁紧陀螺并制动，然后将望远镜视准轴转到近似北方向位置，固定照准部。

（3）测前悬挂带零位观测。陀螺马达完全停止后，打开陀螺照明，下放陀螺灵敏部，进行测前悬挂带零位观测，同时用秒表记录自摆周期 T。零位观测完毕，托起并锁紧灵敏部。

（4）精密定向。采用有扭观测方法（如逆转点法）精密测定已知边或待定边的陀螺方位角。

（5）测后悬挂带零位观测。（同测前悬挂带零位观测）

（6）测后方向值观测。以一个测回测定待定边或已知边的方向值，测前测后 2 次观测的方向值的互差对 J_2 和 J_6 级经纬仪分别不得超过 10″ 和 25″。取测前测后观测值的平均值作为测线方向值，见表 2-5。

表 2-5　陀螺全站仪定向记录（逆转点法）

测线名称：近井点—控制点　　　　　　测站：近井点　　　　　　　　记录者：
仪器号：索佳 GP-1（96805）　　　　　观测者：　　　　　　　　　　日期：

测前零位			测后零位			测线方向值		
左方	中值	右方	左方	中值	右方	次序	测前	测后
+4.0					−3.3	盘左	103 57 15	103 57 20
(+4.0)	−0.75	−5.5	+1.8	−0.75	(−3.3)	盘右	283 57 14	283 57 12
+4.0					−3.3	平均	103 57 14	103 57 16
						终值		103 57 15
周期			周期			陀螺方位角		
粗定向						测线方向值		103 57 15
左方		中值		右方		陀螺北方向值		188 50 44
						陀螺方位角		275 06 31
精密定向						环境及其他条件		
左方		中值		右方				
				189 27 14		天气：晴　启动时间：16：11		
188 14 15		188 50 40.5		(189 27 06)		气温：20 ℃　观测时间：16：13		
(188 14 32)		188 50 45.0		189 26 58		风力：2 级　制动时间：16：30		
188 14 49		188 50 48.0		(189 26 47)		周期：		
				189 26 36		陀螺仪：GP-1（96805）		
平均值		188 50 44				全站仪：SET2130R3		

（三）陀螺仪悬挂带零位观测

当陀螺马达静止时，下放灵敏部，陀螺灵敏部受悬挂带和导流丝的扭力作用产生摆动的平衡位置应与目镜分划板的零刻划线重合，该位置称为悬挂带零位（也称无扭位置）。

如果摆动的平衡位置与目镜分划板的零刻划线不重合，将使测定的陀螺北方向带有误差。所以，在陀螺仪开始工作之前和结束后，均要进行悬挂带零位观测。

测定悬挂带零位时，应将陀螺全站仪整平并将照准部大致固定在北方向，然后下放陀螺灵敏部并从读数目镜中观测灵敏部的摆动（当陀螺仪长时间未用时，将马达开动几分钟预热，然后切断电源，待马达停止转动后再下放灵敏部），在分划板上连续读 3 个逆转点读数 a_1、a_2、a_3（以格计），估读到 0.1 格（图 2-12），同时用秒表记录自摆周期 T，按下式计算零位：

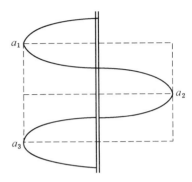

图 2-12 零位观测

$$\delta = \frac{1}{2}\left(\frac{a_1 + a_3}{2} + a_2\right) \tag{2-32}$$

如果悬挂带零位超过±0.5 格须进行校正，如陀螺定向时测前测后所测得的零位变化超过 0.3 格时，应按下式进行改正：

$$\Delta\alpha = \lambda m h \tag{2-33}$$

式中　　λ——零位改正系数，$\lambda = \dfrac{T_1^2 - T_2^2}{T_2^2}$，其中 T_1、T_2 为跟踪和不跟踪摆动周期；

　　　　m——目镜分划板分划值；

　　　　h——零位格数。

（四）粗略定向

在精密测定已知边或待定边的陀螺方位角之前，必须把全站仪望远镜视准轴置于近似北方，即进行粗略定向。粗略定向的方法有罗盘法（用罗盘定出粗略北）、已知方位角法（利用已知边的坐标方位角及仪器站的子午线收敛角来直接寻找近似北方向）、两逆转点法、四分之一周期法。下面以两逆转点法为例讲述。

粗略定向最常用的方法为两逆转点法。在测站安置好仪器后，使全站仪视准轴大致位于北方向，启动陀螺马达达到额定转速后，下放陀螺灵敏部，松开全站仪水平制动螺旋，用手转动照准部跟踪灵敏部的摆动，使陀螺仪目镜视场中移动着的光标像与分划板零刻划线随时重合。当接近摆动逆转点时，光标像移动慢下来，此时制动照准部，改用水平微动螺旋继续跟踪，达到逆转点时读取水平度盘读数 u_1；松开制动螺旋，按上述方法继续向反方向跟踪，到达另一逆转点时再读取水平度盘读数 u_2。锁紧灵敏部，制动陀螺马达，按下式计算近似北方向在水平度盘上的读数：

$$N' = \frac{1}{2}(u_1 + u_2) \tag{2-34}$$

转动照准部，把望远镜摆在 N' 读数位置，这时视准轴就指向了近似北方向，该法指北精度可达到±3′。

（五）精密定向

精密定向就是采用逆转点法或中天法精确测定已知边或定向边的陀螺方位角。

（六）逆转点法定向

启动陀螺马达达到额定转速后，缓慢地下放灵敏部到半脱离位置，稍停数秒钟后再全部下放。如果光标像移动过快，应采用阻尼限幅，使摆幅大约在2°。用水平微动螺旋微动照准部进行跟踪，使光标像与分划板零刻划线随时重合，跟踪要做到平稳和连续。在摆动到达逆转点时，读取经纬仪水平度盘的读数。应连续读取5个逆转点读数（图2-13）。然后锁紧灵敏部，制动陀螺马达，按下式计算陀螺北方向值（表2-5）：

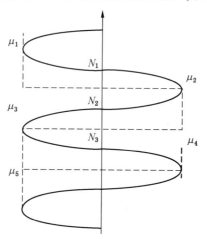

图2-13　逆转点法观测

$$
\begin{cases}
N_1 = \dfrac{1}{2}\left(\dfrac{\mu_1 + \mu_3}{2} + \mu_2\right) \\[2mm]
N_2 = \dfrac{1}{2}\left(\dfrac{\mu_2 + \mu_4}{2} + \mu_3\right) \\[2mm]
N_3 = \dfrac{1}{2}\left(\dfrac{\mu_3 + \mu_5}{2} + \mu_4\right) \\[2mm]
N_T = \dfrac{1}{2}(N_1 + N_2 + N_3)
\end{cases}
\tag{2-35}
$$

陀螺仪相邻摆动中值及间隔摆动中值的互差，对15″级仪器应分别不超过20″和30″。跟踪时，还需用秒表测定连续2次同一方向经过逆转点的时间。

（七）未知边坐标方位角精度评定

由式（2-31），根据误差传播定律得：

$$
m_\alpha = \pm \sqrt{m_{\alpha_{T\Psi}}^2 + m_{\Delta\Psi}^2}
$$

【例2-2】　某地铁3号线，采用3-3-3的观测方式进行陀螺定向。在地面利用T3082—YWSO测线进行仪器常数测定，在地下用陀螺全站仪测量Y11中—YX10陀螺方位角，观测数据见表2-6，请评定未知边Y11中-YX10方位角精度。

解　（1）地上陀螺方位角平均值为332°58′32″。

（2）改正数为2、-6、-4、0、3、5。

（3）一次测定陀螺常数的中误差：

$$m_\Delta = \pm\sqrt{\frac{[vv]}{n-1}} = \pm 4.2''$$

（4）陀螺常数平均值的中误差：

$$m_{\Delta平} = \frac{m_\Delta}{\sqrt{n}} = \pm 1.7''$$

（5）地下陀螺方位角平均值及改正数为 57°19′08″、+1、0、-2。

（6）$m_\alpha = \pm\sqrt{m_{\Delta平}^2 + m_{T'平}^2} = \pm\sqrt{\frac{m_\Delta^2}{6} + \frac{m_T^2}{3}} = \pm\sqrt{1.7^2 + \frac{\dfrac{1^2 + (-2)^2 + 0^2}{3-1}}{3}} = \pm 1.9''$

表 2-6　定向观测数据

测线	地上陀螺方位角/ （°　′　″）	测线	地下陀螺方位角/ （°　′　″）
T3082—YWSO	332 58 30	Y11 中—YX10	57 19 07
	332 58 38		
	332 58 36		57 19 08
	332 58 32		
	332 58 29		57 19 10
	332 58 27		

五、全自动陀螺全站仪定向

随着电子技术和自动化控制的发展，出现了全自动陀螺全站仪，不仅避免了人工观测之苦，同时提高了定向精度与速度。

（一）全自动陀螺全站仪的结构

全自动陀螺全站仪一船由自动陀螺仪和全站仪组成。全自动陀螺全站仪按灵敏部的结构方式可分为悬挂式、液体漂浮式和磁悬浮式，以悬挂式和磁悬浮式最多。

悬挂式的全自动陀螺全站仪按结构可分为两类：一类是陀螺仪架在全站仪之上，陀螺仪作为上架附件，不定向时可将其卸下，全站仪可单独使用；另一类是将陀螺仪安装在全站仪下部，两者紧密相连，全站仪不能单独使用。下面以 Gyromat 2000 型全自动陀螺全站仪（图 2-14）为例，介绍陀螺自动定向的基本原理。Gyromat 2000 型全自动陀螺全站仪的自动定向主要是依靠步进测量（概略寻北）和自动积分测量系统实现。

（二）自动定向原理简介

1. 光电观测方法

（1）光电时差法（图 2-15）。在钟摆式陀螺仪灵敏部上安装一块反光镜，投射光束经反射后扫过一列狭缝；透过狭缝的光束由光电管接收并转换成电脉冲；计时器精确记录光

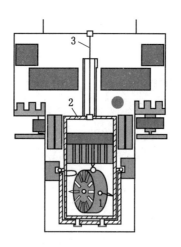

1—陀螺马达；2—灵敏部；3—悬挂带

图 2-14　全自动陀螺全站仪（下架式）结构

束经过狭缝中心位置的时刻；若各狭缝之间对应的角距已经测定，则其作用相当于陀螺目镜分化板。因此，可获取相当数量的 (α_i, t_i)，$i = 1, 2, \cdots, n$，由此可根据下式确定悬挂带零位：

$$\delta\alpha = \delta + De^{-k_D\langle t-t_0\rangle}\sin\frac{2\pi}{T_D}(t - t_0) \tag{2-36}$$

式中，$k_D = \dfrac{h}{2J_i}$。

再根据下式确定陀螺轴进动中心 β，并进一步确定真北方向值和测线方位角：

$$\alpha = \beta + Be^{-k(t-t_0)}\sin\frac{2\pi}{T_B}(t - t_0) \tag{2-37}$$

（2）光电积分法（图 2-16）。在灵敏部上安装一块反映陀螺运动状况的测量镜，在仪器基体上安装一参考基准镜；照明光束投向两块镜子，反射光可被位置敏感探测器检测，陀螺主轴绕测站子午面运动的角位移量由该探测器转换为电模拟量；此量经处理变为脉冲频率，并以确定的周期积分计数；依次对基准位置、悬挂带零位和陀螺进动平衡位置进行检测积分后，由计算机程序算出真北方向值和测线方位角。

2. 步进概略寻北原理

步进测量的目的是使陀螺在静态摆动下的摆幅减小，让摆动的信号处于光电检测元件的敏感区内，同时在陀螺启动状态下也使摆动平衡位置最终接近于北。它是利用悬挂带的反作用力矩，在某一时刻悬挂带扭力零位与摆动的逆转点重合，这时悬挂带不受扭力影响，弹性位能为零，如果扭力零位偏北，陀螺受指北力矩作用，具有指向位能。当陀螺摆动半周期时，即达到另一逆转点，由于扭力零位还在前一逆转点位置，悬挂带受扭，弹性位能最大而动能最小，此时快速步进，使悬挂带零位步进到这一逆转点上，则弹性位能又变为零，而这一新位置的指北位能的绝对值小于前一位置。经几次步进后，陀螺的摆幅减小，使扭力零位最终逼近于北，此时就可以进行自动积分测量了。

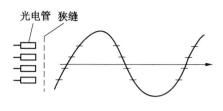

图2-15 光电时差法原理示意图

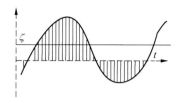

图2-16 光电积分法原理示意图

3. 积分测量原理

如图2-17所示，钟摆式陀螺仪的摆动平衡位置 R 和真北方向 N 以及悬挂带扭力零位 O 之间存在着一个确定关系。假如开始定向观测时，照准部偏离真北 α_N 角时，由于悬挂带反力矩的作用，使摆动平衡位置处于照准部零位（参考反射镜法线）与真北 N 之间，即 R 方向。也就是说，陀螺摆动的平衡位置是在悬挂带弹性扭力矩和陀螺指北力矩的共同作用下产生的，此时可得到一个力矩平衡方程［式（2-38）］。

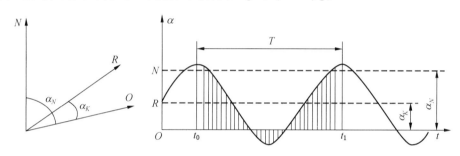

图2-17 积分测量原理示意图

$$\alpha_K D_B = (\alpha_N - \alpha_K) D_K \tag{2-38}$$

式中 α_K——悬挂带扭力零位与陀螺平衡位置之间的夹角；

       α_N——悬挂带扭力零位与真北之间的夹角；

       D_B——悬挂带扭力矩系数；

       D_K——陀螺指北力矩系数。

令力矩比例系数 K 为

$$K = \frac{D_B}{D_K} \tag{2-39}$$

则有

$$\alpha_N = \alpha_K(1 + K) \tag{2-40}$$

根据钟摆式陀螺仪运动的函数表达式，有：

$$\alpha_{(t)} = \alpha_K + A\sin\frac{2\pi}{T}t \tag{2-41}$$

可以从任意时刻 t_0 起，对 $\alpha_{(t)}$ 进行一个周期（T）的积分，得：

$$S = \int_{t_0}^{t_0+T} \left(\alpha_K + A\sin\frac{2\pi}{T}t\right)\mathrm{d}t = \alpha_K T \tag{2-42}$$

则
$$\alpha_K = \frac{S}{t} \qquad (2\text{-}43)$$

考虑到悬挂带扭力零位的变化，以及基准镜法线和光电检测元件零位之间夹角的变化，仪器中设计了参考基准镜法线作为基准（相当于照准部的零刻线），所有积分值都与它作比较。

$$\alpha_N = \left[(\alpha_K - \alpha_0) - (\alpha_B - \alpha_0) \right](1 + K) + (\alpha_B - \alpha_0)$$

即
$$\alpha_N = (\alpha_K - \alpha_0)(1 + K) - (\alpha_B - \alpha_0)K \qquad (2\text{-}44)$$

式中　α_B——悬挂带极力零位积分值，用角度表示；

　　　α_0——基准镜法线和光电检测元件零位之间的夹角，也就是参考基准镜法线方向的积分值，用角度表示；

　　　K——力矩比例系数，按式（2-39）计算。

如果悬挂带扭力零位处于参考基准镜法线方向上，即有 α_B 为零；当 α_0 也为零时，则式（2-44）可简化为式（2-40）。

（三）BTJ-5 全自动陀螺全站仪定向测量步骤

BTJ-5 全自动陀螺全站仪定向的主要操作步骤如下：

（1）将陀螺全站仪安置到三脚架上，利用已知边方位角或指北针将仪器从任意初始位置调整到北方向，对中、整平。

（2）连接自动陀螺仪与电子全站仪之间的数据通信电线。

（3）全站仪开机，陀螺仪开机，输入当地经纬度。

（4）启动测量程序进行定向测量，陀螺仪自动寻北，观测成果见表 2-7。

（5）寻北结束后，全站仪照准测线目标，盘左、盘右观测两测回，将结果输入陀螺仪中，即可计算并显示测线陀螺方位角。

表 2-7　全自动陀螺全站仪定向观测记录表　　　　　　　　（° ′ ″）

测线	测回	陀螺北方向值	测线方向值		陀螺方位角		
			盘左	盘右	盘左	盘右	均值
T3082—YWSO	1	359 59 45	332 58 16	152 58 16	332 58 30	152 58 29	332 58 30
	2	000 00 11	332 58 50	152 58 50	332 58 37	152 58 38	332 58 38
	3	000 00 08	332 58 44	152 58 47	332 58 34	152 58 38	332 58 36
	4	000 00 07	332 58 39	152 58 41	332 58 31	152 58 33	332 58 32
	5	000 00 00	332 58 31	152 58 29	332 58 30	152 58 28	332 58 29
	6	359 59 49	332 58 15	152 58 19	332 58 25	152 58 29	332 58 27

六、一井陀螺定向

1. 投点

进行投点所需的设备和安装系统如图 2-18 所示。具体投点、钢丝下放和自由悬挂的检查参见本章第二节。

2. 连接测量

连接测量分地面连接测量和井下连接测量，如图 2-18 所示。

（1）地面连接测量。在近井点安置仪器，观测控制点—近井点—钢丝之间的水平角 β_1 和近井点—钢丝之间的水平距离 D_1，按式（2-45）计算钢丝中心坐标。

$$\begin{cases} x_{钢丝} = x_{近井点} + D_1 \times \cos(\alpha_{近井-控制} + \beta_1) \\ y_{钢丝} = y_{近井点} + D_1 \times \sin(\alpha_{近井-控制} + \beta_1) \end{cases} \tag{2-45}$$

（2）井下连接测量。在基$_1$点安置仪器，观测基$_2$—基$_1$—钢丝之间的水平角 β_2、基$_1$—钢丝之间的水平距离 D_2 和基$_1$—基$_2$ 之间的水平距离 D_3。

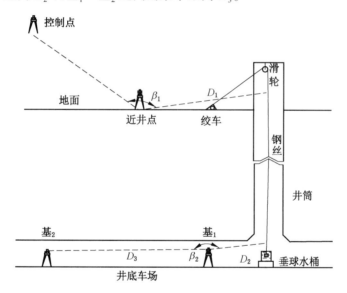

图 2-18　一井陀螺定向测量

基$_1$—基$_2$ 的方位角用陀螺全站仪测量计算，并按式（2-46）和式（2-47）计算基$_1$和基$_2$ 坐标。

$$\begin{cases} x_{基1} = x_{钢丝} + D_2 \times \cos(\alpha_{基1-基2} + \beta_2 \pm 180°) \\ y_{基1} = y_{钢丝} + D_2 \times \sin(\alpha_{基1-基2} + \beta_2 \pm 180°) \end{cases} \tag{2-46}$$

$$\begin{cases} x_{基2} = x_{基1} + D_3 \times \cos\alpha_{基1-基2} \\ y_{基2} = y_{基1} + D_3 \times \sin\alpha_{基1-基2} \end{cases} \tag{2-47}$$

3. 坐标方位角计算注意事项

在计算井下基$_1$—基$_2$边坐标方位角时，因不知道基$_1$点的坐标，无法计算基$_1$点处的子午线收敛角。根据式（2-30）计算子午线收敛角时，x 和 y 坐标只需精确到公里。因此可以用基$_1$—基$_2$边的陀螺方位角替代坐标方位角，计算基$_1$点的概略坐标，进而计算子午线收敛角。

4. 一井陀螺定向的工作组织

一井定向因工作环节多、测量精度要求高，同时又要缩短占用井筒的时间，所以需要有很好的工作组织。一井定向的工作组织可分为准备工作（选择连接方案技术设计、定向设备及仪器的检验、定向设备安装和运送、确定井上下的负责人、指挥和联系方式）、地面的工作内容及顺序、定向水平上的工作内容及顺序、定向时的安全措施和定向后的技术总结。

5. 定向时的安全措施

在定向过程中，应劝阻一切非定向工作人员在井筒附近停留；定向时应有专人负责井上下联系；提升容器应牢固停妥；井盖必须结实、可靠地盖好；对定向钢丝必须事先仔细检查，提放钢丝时应事先通知井下，只有当井下人员撤出井筒后才能开始；垂球未到井底或地面时，井下人员不得进入井筒；下放钢丝时应严格遵守均匀慢放等规定，避免钢丝折断；向参加定向工作的全体人员进行安全教育。在地面工作的人员不得将任何东西掉入井内，在井盖工作的人员均应佩戴安全带。

第四节　高程联系测量

为使地面与井下建立统一的高程系统，应通过斜井、平硐或竖井将地面高程传递到井下巷道中，该测量工作称为高程联系测量（也称为导入高程）。通过斜井、平硐的高程联系测量，可从地面用水准测量和三角高程测量方法直接导入，这里不再赘述。竖井导入高程常用方法有长钢尺法、光电测距仪铅直测距法等。

一、长钢尺导入高程

1. 测量原理

如图 2-19 所示，将经过检定的钢尺挂上重锤（其重力应等于钢尺检定时的拉力），自由悬垂在井中。分别在地面与井下安置水准仪，首先在 A、B 点水准尺上读取读数 a、b，然后在钢尺上读取读数 m、n，同时应测定地面、地下的温度 $t_上$ 和 $t_下$，由此可求得 B 点高程。

$$H_{基1} = H_{近井} - \left[(m - n) + (b - a) + \sum \Delta l_i \right] \tag{2-48}$$

式中　$\sum \Delta l_i$ ——钢尺改正数总和（包括尺长改正、温度改正、自重伸长改正）。

其中钢尺温度改正计算时，应采用井上下实测温度的平均值。

钢尺自重伸长改正计算公式为

$$\Delta l = \frac{\gamma}{E} l \left(l' - \frac{l}{2} \right) \tag{2-49}$$

式中　l——钢尺长度，$l = m - n$，m；

　　　l'——钢尺悬挂点至重锤端点间长度，即自由悬挂部分的长度，m；

　　　γ——钢尺的密度，$\gamma = 7.8 \ \text{g/cm}^3$；

　　　E——钢尺的弹性模量，一般取 $2 \times 10^6 \ \text{kg/cm}^2$。

一次导入高程，应升降钢尺三次，独立进行三次观测。高程导入独立进行两次，互差不超过井深的 1/8000。

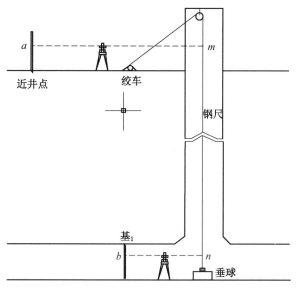

图 2-19　长钢尺导入高程

2. 示例

在某矿南二风井进行导入高程工作，利用经检定过的 800 m 长钢尺进行。地面以近井点为后视点，其高程 $H_近$ = 33.115 m，水准尺读数为 a；井下以水准点基$_1$为前视点，其水准尺读数为 b，钢尺在风井井口和井底的读数分别为 m 和 n，井口温度为 1 ℃，井底温度为 14.0 ℃，钢尺悬挂 10 kg 重锤。进行三次导入高程，其观测数据见表 2-8。

表 2-8　某矿南二风井导入高程观测计算表

导入高程序号		第一次		第二次		第三次	
地面读数	水准尺 a	1.740	1.707	1.678	1.613	1.614	1.692
	钢尺（井口）m	392.260	392.227	392.405	392.342	392.543	392.620
井下读数	钢尺（井底）n	0.473	0.412	0.620	0.679	0.880	0.807
	水准尺（水准基点）b	0.314	0.252	0.253	0.311	0.311	0.239
高差		−390.361	−390.360	−390.360	−390.361	−390.360	−390.360
平均值		−390.360					

钢尺改正计算如下：

（1）尺长改正。根据钢尺检定结果，392.4 m 处的改正数为 72.8 mm，即 Δl_K = 0.0728 m。

（2）温度改正。井口温度为 1 ℃，井底温度为 14.0 ℃，则井筒平均温度为 7.5 ℃。

$$\Delta l_t = L \times \alpha(t - t_0) = 392.4 \times 1.2 \times 10^{-5} \times (7.5 - 20) = -0.0589 \text{ m}$$

（3）拉力改正。钢尺横截面积为 1.24 cm×0.012 cm，重锤重 10 kg。

$$\Delta l_p = \frac{L(P - P_0)}{E \times F} = \frac{419.7 \times (10 - 10) \times 9.8 \times 10^3}{1.96 \times 10^7 \times 1.24 \times 0.012} = 0 \text{ m}$$

（4）钢尺自重改正。

$$L = l + 1 = 393.4 \text{ m （悬挂点到水准仪读数为 1 m）}$$

$$\Delta l_C = \frac{\gamma}{E} l \left(L - \frac{l}{2} \right) = \frac{7.8 \text{ g/cm}^3}{2 \times 10^9 \text{ g/cm}^2} \times 39240 \times \left(39340 - \frac{39240}{2} \right) = 3.02 \text{ cm} = 0.0302 \text{ m}$$

钢尺各项改正之和为

$$\Delta l = \Delta l_K + \Delta l_t + \Delta l_P + \Delta l_C = 0.0728 - 0.0589 + 0 + 0.0302 = 0.044 \text{ m}$$

$$H_{基1} = 33.115 - (390.360 + 0.044) = -357.289 \text{ m}$$

二、光电测距仪导入高程

当井筒不深和水气较小时，可采用光电测距仪导入高程。光电测距仪导入高程的原理如图 2-20 所示。测距仪 G 安置在井口附近，在井架上安置反射镜 E（与水平面成 45°角），反射镜 F 水平置于井底。用仪器测得光程 $S(S = GE + EF)$，仪器 G 至反射镜 E 的距离为 $l(l = GE)$，由此得井深 H。测距时测定井上下的温度及气压，进行温度及气压改正。

$$H = S - l + \Delta L \tag{2-50}$$

式中　ΔL——光电测距仪的气象、仪器常数总改正数。

在井上、下分别安置水准仪，读取立于 E、A 及 F、B 处的水准尺读数 e、a 和 f、b。则水准基点 A、B 之间的高差为

$$h = H - (a - e) + b - f \tag{2-51}$$

则 B 点高程为

$$H_B = H_A - h \tag{2-52}$$

上述测量应重复测量两次，其差值应符合《煤矿测量规程》的要求。

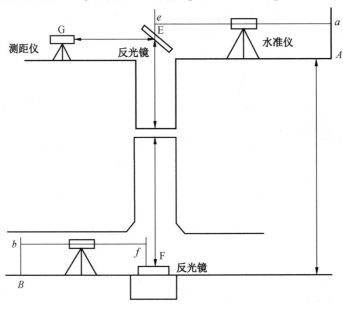

图 2-20　光电测距仪导入高程

该方法受井筒条件限制，适应性较差，仅适用于井筒内干燥、水气小、井深小的情况。当井筒内水气较大时，测距仪不易测出距离。当井筒较深时，对反射镜 E 的安置精度要求较高，稍有偏差也测量不出井筒深度。

习　　题

1. 矿井联系测量的目的和任务是什么？
2. 如何减小投点误差？
3. 什么是陀螺常数？

第三章 井下控制测量

为满足矿井建设和生产需要，要建立井下统一的坐标控制系统，井下控制系统是从联系测量的井底基点向井田边界延伸，井下控制测量分为平面控制测量和高程控制测量。

第一节 井下平面控制测量

井下平面控制测量是井下巷道硐室施工、工作面生产和测图的基础。受井下巷道条件限制，井下平面控制一般只能沿巷道布设成导线或导线网，井下平面控制测量实际上是导线测量。

一、井下控制导线的等级和布设

1. 井下控制导线的等级

井下控制导线的等级，按照"从高级到低级"的原则进行。我国《煤矿测量规程》规定，井下平面控制分为基本控制和采区控制两类，这两类又都应敷设成闭（附）合导线或复测支导线，见表3-1和表3-2。

表3-1 基本控制导线的主要技术指标

井田一翼长度/ km	测角中误差/ （″）	一般边长/ m	导线全长相对闭合差	
			闭（附）合导线	复测支导线
≥5	±7	60~200	1/8000	1/6000
<5	±15	40~140	1/6000	1/4000

表3-2 采区控制导线的主要技术指标

采区一翼长度/ km	测角中误差/ （″）	一般边长/ m	导线全长相对闭合差	
			闭（附）合导线	复测支导线
≥1	±15	30~90	1/4000	1/3000
<1	±30	—	1/3000	1/2000

注：30″导线可作为小矿井的基本控制导线。

基本控制导线按照测角精度分为±7″和±15″两级，一般从井底车场起始边开始，沿矿井主要巷道（井底车场、水平大巷、集中上下山等）敷设，通常每隔1.5~2.0 km应加测陀螺定向边，以提供检核和方位平差条件。

采区控制导线按照测角精度分为±15″和±30″两级，沿采区上下山、中间巷道或片盘运输巷道以及其他次要巷道敷设。

2. 井下控制导线的发展和形式

一般矿井的主要巷道是由井底车场向井田边界逐步掘进的，因此，导线也是随着巷道的掘进而逐步延伸。如图 3-1 所示，由石门开口掘进运输大巷时，先布设 15″ 或 30″ 的低等级导线，为标定巷道中线或填绘矿图服务。巷道每掘进 30~100 m，延长一次。当巷道掘进 300~500 m 时，布设 7″ 或 15″ 级基本控制导线。这一段基本控制导线的起始边和最终边应与已布设低等级导线边相重合，以检查后者的正确性。当巷道继续掘进时，应以基本控制导线所测得最终边的数据为依据，继续向前布设低等级导线并标定巷道中线。当再掘进 300~500 m 时，再延测基本控制导线。如此分段重复测设，直至形成闭（附）合导线或导线网。

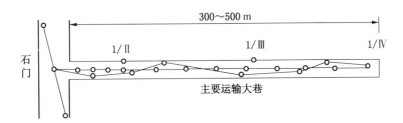

图 3-1　井下控制导线的发展

3. 特殊形式的井下控制导线

根据井下巷道特点，会形成一些特殊形式的导线，如空间交叉闭合导线（某些导线边关系是空间异面直线）、无定向导线（两井定向时，在两个已知坐标的锤球线间布设的导线）和方向附合导线（导线两端进行陀螺定向）等形式，如图 3-2 所示。

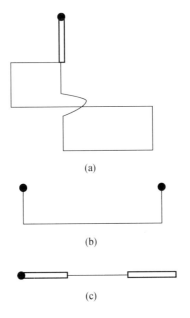

(a)

(b)

(c)

图 3-2　特殊形式的井下导线

二、井下控制导线外业测量

井下控制导线测量和地面导线测量基本相同，根据井下特点，井下控制导线测量在选点、埋点、测角、量边、导线延伸和检查方面有自己的特殊方法。

（一）选点

导线点应当选择在巷道顶（底）板稳固、通视良好且易于安设仪器、不受来往车辆影响的地方，并避免淋水和不安全因素。导线点之间的距离按相应等级导线的规定边长（表3-1和表3-2）来确定。所有导线点均应做明显标志并统一编号，用红漆或白漆将点位标出来，并将编号醒目地涂写在设点处的巷道帮上，以便于寻找。

（二）仪器安置

在井下安置仪器之前，应对巷道两帮及顶板仔细检查，即"敲帮问顶"，确认无浮石、无冒顶和片帮危险后，再安置仪器。井下控制导线点多设于巷道顶板上，因此，安置仪器时要采用点下对中。另外，由于井下巷道内风流较大，垂球对中误差较大，宜选用光学对中。对于低等级导线，可采用垂球对中，但垂球重量要在1 kg以上，并视具体风速情况，采取加大垂球重量或挡风等措施。

光学点下对中器安置步骤如下：

（1）测点上悬挂下垂球，移动三脚架使点下对中器中心大致对准垂球尖，且三脚架头基本水平，踩固脚架。

（2）通过调整基座脚螺旋，使长水准管精确水平。

（3）此时，若点下对中器十字丝中心偏离导线点不大于5 mm，则可通过平移基座达到精确整平对中，否则，应通过升降三脚架重新进行对中。

（4）重复步骤（2）和（3），直到安置好仪器。

（三）井下角度观测

井下控制导线测量一般需要4~6人，一人观测，一人记录，前后视各一人。因井下安置仪器需要照明，需1~2人辅助。井下水平角和竖直角观测方法与地面一样，对于水平角观测，三个观测方向以上（含三方向）采用方向观测法，两个观测方向采用测回法，其仪器及作业要求见表3-3。

表3-3　井下各级导线水平角观测所采用的仪器及作业要求

导线级别	使用仪器	观测方法	按导线（水平）边长分					
			15 m 以下		15~30 m		30 m 以上	
			对中次数	测回数	对中次数	测回数	对中次数	测回数
7″	DJ$_2$	测回法	3	3	2	2	1	2
15″	DJ$_6$	测回法	2	2	1	2	1	2
30″	DJ$_6$	测回法	1	1	1	1	1	1

（1）井下各级导线水平角观测所采用的仪器、作业要求和限差。在倾角小于30°的井巷中，水平角的观测限差见表3-4。在倾角大于30°的井巷中，各项限差可放宽为1.5倍，

并且要特别注意整平仪器，因为在视线倾角大时，仪器竖轴和水平轴倾斜对测角精度的影响特别大。

表3-4　水平角的观测限差

仪器级别	同一测回中半测回互差	两测回间互差	两次对中测回间互差
DJ$_2$	20″	12″	30″
DJ$_6$	40″	30″	60″

（2）井下竖直角观测及限差要求。在水平方向值观测的同时，应进行竖直角观测。同一方向各测回间垂直角互差，对于J$_2$级仪器应不大于15″，对于J$_6$级仪器应不大于25″，各测回间指标差互差与垂直角互差相同。

（四）边长测量

目前，井下控制导线的边长通常用全站仪测量。但是，有些小矿井或者采区施工测量还有钢尺量距，但一般不进行各项改正。

1. 钢尺量边

井下边长一般采用悬空丈量的方法，通常是丈量倾斜距离。用大头针穿入前后视点所挂垂球线上，经纬仪瞄准大头针与线绳的交点，观测竖直角，如图3-3所示。然后用钢尺丈量仪器镜上中心或横轴右端中心与大头针之间的距离。丈量时，两端同时读数，每读一次数后，移动钢尺1~3 cm，每条边要读数3次。为了检验起见，每边必须往返丈量。

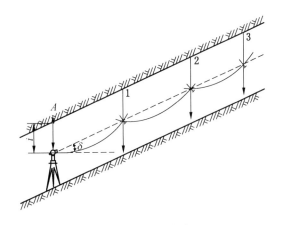

图3-3　钢尺倾斜量距

2. 电磁波测距

井下进行电磁波测距，应分别在测站和前后视点安置全站仪（测距仪）和觇标棱镜。在测距的同时，应测定气象元素，气压读至100 Pa，气温读至1 ℃，并输入仪器。距离测量限差为：一测回内4个读数之间较差不大于10 mm；单程测回间较差不大于15 mm；往返（或不同时间）观测同一边长时，换算为水平距离（经气象和倾斜改正）后的互差，不得大于边长的1/6000。

（五）碎部测量

碎部测量的目的是测绘巷道细部轮廓，填绘矿图。导线测完后，测量仪器中心到巷道顶板、底板和两帮的距离（图3-4），并用"支距法"或"极坐标法"测量巷道、硐室或工作面的轮廓。

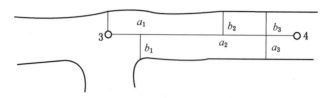

图3-4 碎部测量草图

（六）导线延伸和检查

井下控制导线每次延测时，应检查起始点的可靠性，即对上次所测的最后一个水平角及最后一条边长按原观测精度进行检查。此次观测与上次观测的水平角之差 $\Delta\beta$ 不应超过由式（3-1）所计算出的容许值。

$$\Delta\beta_{容} \leq 2\sqrt{2}\, m_\beta \qquad (3-1)$$

式中　m_β——相应等级的导线测角中误差。

井下 7″、15″ 和 30″ 导线的 $\Delta\beta_{容}$ 分别为 ±20″、±40″ 和 ±80″。

重新测量上次最后一条边长与原测量结果之差不得超过相应等级导线边长往返丈量之差的容许值（基本控制导线为边长的1/6000，采区控制导线为边长的1/2000）。

如果检查结果不符合上述要求，则应继续向后检查，直到符合要求后，方可以它作为起始数据，继续向前延长导线。

（七）井下控制导线三架法测量

井下控制导线三架法测量和地面一样，优点是速度快、终点精度提高；缺点是从角度和距离上不能验证对中偏差，中间点精度得不到保证。

三、井下控制导线内业计算

井下控制导线技术指标和限差要求见表3-5。

表3-5　井下各级控制导线的要求

导线类别	测角中误差	一般边长/m	最大角度闭合差		最大相对闭合差	
			闭（附）合导线	复测支导线	闭（附）合导线	复测支导线
基本控制	±7″	60~200	±14″$\sqrt{n}$	±14″$\sqrt{n_1+n_2}$	1/8000	1/6000
	±15″	40~140	±30″$\sqrt{n}$	±30″$\sqrt{n_1+n_2}$	1/6000	1/4000
采区控制	±15″	30~90	±30″$\sqrt{n}$	±30″$\sqrt{n_1+n_2}$	1/4000	1/3000
	±30″	—	±60″$\sqrt{n}$	±60″$\sqrt{n_1+n_2}$	1/3000	1/2000

注：n—闭（附）合导线的总站数；n_1、n_2—支导线第一次和第二次观测的总站数。

（一）检查整理记录

井下控制导线观测工作完成后，应按规定的要求对野外记录数据进行检核和检查，不符合要求的必须重算或重测。经检查无误后，方可进行下一步计算。

（二）计算平均边长和边长改正

检查边长记录，计算平均边长。井下基本控制导线边长应换算成水平距离，如有必要还应加上归化到大地水准面和高斯投影面上的改正。

归化到大地水准面上的改正：

$$\Delta L_M = \frac{-H_m}{R}l \tag{3-2}$$

归化到高斯投影面上的改正：

$$\Delta L_G = \frac{y_m^2}{2R^2}l \tag{3-3}$$

式中　H_m——导线边两端点高程平均值；

　　　　y_m——导线边两端点高斯 y 坐标平均值；

　　　　R——地球半径；

　　　　l——导线边长。

（三）角度闭合差的计算和分配

井下控制导线角度闭合差的计算和地面基本相同，下面重点讨论井下特殊导线角度闭合差和改正数的计算。

1. 空间交叉闭合导线

沿空间交叉导线前进测左角，当经过交叉点后，便由内（外）角变成了外（内）角，如图 3-5 所示。

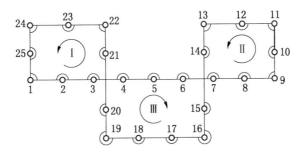

图 3-5　井下交叉闭合导线

设交叉闭合导线中共有内角图形 p 个、外角图形 k 个，则交叉点应有（$p+k-1$）个，所以交叉导线的角度总和应为内角图形与外角图形的角度总和，即：

$$\sum \beta = 180°\left[(n_1 - 2) + (n_2 - 2) + \cdots + (n_p - 2)\right] +$$
$$180°\left[(n_1' + 2) + (n_2' + 2) + \cdots + (n_k' + 2)\right] =$$
$$180°\left[(n_1 + n_2 + \cdots + n_p) + (n_1' + n_2' + \cdots + n_k') - 2(p - k)\right]$$

式中　n_1、n_2、n_p——每个内角图形中的内角个数；

　　　　n_1'、n_2'、n_k'——每个外角图形中的外角个数。

这些图形的角度个数中包括交叉点上的虚拟角度，但每个交叉点上的两个虚拟角度对于相邻两个对顶图形来说总是360°，应减去360°（$p+k-1$），故所测角度总和为

$$\sum \beta = 180°\left[n - 2(p - k)\right] \tag{3-4}$$

式中　n——实测角度总个数；

　　　p——内角图形的总个数；

　　　k——外角图形的总个数。

因此，角度闭合差为

$$f_{\beta} = \sum \beta_{实} - 180°\left[n - 2(p - k)\right] \tag{3-5}$$

2. 复测支导线

复测支导线是按最末公共边的第Ⅰ次和第Ⅱ次所测得的方位角 α_{nI} 和 $\alpha_{n\text{Ⅱ}}$ 之差来计算的。

$$f_{\beta} = \alpha_{nI} - \alpha_{n\text{Ⅱ}} \tag{3-6}$$

对检查合格的角度闭合差的分配（平差），因系同精度测角，故可将 f_{β} 反号平均分配给各角度，即每个角度的改正数 $v_{\beta} = -\dfrac{f_{\beta}}{n}$，其中 n 为导线的总测角数。

3. 方向附合导线

当用陀螺测定了起始边和最末边的方位角时，就形成了方向附合导线，如图3-6所示。其角度闭合差的容许值 $f_{\beta容}$，要考虑测角误差 m_{β} 和陀螺定向边的坐标方位角误差 m_{α_0}。

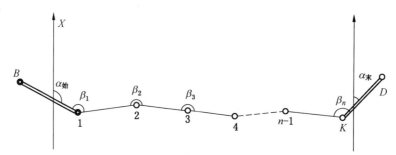

图3-6　支导线末端具有陀螺定向边的方向附合导线

$$f_{\beta容} \leqslant 2\sqrt{2m_{\alpha_0}^2 + nm_{\beta}^2} \tag{3-7}$$

首先判断陀螺定向边是否为坚强边：

$$\frac{m_{\alpha_0}\sqrt{2}}{m_{\beta}\sqrt{n}} \leqslant \frac{1}{3} \tag{3-8}$$

若式（3-8）成立，则陀螺定向边为坚强边；否则，陀螺定向边为非坚强边。

（1）陀螺定向边为坚强边。陀螺定向边作为坚强边，不参与平差，按附合导线角度闭合差计算和分配。

（2）当始末边为非坚强陀螺定向边时，其应参与角度闭合差的分配，其条件方程为

$$v_{\beta_1} + v_{\beta_2} + \cdots + v_{\beta_n} + v_{\alpha_{始}} - v_{\alpha_{末}} + f_{\beta} = 0 \tag{3-9}$$

井下测角中误差相同，陀螺定向的方位角中误差也相同，令单位权中误差 $\mu = m_\beta$，各观测值的权为

$$P_{\beta_j} = 1$$

$$P_{\alpha_{始}} = P_{\alpha_{末}} = P_{\alpha_0} = \frac{m_\beta^2}{m_{\alpha_0}^2}$$

令 $\dfrac{1}{P_{\alpha_0}} = q_0$，则法方程系数 K 为

$$K = -\frac{f_\beta}{n + 2q_0}$$

各改正数为

$$v_{\beta_j} = K \qquad v_{\alpha_{始}} = q_0 K = \frac{m_{\alpha_0}^2}{m_\beta^2} \cdot K \qquad v_{\alpha_{末}} = -v_{\alpha_{始}}$$

【例 3-1】 如图 3-7 所示，一方向附合导线，A、B 为已知点，$P_1 \sim P_4$ 为待定点，P_3-P_4 边进行了陀螺定向，其测角中误差为 $\pm 7''$，陀螺方位角测量的中误差为 $\pm 14''$。已知 $\alpha_{AB} = 125°30'30''$，$\beta_1 = 130°00'00''$，$\beta_2 = 90°00'00''$，$\beta_3 = 68°00'00''$，$\beta_4 = 72°00'00''$，$T_{P3-P4} = 161°30'00''$，求 P_3-P_4 边最终坐标方位角和其中误差。

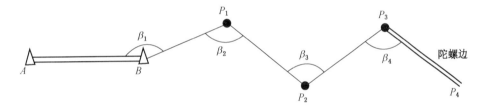

图 3-7 方向附合导线

解 （1） $\dfrac{m_\alpha \sqrt{2}}{m_\beta \sqrt{4}} = \dfrac{14\sqrt{2}}{7 \times \sqrt{4}} = \sqrt{2} > \dfrac{1}{3}$，用陀螺测算的方位角不能作为坚强边。

闭合差：$f_\beta = \alpha_{AB} + \beta_1 - \beta_2 + \beta_3 - \beta_4 \pm 4 \times 180 - T_{P3-P4} = 0°0'30''$

改正数：令单位权中误差 $\mu = m_\beta$，各观测值的权为，$P_\beta = 1$，$P_{T_{P3-P4}} = \dfrac{m_\beta^2}{m_{\alpha_{P3-P4}}^2} = \dfrac{(\pm 7)^2}{(\pm 14)^2} = \dfrac{1}{4}$。

令 $\dfrac{1}{P_{T_{P3-P4}}} = q_0 = 4$，$K = -\dfrac{f_\beta}{n + q_0} = \dfrac{-30''}{4 + 4} = -3.75''$，$v_\beta = -3.75''$，$v_T = -qK = 15''$，

方位角：$\alpha_{P3-P4} = T_{P3-P4} + 15'' = 161°30'15''$。

（2） 中误差：

单位权中误差 $m_0 = \pm \sqrt{\dfrac{[pvv]}{n-1}} = \pm \sqrt{\dfrac{4 \times (-3.75)^2 + \dfrac{1}{4}(-15)^2}{5 - 1}} = \pm 5.3''$，

41

中误差 $m = \pm \sqrt{\dfrac{m_0^2}{p}} = 2 \times m_0 = \pm 10.6''$。

（3）当有三个非坚强陀螺定向边时。三个陀螺定向边将导线分成Ⅰ和Ⅱ两段，如图3-8所示。

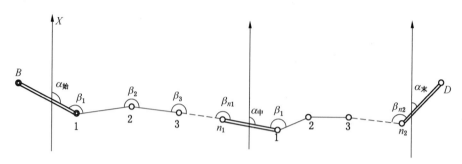

图 3-8　具有非坚强边的方向附合导线

按条件平差法，有两个条件方程：

$$
\begin{cases}
\sum\limits_{1}^{n_1} v_{\beta_{\text{Ⅰ}}} + v_{\text{始}} - v_{\text{中}} + W_{\text{Ⅰ}} = 0 \\
\sum\limits_{1}^{n_2} v_{\beta_{\text{Ⅰ}}} + v_{\text{中}} - v_{\text{末}} + W_{\text{Ⅱ}} = 0
\end{cases}
\tag{3-10}
$$

式中　　$v_{\beta_{\text{Ⅰ}}}$、$v_{\beta_{\text{Ⅱ}}}$——第Ⅰ、第Ⅱ段导线角度改正数；

$\quad v_{\text{始}}$、$v_{\text{中}}$、$v_{\text{末}}$——始、中、末三个定向边方位角改正数；

$\quad W_{\text{Ⅰ}}$、$W_{\text{Ⅱ}}$——第Ⅰ、第Ⅱ段导线的角度闭合差。

其法方程为

$$
\begin{cases}
(2q_0 + n_1)K_1 - q_0 K_2 + W_{\text{Ⅰ}} = 0 \\
q_0 K_1 + (2q_0 + n_2)K_2 + W_{\text{Ⅱ}} = 0
\end{cases}
\tag{3-11}
$$

解得 K 值后，可得改正数：

$$
v_{\beta_{\text{Ⅰ}}} = \frac{q_0 W_{\text{Ⅱ}} + (n_2 + 2q_0)W_{\text{Ⅰ}}}{q_0^2 - (n_1 + 2q_0)(n_2 + 2q_0)} \qquad
v_{\beta_{\text{Ⅱ}}} = \frac{q_0 W_{\text{Ⅰ}} + (n_1 + 2q_0)W_{\text{Ⅱ}}}{q_0^2 - (n_1 + 2q_0)(n_2 + 2q_0)}
$$

$$
v_{\alpha_{\text{始}}} = q_0 v_{\beta 1} \qquad v_{\text{中}} = q_0(v_{\beta_{\text{Ⅱ}}} - v_{\beta_{\text{Ⅰ}}}) \qquad v_{\alpha_{\text{末}}} = -q_0 v_{\beta_{\text{Ⅱ}}}
$$

最后还应指出，井下控制导线一般是复测支导线，计算方法是一种近似平差，平差结果失去了严密性，即推算的某边方位角和坐标反算的方位角不相同，利用起算数据时，应分别抄写方位角和坐标。

第二节　井下高程控制测量

井下高程控制测量的目的是建立一个与地面统一的高程系统，确定各种采掘巷道、硐室在竖直方向上的位置及相互关系，以解决各种采掘工程在竖直方向上的几何问题。其具体任务大体为：在井下主要巷道内精确测定高程点和永久导线点的高程，建立井下高程控制；给定巷道在竖直面内的方向；确定巷道底板的高程；检查主要巷道及其运输线路的坡度和测绘主要运输巷道纵剖面图。

井下高程控制测量方法主要有水准测量和三角高程测量。当巷道倾角小于 5°时采用水准测量；倾角在 5°~8°之间可采用水准测量，也可采用三角高程测量；当倾角大于 8°时则采用三角高程测量。

一、井下水准测量

井下高程点每组不应少于 2 个，两点之间的距离为 30~80 m；而各组之间的距离一般为 300~800 m，井下永久导线点可作为高程点用。

井下水准测量的施测方法基本上类同于地面水准测量，采用两次仪器高法观测，两次仪器高互差应大于 10 cm。两次仪器高所测得的高差之差应不大于 5 mm，两次仪器高测得的高差平均值作为一次测量结果。当水准点设在巷道顶板上时，要倒立水准尺，以尺底零端顶住测点，记录数据时应在其前加"–"号。

水准测量的高程容许闭合差应不超过 $\pm 50\sqrt{R}$。R 为单程或闭合水准路线长度，以千米为单位，其平差计算和地面水准测量一样。

二、井下三角高程测量

井下三角高程测量和地面一样，但在计算高差时应注意：当测点在顶板上时，i 和 v 的数值前应加"–"号。

三角高程测量的倾斜角观测一般可用一测回。通过斜井导入高程时，应测两测回，测回间的互差，对于 J_2 级经纬仪应不大于 20″，J_6 级经纬仪应不大于 40″。仪器高和觇标高应使用小钢尺在观测开始前和结束后各量一次，两次丈量的互差不得大于 4 mm，取其平均值作为测量结果。

基本控制导线的三角高程测量应往返进行。往返测量的高差互差和三角高程闭合差应不超过《煤矿测量规程》规定的限差要求，见表 3-6。当高差的互差符合要求后，应取往返测高差的平均值作为一次测量结果。采区控制导线的三角高程测量不需往返观测。

表 3-6　三角高程测量限差

导线类别	相邻两点往返测高差的容许互差/mm	三角高程容许闭合差/mm
基本控制	10+0.3D	$\pm 100\sqrt{L}$
采区控制	—	$\pm 100\sqrt{L}$

注：D—导线水平边长，m；L—导线周长，km。

闭合和附合高程路线的闭合差，可按边长成正比分配。复测支线终点的高程，应取两次测量的平均值。高差经改正后，可根据起始点的高程推算各导线点的高程。

三、井下水准和三角高程联合平差

井下既有水准测量，又有三角高程测量时，它们是不等精度观测，因此，需要定权。

$$P = \frac{\mu^2}{m_h^2}$$

$$m_h^2 = m_{h水}^2 + m_{h三}^2 \tag{3-12}$$

式中 μ——单位权中误差;

 $m_{h水}$、$m_{h三}$——水准测量和三角高程测量的高差中误差,可按测量等级确定。

求得高差闭合差后,即可计算该水准测量和三角高程测量的高差改正数。

$$v_三 = -\frac{f_h}{[m_h^2]}m_{h三}^2 \tag{3-13}$$

$$v_水 = -\frac{f_h}{[m_h^2]}m_{h水}^2 \tag{3-14}$$

【例 3-2】 某矿的开拓方式如图 3-9 所示,地面通过两个斜井到达第一水平,两斜井间用平巷连接。一、二号斜井分别长 450 m、670 m,并进行了三角高程测量。平巷长 1900 m,进行了水准测量。总闭合差 $f_h = -65$ mm,试求三段线路应分配的改正数。

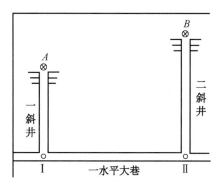

图 3-9 某矿开拓方式

解 因无实测资料,单位长度高差中误差采用《煤矿测量规程》的要求,即 $m_{h水} = \pm 17.7$ mm、$m_{h三} = \pm 50$ mm。

$$m_{h_{A-I}} = m_{h三}\sqrt{L} = \pm 50\sqrt{0.45} = \pm 33.5 \text{ mm}$$

$$m_{h_{I-II}} = m_{h水}\sqrt{R} = \pm 17.7\sqrt{1.900} = \pm 24.4$$

$$m_{h_{B-II}} = m_{h三}\sqrt{L} = \pm 50\sqrt{0.67} = \pm 40.9 \text{ mm}$$

$$[m_{hi}^2] = m_{h_{A-I}}^2 + m_{h_{B-II}}^2 + m_{h_{I-II}}$$
$$= 33.5^2 + 40.9^2 + 24.4^2 = 3390.42$$

$$v_{h_{A-I}} = -\frac{f_h}{[m_{hi}^2]} \cdot m_{h_{A-I}}^2 = -\frac{-65}{3390.42} \times 33.5^2 = 21.5 \text{ mm}$$

$$v_{h_{B-II}} = -\frac{f_h}{[m_{hi}^2]} \cdot m_{h_{B-II}}^2 = -\frac{-65}{3390.42} \times 40.9^2 = 32.1 \text{ mm}$$

$$v_{h_{I-II}} = -\frac{f_h}{[m_{hi}^2]} \cdot m_{h_{I-II}}^2 = -\frac{-65}{3390.42} \times 24.4^2 = 11.4 \text{ mm}$$

1. 如图为一条方向附合导线，A、B 为已知点，P_1、P_2、P_3、P_4 为待定点，P_3–P_4 边进行了陀螺定向，其测角中误差为 $\pm 7''$，陀螺方位角测量的中误差为 $\pm 14''$。已知 $\alpha_{AB} = 125°30'30''$，$\beta_1 = 130°00'00''$，$\beta_2 = 90°00'00''$，$\beta_3 = 68°00'00''$，$\beta_4 = 72°00'00''$，$T_{P3-P4} = 161°30'00''$，求 $P_3 - P_4$ 边最终坐标方位角和其中误差。

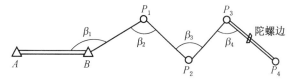

2. 如何检验和校正经纬仪镜上中心的正确性？

3. 井下导线测量的特点和方法是什么？

第四章 井下施工测量

矿井施工测量就是根据设计部门的设计图纸和资料，按照设计要求准确给出施工对象的位置及方向，并且根据施工进展情况，不断开展检查测量并把施工情况反映在测量图纸上，从而确保施工质量满足设计要求。矿井测量工作是煤矿正常生产的重要保证，也是矿山建设、生产、改造和编制长远发展规划等各项工作的基础。

在施工测量开始前，应根据任务要求，熟悉设计图纸，收集和分析有关测量资料，发现问题及时和有关部门联系。进行必要的现场踏勘和检查，施工控制点也需要检查。最后制定经济合理的技术方案，编写技术设计书。

在施工测量过程中，基点是施工的依据，因此埋设必须牢固。外业观测工作本身须有校核，或者进行两次。对起算数据、外业观测记录和内业计算成果均须经过严格的检查或对算。

第一节 巷道施工测量

一、巷道中线标定

巷道水平投影的几何中心线称为巷道的中心线，简称巷道中线。巷道中线的作用是指示巷道水平前进方向，中线方位角由巷道设计给定。

（一）新开巷道中线标定过程

标定巷道中线前必须做好准备工作，然后才能到井下进行巷道的标定、延长及检查等工作。

检查图纸：测量人员接到掘进任务书后，要了解该巷道的设计用途，该巷道和其他巷道之间的几何关系，检查设计的角度、距离和高程是否满足相应的几何关系。然后根据工程要求和现有测量设备确定测量方法。

确定标定数据：收集所标设巷道附近的可靠已知点，根据相应的几何关系和设计数据计算标定巷道中线时需要的必要数据，标定数据一般为距离和角度。

实地标定、延伸和填图：数据确定后，方可到井下施测，每次井下工作完成后，及时进行内业处理和填绘矿图。

（二）标定巷道开切点和掘进方向

标定巷道开切点和掘进方向的工作，俗称"开门子"。巷道开切点的标定工作包括确定巷道开切位置和巷道掘进方向。下面介绍使用经纬仪标定巷道开切点位置和开切方向的方法。

（1）如图 4-1 所示，A 点为欲开掘巷道的开切位置。先从设计图上量取 A 点至已知中线点 3、4 的距离 l_1、l_2，根据几何关系，l_1+l_2 和 3、4 两点间的距离相等；接着量取两巷道中线之间的夹角 β。

（2）在 3 点安置经纬仪照准 4 点，沿此方向由 3 点量取平距 l_1，在顶板上标设出 A 点的具体位置，然后量取距离 l_2。根据几何关系，$l_1+l_2=l_{34}$，作为检核条件。

（3）在 A 点安置经纬仪，后视 3 点，拨出夹角 β，那么望远镜所指方向就是准备开掘巷道的中线方向，在顶板上标定 2 点后，倒转望远镜，标出 1 点。那么 1、A 和 2 三点组成一组中线点。

（三）直线巷道的标定与延设

根据标定要素开掘巷道后，最初标定的开切点容易被破坏或移动，而 1 和 A 两点间距离较短，如图 4-2 所示。因此，当掘进 5~8 m 后，应在新开掘的巷道中重新标定中线。首先通过三点一线的方法检查开切点 A 是否移位，如果移位，则重新标定 A 点。在确保开切点 A 的位置准确的前提下重新标定新巷道中线。

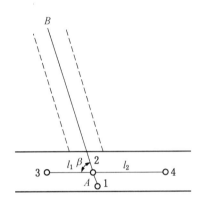

图 4-1　开切点及初步给向标

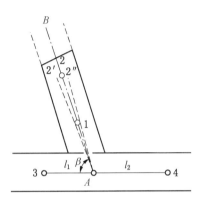

图 4-2　经纬仪标定中线

重新标定：在 A 点安置经纬仪，采用正、倒镜方法，按照巷道夹角 β 在新巷道内分别标定 2′ 和 2″ 两点，并取两点连线中点作为改正后的中线点 2。为了确保点位正确，对新标定的点 2，用经纬仪按测回法测 β 角进行检查。检查无误后，用经纬仪瞄准 2 点，在 A 点和 2 点之间再标定一点即 1 点，这样，A、1、2 三点组成一组新的中线点。一组中线点最少为 3 个，点间距不小于 2 m。

延设：随着巷道不断向前掘进，中线也要不断向前延伸，每掘进 30~40 m，需测设一组中线点 4、5、6；再掘进 30~40 m，测设 7、8、9 组中线点，如图 4-3 所示。以此类推，每组中线点中最前面的一个点至掘进工作面的距离不应超过 40~50 m，以防巷道掘偏。

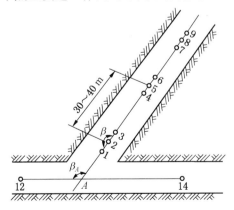

图 4-3　巷道中线延设示意图

标定之前先检查当前组中线点是否移动，如果没有移动，则在5点安置经纬仪，后视2点，顺时针旋转出180°，然后标定7、8、9三点。那么，这三点即为新的一组中线点。

当使用当前中线点组标定新一组中线点时，需要对当前组进行检查，确保中线点没有移位；否则，要对中线点先进行校正，然后再标定新的一组中线点。

（四）曲线巷道的中线标定

井下巷道的转弯处或巷道分叉处都是曲线巷道，曲线巷道有圆曲线和综合曲线等形式，其中以圆曲线巷道为主。由于曲线巷道中线无法像直线巷道那样直接标定出来，因此只能把曲线分为若干部分，各部分内则以直线代替曲线巷道中线，即用弦线来代替曲线指示巷道的掘进。下面介绍弦线的标定方法和操作步骤。

1. 计算标定要素

如图4-4所示，曲线巷道的起点为A，终点为B，半径为R，中心角为α。根据这些设计数据，将曲线巷道分为n等份。需要计算的标定要素有：弦的长度l、起点和终点的转角β_A和β_B以及弦线间的转角β_i。

$$l = 2R\sin\frac{\alpha}{2n} \tag{4-1}$$

$$\beta_A = \beta_B = 180° + \frac{\alpha}{2n} \tag{4-2}$$

$$\beta_1 = \beta_2 = \beta_i = 180° + \frac{\alpha}{n} \tag{4-3}$$

弦线法可用全站仪或经纬仪配合钢尺放样。弦线法的原理是将中线的曲线部分等分成若干份，也可非等分，如图4-4所示，这样就可以用弦线来代替曲线，计算每段曲线对应的弦长和弦线间的转角，然后到实地标定弦线。

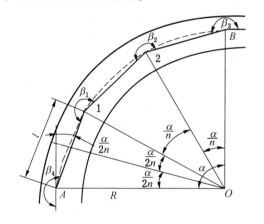

图4-4 弦线法几何要素

2. 实地标定

如图4-5所示，当巷道掘进到曲线起始点A后，在A点安置经纬仪，后视巷道直线段中线点M，测设转向角β_A，给出弦线$A1$的方向，此时曲线隧道仅掘进至A，1点无法标定，只能将望远镜倒转在$A1$反方向的巷道顶板处标定点$1'$和$1''$，则A、$1'$和$1''$成一组中线点，用来指示$A1$段巷道掘进方向。当巷道掘至1点位置后，再置经纬仪于1点，后视A

点拨转角 β_1 给出 12 方向，同样此时 12 段巷道尚未掘出，2 点无法标出，只能在 12 的反方向线上标出点 2′和 2″，则 1、2′和 2″构成一组中线点，用于指示 12 段巷道掘进方向。照此方法逐次给出下一弧段的中线，直至隧道终点 B。

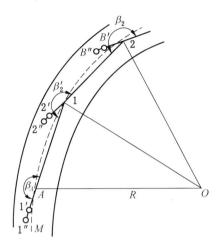

图 4-5　弦线法实地标定

【例 4-1】　设曲线中心角 $\alpha = 75°45'$，$R = 12$ m，将中心角分为 30°、30°、15°45′三个小角，求标定数据。

解　三个小角所对的弦长分别为

$$l_1 = l_2 = 2 \times 12 \times \sin \frac{30°}{2} = 6.212 \text{ m}$$

$$l_3 = 2 \times 12 \times \sin \frac{15°45'}{2} = 3.310 \text{ m}$$

转向角分别为

$$\beta_A = 180° + \frac{30°}{2} = 195°$$

$$\beta_1 = 180° + 30° = 215°$$

$$\beta_2 = 180° + \frac{30°}{2} + \frac{15°45'}{2} = 202°52'30''$$

$$\beta_B = 180° + \frac{15°45'}{2} = 187°52'30''$$

二、巷道腰线标定

为了运输、排水或其他技术上的需要，井下巷道须有一定的坡度。腰线的作用是指示巷道在竖直面内的掘进方向。通常腰线的位置在巷道的一帮或两帮上，高于巷道底板或轨面高程 1~1.5 m，同一工程系统内应采用统一数值，以免造成差错。腰线点每隔一定距离设置一组，每组点数不少于 3 个，点间距不小于 2 m，最前面一个腰线点至掘进工作面的距离一般不应超过 30 m。腰线的坡度一般由设计给定，有时也需用实测资料确定。巷道腰线的标定一般和中线同时进行，两者间的联系程度由标定方法决定。

标定腰线所使用的仪器有水准仪、经纬仪、激光指向仪和半圆仪等。对于主要巷道腰线的标定，一般使用水准仪和经纬仪；次要巷道腰线的标定，则使用半圆仪即可满足要求。在矿井的次要斜巷中，也可以使用半圆仪标定腰线，由于方法简单，在此不再赘述。

（一）水准仪标定平巷腰线

平巷是指坡度小于8‰的巷道，在平巷中使用水准仪标定腰线的方法如图4-6所示。

（1）在最近完成标定的一组腰线点1、2、3和准备标定的一组腰线点4、5、6中间架设水准仪，照准腰线点1、2、3上的小钢尺，根据设计坡度i，检查该组腰线点是否移动，如有移动需要重新标定。

（2）检查完毕，记下3点的钢尺读数a，当点在水准仪视线上方，a为正值；当点在水准仪视线下方，那么a为负值。

（3）丈量3点到欲标定点4之间的水平距离l，然后根据设计坡度计算新点4到水准仪水平视线的距离b。计算公式如下：

$$b = a + h_{34} = a + l \times i \tag{4-4}$$

式中h_{34}为3点与4点间的高差，由巷道设计坡度与实测的3、4点间距计算出来。

（4）水准仪前视4点位置，根据计算值b标定4点具体位置，b为正，4点在水平视线以上；反之，4点位于水平视线以下。

（5）5、6点按照相同的步骤标定。

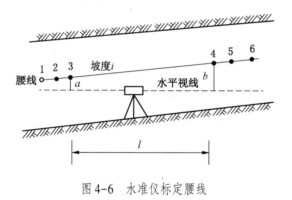

图4-6 水准仪标定腰线

（二）经纬仪标定斜巷腰线

1. 中线点兼作腰线点标定方法

中线点兼作腰线点标定时，在中线点的垂球线上标出腰线标志后，要丈量腰线标志到中线点的距离，以便随时根据中线点恢复腰线位置。

如图4-7所示，1、2、3点为一组已标定腰线点位置的中线点，4、5、6点为待标定腰线点标志的一组中线点。标定时经纬仪安置于3点，量仪器高i，正镜瞄准中线，使竖盘读数对准巷道设计倾角δ，此时望远镜视线与巷道腰线平行。在中线点4、5、6的垂球线上用大头针标出视线位置，用倒镜测其倾角进行检查。根据中线点3处的腰线位置a_3和仪器高i计算仪器视线到腰线点的垂距b。

$$b = i - a_3 \tag{4-5}$$

式中a_3和i均从中线点向下量取，均取正直。求出的b值为正时，腰线在视线之上；反之，在视线之下。从 4、5、6 这 3 个垂球线上标出的视线记号起，根据 b 的符号用小钢尺向上或向下量取长度 b，即可得到腰线点的位置 a_4、a_5 和 a_6。在中线上找出腰线位置后，通过在水平线挂半圆仪，将腰线点投设在巷道两帮上，完成腰线标定。

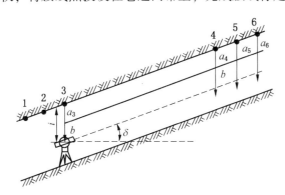

图 4-7　中线点兼作腰线点

2. 伪倾角标定方法

伪倾角法标定腰线的原理如图 4-8 所示。O、A 为巷道中线方向上的腰线点，OA 的倾角 δ 就是巷道的设计倾角，BA 为水平线且垂直于 OA 线，B 点在巷道帮上。由几何关系可以看出，B 点可作为巷道的腰线点，所以标定 B 点就是标定腰线点。

由图 4-8 可知，OB 线的倾角已不再是 δ 而是伪倾角 δ'，假设 A 点到 O 点的高差为 h。则有下列计算公式：

$$\begin{cases} \tan\delta = \dfrac{h}{OA'} \\[2mm] \cos\beta = \dfrac{OA'}{OB'} \\[2mm] \tan\delta' = \dfrac{h}{OB'} = \dfrac{h}{OA'} \cdot \dfrac{OA'}{OB'} = \tan\delta\tan\beta \end{cases} \tag{4-6}$$

式中　β——OA'、OB' 两视线间的水平夹角，在现场测定。

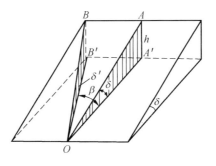

图 4-8　伪倾角法标定腰线的原理

因此，标定腰线点 B 的主要任务就是计算伪倾角 δ'。由式（4-6）可知，由巷道倾角 δ 与现场测定的 β 值即可求出伪倾角。

接着根据上述几何关系即可标定腰线点 B。如图 4-9 所示，3 点处的腰线点为已知，6 点处的腰线点需要标定。在 6 点处标定腰线点的步骤如下：

（1）在 3 点处安置经纬仪，如果中线点 6 还未标定，则先按照标定中线点的方法标定 6 点，然后量取仪器至中线点 3 的距离 i。

（2）根据本站的中线点与腰线点的高差 a 按式（4-5）计算视线到腰线的距离 b，其中 a 值是在上次标定腰线时求出的。

（3）水平度盘置零，瞄准中线点，然后使用经纬仪瞄准拟设腰线点 4 处，测出水平角 β，并按式（4-6）计算出伪倾角 δ'。

（4）将经纬仪的竖盘读数对准 δ'，根据望远镜视线在帮上标出 4′点，再用小钢尺向上或向下量取 b 值定出腰线点 4。

（5）按照相同的方法继续标定一组腰线点中的其他点。

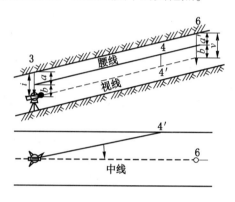

图 4-9　伪倾角法标定腰线方法

标定完新的一组腰线点后，应将高程导到中线点 6 上，并求出 a' 值（$a'=v-b$），作为标定下一组腰线点所用的值。式中 a、v 均向下量，计算时均取 "+" 号。

（三）激光指向仪标定巷道腰线

随着巷道施工大量采用机械化作业，掘进速度大大加快，传统的中腰线标定方法已不能适应快速掘进的要求。当前我国的巷道施工中已普遍采用激光指向仪导向，极大地提高了工作效率。

激光指向仪在使用之前先要进行检查。检查指向仪的发光情况是否良好，光斑是否均匀、居中；电器部件工作是否正常；各种调节、制动等机械部件是否灵活、运转正常。激光指向仪的安置与光束调节步骤如下：

（1）先用经纬仪在巷道中标定两组中线点，如图 4-10 所示，A、B 是后一组中线点中的两个，C 是向前延伸的另一组中线点中的一个，B、C 间距为 30~50 m，标定中线点的同时，在中线点的垂球线上标出腰线位置。

（2）为防止碎石击伤，可在距工作面 70 m 外安装，仪器安装在巷道中心线上。根据仪器的要求及现场条件限制，一般安装在巷道顶板、巷道两帮、巷道中央石墩或特殊的安装架上。当地质条件复杂、顶板压力较大时，经常导致中线点发生位移，此时把指向仪安置在架子上可以避免因顶板压力带来的偏差。但无论采用哪种方法，最基本的原则是光束的方向要和中线及腰线平行，并且距离确定。

（3）安置好指向仪后，接通电源，激光束射出，利用水平调节钮使光斑中心对准前方 B、C 两个中线点上的垂球线，再上下调整光束，使光斑中心与 B、C 两垂球线的交点至两垂球线上的腰线标志的垂距 d 相等，这时红色激光束给出的是一条与腰线平行的巷道中线。

随着巷道向前掘进，光束的指向误差也会加大，指向误差的大小和仪器有关。但一般情况下，当巷道向前推进 100 m 时，要做一次检查测量，并根据结果对中线和坡度进行调整。

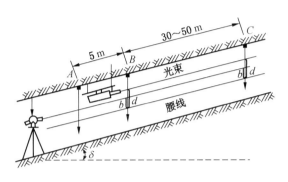

图 4-10　激光指向仪的使用

第二节　立井施工测量

立井是矿山生产布局的核心部位，立井井筒担负着井下与地面的联系，是地面和井下的交通要道。因此，立井井筒的掘进砌壁必须严格按照设计进行。要求井壁竖直，井筒断面的大小、预留梁窝和与井筒连接巷道硐口的位置均要符合设计要求。立井施工质量直接影响矿井的生产。

立井施工测量的任务是把立井井筒内的建（构）筑物及设备等的特征点、线按设计要求测设到实地。在施工过程中，测量人员应首先熟悉设计图纸、资料，验算与测设相关的数据，明确各要素的几何关系，与施工人员密切配合，按照设计要求，准确标定各要素，确保高质量做好立井施工测量工作。

立井有几个重要的特征点和线：特征点是立井井筒中心，即立井井筒水平断面的几何中心；特征线是井筒十字中线，它是通过井筒中心且互相垂直的两条方向线，其中一条与立井提升中线平行或重合，立井提升中线是一条通过提升中心且垂直于提升绞车主轴线的方向线；井筒中心线是通过井筒中心的铅垂线。

一、井筒中心标定

井筒中心的标定一般使用极坐标法，以井口附近的测量控制点或近井点为基础，根据井筒中心的设计坐标计算放样数据。

如图 4-11 所示，按照下列步骤标定井筒中心的位置。

首先，根据井筒中心 O 的设计坐标和 A 点坐标计算标定元素。

距离公式：
$$l_{OA} = \sqrt{(x_O - x_A)^2 + (y_O - y_A)^2} \qquad (4-7)$$

方位角公式：
$$\tan\alpha_{AO} = \frac{y_O - y_A}{x_O - x_A} \qquad (4-8)$$

转角公式：
$$\beta_A = \alpha_{AO} - \alpha_{AB} \pm 360° \qquad (4-9)$$

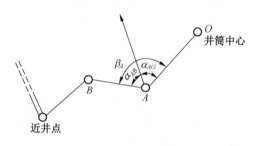

图 4-11　标定井筒中心

　　然后，根据标定元素标定井筒中心。在 A 点架设全站仪，以 B 点为起点，根据所计算转角 β_A，利用经纬仪的正镜，确定 A 点至 O 点的方向。沿视线方向自 A 点量平距 l_{OA} 即可标出 O 点的大致位置 O_1，在 O_1 位置打入木桩，在木桩顶部标出 O_1 位置钉上小钉；利用经纬仪的倒镜，按上述方法标定 O_2，取 O_1 和 O_2 连线中点 O，沿 AO 方向用比长过的钢尺精确丈量平距 l_{OA}，定出井筒中心的位置。再以两个测回测量 $\angle BAO$，与 β_A 比较进行检核。

二、井筒十字中线标定

　　井筒十字中线是立井工业广场总平面设计和各种建筑物定位设计的基础，是工业广场内的各种建筑物和构筑物施工测量的主轴线。在立井施工前，应先根据设计的井筒中心坐标和井筒十字中线方位角将其标定于实地。

　　标定井筒十字中线应遵循如下原则：

　　（1）选择不受破坏的地点埋设两组（4个）大型的钢筋混凝土基点。

　　（2）立井井筒十字中线点在井筒两侧均不得少于 3 个，点间距一般不少于 20 m。部分中线点可设在墙上或其他建筑物上。

　　（3）当主中心线在井口与绞车房之间不能设置 3 个点时，可以少设，但需要在绞车房后面再设 3 个，其中至少应有一个点能看到井架天轮平台。

　　（4）建竖井塔时，地面十字中线点的布置，井塔两侧各均应保证至少有一个点能直接向每层井塔平台上标定十字中线。在井颈和每层井塔平台上，也需设置 4 个十字中线点。

　　在标定井筒中心的同时标定井筒十字中线，如图 4-12 所示。首先根据所计算坐标方位角 α_{AO} 和主十字中线方位角 $\alpha_{OⅠ}$ 计算出转角 β_0。然后在井筒中心 O 点安置经纬仪，后视 A 点分别按照转角 β_0、$\beta_0+90°$、$\beta_0+180°$ 和 $\beta_0+270°$，采用正倒镜法，依次标定出 $OⅠ$、$OⅣ$、$OⅡ$、$OⅢ$ 的方向，在距离井筒 100 m 处打入木桩并在桩顶做上标记。同时，在每个方向上按照规定标定出 1、2、3 等中线点。当标定井筒中线基点时，按照规定浇注混凝土，等凝固后再标定十字中线。

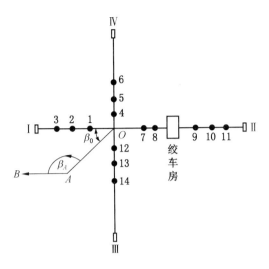

图 4-12 标定井筒十字中线

三、井筒掘进施工测量

(一)立井井筒锁口的标定

圆形立井井筒开掘时,先根据实地标定的井筒中心点和井筒设计毛断面尺寸破土下挖 4~6 m,砌筑临时井壁、设置临时锁口以固定井位。然后再下放井筒中心垂线指示掘进方向,待掘进到第一砌壁段后,自下而上砌筑永久井壁,同时砌筑永久锁口。当施工方案规定不设临时锁口时,则在掘进到永久锁口底部高程时直接砌筑永久锁口。然后继续掘进直到井筒全部砌完,再进行井筒设备的安装。

井筒锁口设置时的测量工作有:根据井筒十字中线基点在井壁外 3~4 m 处地面精确标出十字中线点 A、B、C、D,在大木桩上打小钉标志,并在木桩上标出井口设计高程。

1. 临时锁口标定

在安设锁口时,应先按井筒断面设计尺寸在地面组装好锁口,然后在其顶面标出 4 个十字线通过点 a、b、c、d,将这 4 个点安置在井口。再用两端挂有垂球的 AB、CD 两根细钢丝线找正 a、b、c、d 点的位置,使其位于井筒十字中线上,并用水准仪抄平固定,其水平程度和平面位置误差不得超过 ±20 mm,如图 4-13、图 4-14 所示。

2. 永久锁口标定

如图 4-15 所示,标定永久锁口时,要抄平十字中线点 A、B、C、D 桩顶高程,并使之高于井口设计 0.1~0.3 m。浇注时,在 AB、CD 间拉紧细钢丝,在交点处下挂垂球线,作为永久锁口模板平面位置找正的基准。再自两细钢丝下拉规定的垂距,置永久锁口底层模板底面的高程等于设计高程并操平。砌筑由下向上进行,至井口时,自钢丝向下量垂距,确定最上层模板顶面高程并操平。确定井口高程的误差应不大于 ±30 mm。

在浇注锁口顶部时,应沿井筒十字中线方向在井颈上和井筒内壁各埋设 4 个标记。待混凝土凝固后,用经纬仪在标记上精确标出井筒十字中线位置,以此作为井筒内确定十字中线方向的依据。

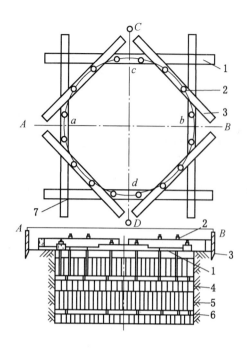

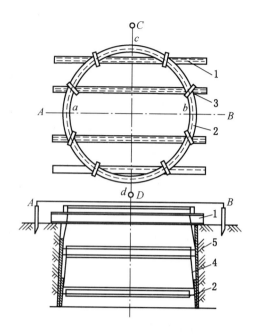

1—14 m方木；2—生根钩；3—8 m方木；
4—挂钩；5—背板；6—槽钢井圈；7—定型框

图4-13　木质临时锁口

1—钢轨或工字钢；2—井圈；3—U形卡子；
4—挂钩；5—背板

图4-14　钢结构临时锁口

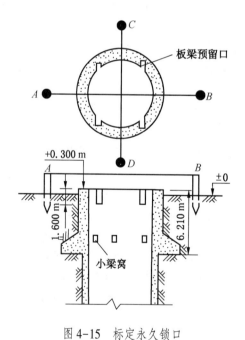

图4-15　标定永久锁口

（二）立井井筒中心垂线的标定

井筒中心垂线是指示整个井筒施工的基准线。井筒掘进时，各施工要素的找正和标定均以井筒中心垂线为基准。当井口封口盘铺好后，应立即在封口盘上标定井筒中心垂线点，为井筒中心下挂垂线或激光投点做准备。在井筒施工过程中，要定期检查井筒中心垂线点是否发生移动，点位偏差不得超过±5 mm，否则应立即纠正。依井筒掘进设备布置和施工方法不同，井筒中心垂线点的测设方法可分为井筒中心不被提升孔占用时设置固定的井筒中心垂线点的方法、井筒中心被提升孔占用时设置井筒中心垂线点的方法和由下向上施工时设置井筒中心垂线点的方法 3 种。

1. 井筒中心不被提升孔占用时设置固定的井筒中心垂线点的方法

（1）如图 4-16 所示，在封口盘固定梁中间安装一段槽钢或角钢作为定点板，用安置于井筒十字中线基点上的经纬仪在定点板上标出井筒中心位置，并锯一个三角形缺口或钻孔作为标志。

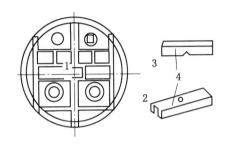

1—定点板；2—槽钢；3—角钢；4—小孔或缺口

图 4-16　定点板固定在封口盘梁中间

（2）如图 4-17 所示，把井筒中心下线孔直接测设在封口盘上的定点板上，定点板用螺丝固定在封口盘上。

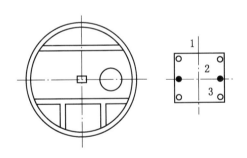

1—定点板；2—下线孔；3—螺

图 4-17　定点板固定在封口盘上

2. 井筒中心被提升孔占用时设置井筒中心垂线点的方法

（1）采用活动式装置固定中线杆设置下线孔。如图 4-18 所示，在提升孔两端木梁上设置活动式中线杆设置下线点，中线杆可用角钢制成。为不影响提升，在提升孔两端木梁上要设置中线杆安置装置 C，使中线杆能牢固固定其上，也可在不用时方便地取下。固定中线杆后，用经纬仪将井筒中心标定于中线杆上，并锯一个三角形缺口，缺口即为井筒中心垂球线的下线点 A。在井筒施工过程中，如需要放线，则停止提升，装上中线杆，用完后即收线，去掉中线杆。

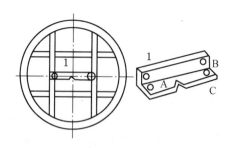

1—活动中线杆；A—下线孔（槽）；B—保险绳穿孔；C—固定螺丝孔

图 4-18 活动的中线杆下线

（2）采用固定槽固定中线杆设置下线孔。如图 4-19 所示，在封口盘门两边设置两个固定槽，使用时将中线杆放在固定槽内，中线杆用槽钢或木板做成，两头设标记，以防放错。中线杆的测设方法同前。

井筒中心垂线点下放可使用小绞车进行，下挂时先挂较轻的重物，到达需要的深度时换挂合适质量的垂球。

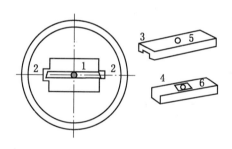

1—中线杆；2—固定槽；3—槽钢；4—木板；5—下线孔；6—定点板

图 4-19 中线杆固定槽设在封口盘门两边

3. 由下向上施工时设置井筒中心垂线点的方法

如图 4-20a 所示，先在下部巷道标出井中位置 A，并在巷道底板上牢固埋设标志。在小井的帮上标记 1、3 和 2、4 点，使其交点与 A 点在同一铅垂线上，以作检查用。掘进时，由工作面向下挂一垂球线使其对正 A 点，垂球线即是小井的中心线。

如图 4-20b 所示，继续向上掘进时，小井将分为放矸间和梯子间，垂球无法下挂。可在梯子间缝隙中设法挂下两个垂球 O_1 和 O_2，测量距离 O_1A 和 O_2A，用距离交会法将中心点 A 标设在工作平台的木支撑上（A_1 点）。施工人员把工作平台板拿开一块，挂垂球线对正 A_1 点，垂球线即为小井中心线，指导掘进施工，A_1 点要随着掘进不断向上移设。

四、井筒砌壁施工测量

当井筒向下掘进一段距离以后，开始由下向上砌筑永久井壁。井筒砌壁过程测设的主要内容有：用井筒中心垂线或若干边线确定砌壁模板的平面位置；用测设在井壁上的高程点作为标定壁座、预留梁窝、开凿硐室和马头门的高程控制。

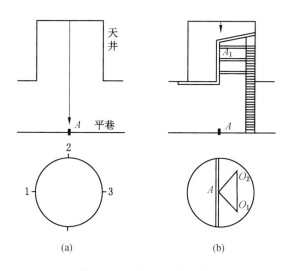

图 4-20　标定竖直巷道中线

施工过程中，在井壁垂直向下方向上每隔一段要测设一个高程点，高程点应自井口水准基点开始，用钢尺导入高程方法逐段确定。

安装砌壁模板时，通过丈量垂距由井壁高程点控制模板底部高程位置；用半圆仪或连通管抄平托盘（生根板），其误差不得大于±20 mm；沿十字中线方向丈量模板外缘到井筒中心的距离，其值不得小于设计规定的井筒净半径；同一圈模板应保持水平，其误差不大于±50 mm。

为在立井井筒内安装罐梁，应在井壁砌壁时预留梁窝。预留梁窝的位置必须正确标定，其精度要求是：梁窝层间垂距误差不得超过±25 mm；同层各个梁窝的高差，以标定的一个梁窝为准，不得超过±50 mm；梁窝中线误差，以各自梁窝设计中线为准，不得超过±25 mm。

1. 梁窝平面位置的标定

标定梁窝平面位置，就是在砌壁模板上标出梁窝中线。依据井筒平面布置及下线情况的不同，标定梁窝平面位置的方法有通过梁窝线标定、通过主十字中线标定及距离交会法标定。下面介绍通过梁窝线标定的方法。

如图 4-21 所示，梁窝线的位置 1、2、3、4、5 应设在梁的中线上，距永久井壁 100 mm

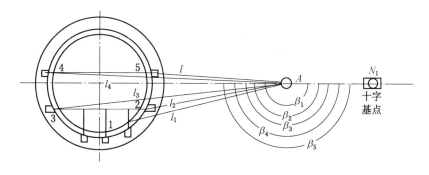

图 4-21　梁窝中线标定

为宜。梁窝下线点用极坐标法直接在井盖标出。标定时，根据井口实际情况，在井口十字中线上选定 A 点，测出 A 点到井中的距离 d，建立以井中为坐标原点、十字中线为坐标轴的假定坐标系，计算 A 点的坐标，并根据井筒平面布置图的尺寸，计算各下线点在假定坐标系中的坐标。根据各下线点和 A 点的坐标，计算出标定时的角度 β_i 和距离 l_i。标定时，首先根据十字基点精确标出 A 点，然后在 A 点安置经纬仪，根据标定要素，用极坐标法依次标出各下线点。

通过各下线点下放梁窝线后，根据这些线在模板上标出梁窝中线的平面位置，并划一竖线作为标志。砌壁时梁窝线可作边线用。

2. 梁窝高程位置的标定

在井壁上每隔 30~50 m 标定一个高程点，以这些点作高程控制点，用钢尺标设各层梁窝底口（或上口）的高程位置。

第三节 贯 通 测 量

一、概述

所谓贯通测量，就是采用两个或多个相向或同向掘进的工作面同时掘进同一巷道，使其按照设计要求在预定地点正确接通而进行的测量工作。采用贯通方式多头掘进同一巷道，可以加快施工进度，改善通风状况与劳动条件，有利于开采与掘进的平衡接续，是加快矿井建设的重要技术措施。因此在隧道等地下工程施工中也经常采用。

巷道贯通常用形式有以下三种（图 4-22）：

（1）相向贯通：两个工作面相向掘进叫作相向贯通。

（2）单向贯通：从巷道一端向另一端指定地点掘进叫作单向贯通。

（3）同向贯通：两个工作面同向掘进叫作同向贯通或追随贯通。

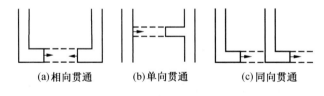

(a)相向贯通　　　(b)单向贯通　　　(c)同向贯通

图 4-22　巷道贯通形式

巷道贯通可分为两大类：第一类是沿导向层的贯通，就是巷道沿某种岩层（煤层）等地质标志的贯通；第二类是不沿导向层的贯通，包括一井内贯通、两井间贯通、竖井贯通。

井巷贯通时，测量人员的任务是保证各掘进工作面均按设计要求掘进，使贯通后接合处的偏差不超过规定限差，尽量减少对矿井生产造成的影响。如果因为贯通测量过程中发生错误而导致巷道未能正确贯通，或贯通后接合处的偏差值超限，都将影响巷道质量，甚至造成巷道报废、人员伤亡等严重后果，延误矿井生产，造成经济损失。因此，测量人员必须严肃认真地对待贯通测量工作。巷道贯通允许偏差见表 4-1。

表 4-1　巷道贯通允许偏差值

贯通巷道名称	在贯通面上的允许偏差/m	
	两中线之间	两腰线之间
沿导向层开凿的水平巷道	—	0.2
沿导向层开凿的倾斜巷道	0.3	—
在同一矿井中开凿的倾斜巷道或水平巷道	0.3	0.2
在两矿井中开凿的倾斜巷道或水平巷道	0.5	0.2
用小断面开凿的立井井筒	0.5	—

贯通测量工作中一般应当遵循下列原则：

（1）要在确定测量方案和测量方法时，保证贯通所必需的精度；既不能因精度过低而使巷道不能正确贯通，也不能因盲目追求过高精度而增加测量工作量和成本。

（2）对所完成的每一步测量工作都应当有客观独立的检查校核，尤其要杜绝粗差。

二、贯通测量方案设计

1. 根据现有资料，初步确定贯通测量方案

接到任务后，首先向设计及工程部门了解有关工程的设计部署、要求限差和贯通相遇点等情况，并检查验算设计图纸中的几何关系，确保设计图是准确的；其次应收集相关测量资料，抄录必要的测量起始数据，了解数据来源和精度；并在图上绘出与工程有关的一切巷道和井上下测量的控制点、导线点、水准点等，为测量设计做好准备工作，然后根据实际情况选择可能的测量方案。

2. 选择适当的测量方法

测量方案初步确定后，接着确定使用的仪器、测量方法、各项误差参数及相关措施。若按照选择的测量方法等预计出来的贯通误差不满足要求，则需要重新选择测量方法。

3. 根据所选择的测量仪器和方法进行贯通测量误差预计

依据初步选定的贯通测量方案和各项误差参数进行贯通预计，估算出各项测量误差引起的贯通相遇点在贯通重要方向上的误差。同时通过预计，确定主要误差来源，从而有针对性地修改测量方案和测量方法，并为施测提供依据。

4. 贯通测量方案和测量方法的最终确定

通过预计得出贯通预计误差，如果预计值小于设计要求的允许偏差值，那么初步选择的测量方案是可行的，否则，必须调整测量方案并重新进行贯通误差预计。

通过以上 4 个步骤，按照测量方案最优、测量方法合理、预计误差小于允许偏差的原则，确定最终的测量方案，并且编写贯通测量设计书，并以此指导贯通工程的实施。

三、贯通测量实施

在实地进行贯通测量工作时，必须严格按照贯通测量设计书中的要求进行，并随时对测量精度进行评定，如果不满足设计要求，则需要重新测量。

贯通测量的基本方法是通过求出待贯通巷道两端点的平面坐标和高程，并计算出该巷道中线的坐标方位角和腰线的坡度，此坐标方位角和坡度应与原设计相符，并满足限差要求，同时计算出巷道两端点处的指向角。利用以上所计算数据在巷道两端分别标定中线和腰线，指示巷道按照设计要求分头掘进，直到巷道在贯通相遇点正确对接。

（一）一井内巷道贯通测量

凡是由井下一条导线起算边开始，能够敷设井下导线到达贯通巷道两端的，均属于一井内的巷道贯道。在进行贯通测量工作时，必须事先算出贯通巷道中线的坐标方位角、腰线的坡度、贯通距离和巷道两端点处的指向角等要素，这些要素统称为贯通测量的几何要素。

1．一井内相向贯通（两已知点间的贯通）

如图4-23所示，假设要在主巷、副巷的 A 点与 B 点之间贯通二号下山（图中用虚线所表示的巷道）。其测量和计算工作如下：

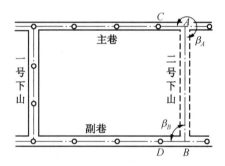

图4-23　一井内相向贯通

（1）根据设计，从井下一条已知导线边开始，敷设经纬仪导线到待贯通巷道的两端处，并进行井下高程测量，然后计算出 A、B 两点的坐标及高程，以及 CA、BD 两条导线边的坐标方位角 α_{CA} 和 α_{BD}。

（2）计算标定数据。

贯通巷道中心线 AB 的坐标方位角 α_{AB} 为

$$\alpha_{AB} = \arctan \frac{y_B - y_A}{x_B - x_A} \tag{4-10}$$

计算 AB 边的水平长度 l_{AB}：

$$l_{AB} = \sqrt{(x_B - x_A)^2 + (y_B - y_A)^2} \tag{4-11}$$

计算指向角 β_A、β_B：

$$\beta_A = \angle CAB = \alpha_{AB} - \alpha_{AC} \tag{4-12}$$

$$\beta_B = \angle DBA = \alpha_{BA} - \alpha_{BD} \tag{4-13}$$

计算贯通巷道的坡度 i：

$$i = \tan\delta_{AB} = \frac{H_B - H_A}{l_{AB}} \tag{4-14}$$

式中　H_A、H_B——A 点和 B 点处巷道底板或轨面的高程；

δ_{AB}——巷道的倾角。

计算贯通巷道的斜长（实际贯通长度）L_{AB}：

$$L_{AB} = \sqrt{(H_B - H_A)^2 + l_{AB}^2} = \frac{H_B - H_A}{\sin\delta_{AB}} = \frac{l_{AB}}{\cos\delta_{AB}} \tag{4-15}$$

通过计算以上数据，可以用 β_A、β_B 给出掘进巷道的中线，利用 δ_{AB} 给出巷道的腰线，利用 L_{AB} 和每天掘进的速度计算出贯通时间。

（3）根据贯通几何要素标定贯通方向线。分别在巷道两端点架设经纬仪，按照指向角标定巷道中线；架设水准仪按照倾角标定巷道腰线。

2. 带有弯道的贯通

如图 4-24 所示，采区上山倾角 $\delta = 12°$ 向上掘进到采区大巷水平（-120 m）后，继续沿上山方向掘进石门（平巷），然后通过一半径 $R = 12$ m 的圆曲线后再贯通。

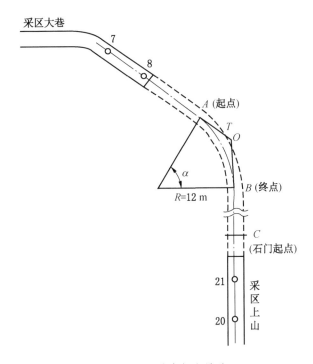

图 4-24　一井内相向贯通

其测量和计算工作如下：

（1）根据设计，从井下一条已知导线边开始，通过采区大巷和上山的导线及高程测量可得到 8 号点坐标（9734.529，7732.511，-121.931）和方位角 $\alpha_{7-8} = 3°46'57''$，8 号点位于轨道中心顶板上，高出轨面 2.613 m，即轨面高程为 -124.544 m；21 号点的坐标（9879.227，7917.675，-129.439）和方位角 $\alpha_{20-21} = 236°17'03''$，21 号点位于上山中心顶板上，高出腰线点 1.240 m，腰线点距轨面法线高 1 m。

（2）计算标定数据。

转角　　　　　$\alpha = \alpha_{21-20} - \alpha_{7-8} = 56°17'03'' - 3°46'57'' = 52°30'06''$

切线长　　　　　　　$T = R\tan\dfrac{\alpha}{2} = 12 \times \tan\left(\dfrac{52°30'06''}{2}\right) = 5.918 \text{ m}$

确定石门起点 C 的位置，即求 l_{21-C}：

$$H_{8\text{轨}} = -121.931 - 2.631 = -124.544 \text{ m}$$

$$H_{21\text{轨}} = -129.439 - 1.240 - \frac{1}{\cos 12°} = -131.701 \text{ m}$$

$$h = -124.544 - (-131.701) = 7.157 \text{ m}$$

$$l_{21-C} = \frac{h}{\tan\delta} = \frac{7.157}{\tan 12°} = 33.671 \text{ m}$$

求 l_{CB} 和 l_{8A}：

$$l_{CB} = l_{21-O} - l_{21-C} - T = 220.849 - 33.671 - 5.918 = 181.260 \text{ m}$$

$$l_{8A} = l_{8-O} - T = 22.159 - 5.918 = 16.241 \text{ m}$$

计算曲线弦长和转角（因转角和半径均较小，分两段标定）：

$$l = 2R\sin\left(\frac{\alpha}{2n}\right) = 2 \times 12 \times \sin\frac{52°30'06''}{4} = 5.450 \text{ m}$$

$$\beta_A = \beta_B = 180° + \frac{\alpha}{2n} = 193°07'32''$$

$$\beta_1 = 180° + \frac{\alpha}{n} = 206°15'03''$$

最后检查计算的正确性。

通过计算以上数据，给出掘进巷道的中线和巷道的腰线，利用巷道斜长和每天掘进的速度计算出贯通时间。

（3）根据贯通几何要素标定贯通方向线。分别在巷道两端点架设经纬仪，按照指向角标定巷道中线；架设水准仪按照倾角标定巷道腰线。

（二）两井间巷道贯通测量

两井间的巷道贯通，是指在巷道贯通前不能由井下的一条起算边向贯通巷道的两端敷设井下导线，只能在两井间通过地面连测、联系测量，再在井下布设导线至待贯通巷道两端的贯通。为保证两井之间巷道的正确贯通，两井的测量数据必须采用统一的坐标系统。这类贯通的特点是在两井间要进行地面测量，且两井都要进行联系测量，把地面坐标和高程传递到井下，然后分别在两井内进行井下平面测量和高程测量。这类贯通误差累积较大，必须采用更精确的测量方法和更严格的检查措施。

两井间巷道贯通一般包含以下几个步骤。

1. 两井间的地面连测

两井间地面连测的目的是确定两井近井点的坐标和高程。地面连测的方式可以采用导线测量、三角网插点或 GNSS 测量，同时进行相应的水准测量。地面连测时要充分考虑两井间的距离和井下贯通的长度，并要考虑起始点的精度和地面控制的精度要求，尽可能提高地面连测的精度，减少井下测量的难度。平面控制点要建立在近井点附近，便于向井下传递。水准测量要在两井间实测四等水准，求出近井点的高程。测量时要有严格的检查措施，避免系统误差或粗差出现。

2. 两井分别进行联系测量

对两井分别进行联系测量的目的是将地面的坐标、方位和高程传递到井下，以确定井下导线起始边的方位角以及井下定向基点的平面坐标和高程。对于立井井筒，平面坐标和方位角的传递通常采用两井定向或陀螺定向的方法，高程可以采用长钢丝或长钢尺导入高程的方法，求出井下水准基点的高程。联系测量的具体实施方法在前面的章节已有详细介绍。对于斜井完全可以采用导线测量的方式进行传递。

联系测量应独立进行两次，如果两次结果的互差满足要求，可以取两次定向结果的平均值作为最后的结果。假如在建井时期已经进行过精度能满足贯通要求的联系测量，而且井下基点牢固未动，此时可只进行一次联系测量，并将本次测量成果与以前的联系测量成果进行对比，如互差合乎要求，即可取平均值使用。

3. 井下导线测量和高程测量

井下导线测量和高程测量从由地面传递到井下的井下基准点和起始边开始。平面坐标测量通过已有巷道布设全站仪或经纬仪导线到待贯通巷道两端的开切眼附近，使用全站仪或经纬仪进行观测。布设导线时应尽可能选择线路长度短、工作条件好的巷道，条件允许时可以布设成闭合导线或附合导线，若采用支导线至少要独立进行两次观测，以便检核，防止粗差出现。

井下高程测量可以在平巷或坡度较小的巷道内进行水准测量，在坡度较大的斜巷中可以采用三角高程测量，将高程传递到待贯通巷道两端的开切眼附近的导线点上。

4. 计算巷道贯通几何要素并进行实地标定

根据井下导线测量和水准测量求得的待贯通巷道两端处在中线点上的坐标和高程，按照一井内贯通的计算方法，计算出待贯通巷道的掘进方向和坡度等贯通几何要素，并在实地进行标定，在掘进过程中应及时进行检查并调整巷道的掘进方向和坡度，直到巷道完全贯通为止。

两井间的巷道贯通，涉及地面连测、联系测量和井下测量等工作，误差累积较大，尤其两井间距离较远时更为明显。为了保证巷道贯通误差不超过容许误差，要根据实际情况选择合理的实测方案和测量方法，对于大型贯通应进行贯通误差预计。贯通误差的预计方法将在第五章中详细叙述。

【例4-2】 某矿用立井开拓，如图4-25所示。主副井在-425 m水平开掘井底车场和水平大巷。风井在-70 m水平开掘总回风巷。中央回风上山采用相向掘进，由-425 m水平井底车场12号旋岔绕道起，按一定的倾角向上掘进，并同时由-125 m水平的2000石门向下掘进。

（1）主副井与风井间的地面连测。两井间的地面连测可采用导线或GNSS，最好采用GNSS连测。在主副井建近井点12和13号，在风井建近井点4和5号（通视），并连测到控制点。在两井之间进行四等水准测量，测出近井点的高程。

（2）主副井与风井联系测量。副井和风井均采用一井陀螺定向，测出$III_{01}-III_{02}$、I_0-I_1坐标方位角、III_{01}和I_1坐标。通过风井和副井利用长钢尺导入高程。联系测量独立进行两次，以资检核。

（3）井下导线和高程测量。从$III_{01}-III_{02}$敷设导线到中央回风上山的下口；再从I_0-I_1敷设导线到中央回风上山的上口。导线选择路线短、条件好的巷道，边长尽可能长，

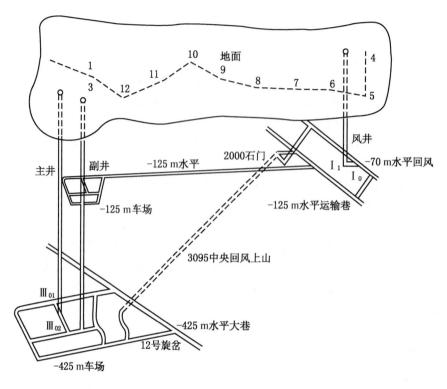

图 4-25　两井间中央回风上山贯通示意图

支导线施测两次。平巷采用水准测量，斜巷采用三角高程测量。

（4）求算方向和坡度并标定。根据中央回风上山的上口及下口的导线点坐标及腰线点高程，反算上山的方向和坡度，并与原设计值对比，当差值在容许范围内时，则进行实地中线及腰线标定。

（三）立井贯通测量

立井贯通有两种最常见的情况：一种是从地面和井下相向开凿的立井贯通；另一种是延深立井时的贯通。

1. 从地面和井下相向开凿的立井贯通

如图 4-26 所示，在距离主、副井较远处要新开凿一号立井，并决定采用相向开凿方式贯通。一方面从地面向下开凿，另一方面同时由原运输大巷继续向一号立井方向掘进。开凿完一号立井的井底车场后，在井底车场巷道中标定出一号立井井筒的中心位置，由此位置以小断面向上开凿反井，待与上部贯通后，再按设计的全断面刷大成井。如果直接使用全断面法相向贯通，由于精度要求更高，会增大测量的工作量和难度。

该贯通测量工作包括如下内容：

（1）进行地面连测，建立主、副井和一号立井的近井点。选择连测方案时，主要考虑两井间的距离、地形以及现有仪器设备条件等。

（2）依据一号立井的近井点实地标出一号立井井筒中心的位置，指示井筒由地面向下开凿。

（3）通过主、副井联系测量，确定井下导线起始边的坐标方位角及起始点的坐标。

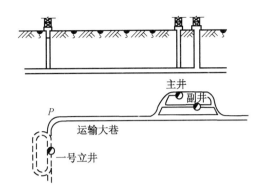

图 4-26　立井相向开凿

（4）在井下沿运输大巷敷设导线，直到一号立井井底车场出口 P 点。

（5）根据一号立井井底车场设计的巷道布置图，计算由 P 点标定一号立井井筒中心的标定要素，并准确地标出一号立井井筒中心的位置，牢固埋设好井中标桩及井筒十字中线基本标桩，此后便可以开始向上以小断面开凿反井。

在立井贯通中，高程测量误差对贯通的影响非常小，一般采用原有高程测量的成果，并根据井底高程推算立井深度。当上、下两端井筒掘进工作面接近到 10~15 m 时，则通知施工单位停止一端的掘进，并采取相应的安全技术措施。

2. 延深立井时的贯通

如图 4-27 所示，一号立井原来已掘进到一水平，现在要延深到二水平。由于一水平通过大下山可到达二水平，因此可以采用贯通方式延深。即上端由一水平掘进辅助下山，到达一号立井的井底下方，留设井底岩柱（通常高 6~8 m），标定出井筒中心 O_2，指示井筒由上向下开凿；同时，在二水平开掘一号立井的井底车场，标定出一号立井井筒中心 O_3，指示井筒由下向上开凿。当立井井筒上、下两端贯通后，再去掉岩柱，从而使一号立井由一水平延深到二水平。对图 4-26 所示的立井延深贯通测量来说，其主要测量工作包括以下 4 项：

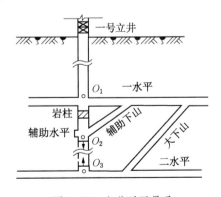

图 4-27　立井延深贯通

（1）由于井筒不完全竖直，而且有可能变形，而延深井筒是从一水平井底开始的；因此，必须在一水平测出一号立井井筒底部在该水平的实际中心 O_2 点的坐标。

（2）从一水平井底车场中的起始导线边开始，沿大巷和大下山测设导线到二水平，直到一号立井井筒的下方，并在二水平标定出井筒中心 O_3 点，指示井筒由下向上开凿。

（3）从一水平井底车场中的起始导线边开始，沿大巷和辅助下山测设导线到达一号立井岩柱下方，标定出井筒中心 O_2 点，指示井筒由上向下掘进。由于辅助下山条件复杂、坡度大、风速大、有弯道，因此施测时要严格对中。

（4）一号立井井筒延深部分的上、下两端相向掘进到只剩下 10~15 m 时，要书面通知有关单位，停止一端的掘进作业，并采取相应的安全措施。上、下两端贯通后，再去掉岩柱。最终使一号立井由一水平延深到二水平。

（四）贯通实际偏差的测定及调整

巷道贯通后，要测定贯通的实际偏差。通过测定贯通偏差可以对巷道贯通的结果做出最后评定；并且验证贯通测量误差预计的正确程度，丰富贯通测量的理论和经验；导线闭合后可以进行平差和精度评定，并做出总结，连同设计书和全部内、外业资料一起保存。另外，巷道中腰线的调整也要以实际测定的偏差为依据，调整的原则是不影响矿井正常生产，尽量节约成本。

1. 平斜巷贯通时水平面内偏差的测定

用全站仪或经纬仪把两端巷道的中线都延长到巷道贯通接合面上，量出两中线之间的距离 d，其大小就是贯通巷道在水平面内的实际偏差，如图 4-28 所示。

将巷道两端的导线进行连测，求出闭合边的坐标方位角的差值和坐标闭合差，这些差值实际上也反映了贯通平面测量的精度。

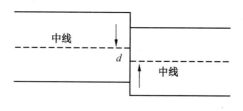

图 4-28　水平偏差测定

2. 平斜巷贯通时竖直面内偏差的测定

用水准仪测出或用小钢尺直接量出两端腰线在贯通接合面处的差值，其大小就是贯通在竖直面内的实际偏差。

用水准测量或经纬仪三角高程测量方法，连测两端巷道中的已知高程控制点（水准点或经纬仪导线点），求出高程闭合差。它实际上也反映了贯通高程测量的精度。

3. 立井贯通后井中实际偏差的测定

立井贯通后，可由地面上或由上水平的井中处挂中心垂球线到下水平，直接丈量出井筒中心之间的偏差值，即为立井贯通的实际偏差值。有时也可测绘出贯通接合处上、下两段井筒的横断面图，从图上量出两中心之间的距离，就是立井贯通的实际偏差。

立井贯通后，应进行定向测量，重新测定下水平井下导线边的坐标方位角和用来标定下水平井中位置的导线点的坐标，计算与原坐标的差值 Δx 和 Δy 以及导线点的点位偏差 $\Delta P = \sqrt{\Delta x^2 + \Delta y^2}$。它也反映了立井贯通的精度。

（五）贯通后巷道中腰线的调整

测定巷道贯通后的实际偏差后，还需对中、腰线进行调整。

1. 中线的调整

巷道贯通后，如实际偏差在容许误差范围内，对次要巷道只需将最后几架棚子加以修整即可。对于运输巷道或砌碹巷道，可将距相遇点一定距离处的两端中心线相连，以新的中线代替原来两端的中线（图 4-29），以指导砌筑最后一段永久支护和铺设永久轨道。

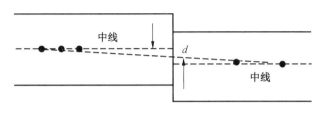

图 4-29　中线调整

2. 腰线的调整

若实际的贯通高程偏差 Δh 很小时，可按实测高差和距离算出最后一段巷道的坡度，重新标定出新的腰线。在平巷中，如果贯通的高程偏差 Δh 较大时，可适当延长调整坡度的距离，再根据高差和距离计算最后一段的坡度，重新标定新腰线。在斜巷口，通常对腰线的调整要求不十分严格，可由掘进人员自行掌握调整。

四、提高贯通测量精度的技术措施

贯通结果的好坏，固然取决于所选择的贯通测量方案和测量方法是否正确，而很重要的一点便是实际施测工作的质量。因此，我们需要在实际测量过程中，根据实测成果衡量评定所达到的精度，进行可靠的检核，及时填图，并经常检查和调整贯通巷道的方向和坡度。必要时可以采取某些施工上的措施，尽量减少测量误差对工程的影响，保证巷道能按设计要求准确贯通。

1. 贯通测量施测中应注意的问题

（1）注意原始资料的可靠性，起算数据应当准确无误。使用地面控制网的资料时，必须对原网的精度、控制网点位是否受到采动影响等应了解清楚，必要时应实地进行检查测量。对于地面控制点和井下测量起始点，务必查明确无破坏和位移后方能使用。对于工程设计资料，特别是巷道的方位、坐标、距离、高程、坡度等，要认真检核，如对井底车场进行设计导线的闭合计算等。

（2）各项测量工作都要有可靠的独立检核。要进行复测复算，防止产生粗差。对于重要的贯通工程，在进行复测时应尽可能换人观测和计算，条件允许时最好换用测量仪器和工具，复测合格后方可施工。

（3）精度要求很高的重要贯通，要采取相应的提高精度的措施。例如，设法提高定向测量的精度，有条件时可加测陀螺定向边，并进行平差；在施测高精度导线时，要尽可能增大导线边长，并用光电测距仪量边；对井下边长较短的测站，要设法提高仪器和目标的对中精度，例如采取防风措施、采用光学对中、加大垂球质量、增加重新对中次数或者采用三架法测量、省点法测量等措施。斜巷中测角要注意仪器整平的精度，并考虑全站仪或经纬仪竖轴的倾斜改正。陀螺定向测量时要尽量消除外界不良环境条件对精度的影响。例如在地面测定仪器常数时，可将测站点引入室内进行观测，避免在室外高压线附近或风大、气温低的测站上观测；井下亦可选在硐室内观测，再引测到贯通导线边上，这样可以减少巷道中运输、风流等对陀螺定向观测的影响。

（4）对施测成果要及时进行精度分析，并与原贯通误差预计的精度要求进行对比，各个环节均不能低于原设计精度要求，必要时要进行返工重测。

（5）利用测量成果计算标定要素时，注意不要抄错或用错已知数据资料。实地标定时，注意不要用错测点。井下测点的标志编号要醒目、清晰。

（6）贯通巷道掘进过程中，要及时进行测量和填图，并根据测量成果及时调整巷道掘进的方向和坡度。如采用全断面一次成巷施工，则在贯通前的一段巷道内可采用临时支护、铺设临时简易轨道，以减少巷道贯通后的整修工作量。

有了贯通测量方案之后，通过实际施测，常能发现在制定方案时所没有考虑到的一些问题，也可能遇到一些新的情况，因而在施测过程中原定的方案还可以进一步修改、完善和充实。

2. 贯通工程施工中可采取的一些技术措施

测量工作要尽一切努力来满足施工要求，但当某些长距离重要贯通的精度要求很高，而测量的仪器设备和人员等条件又不十分完备时，为避免测量误差对工程质量的影响，可以在施工上采取一些相应的技术措施。例如，竖井贯通时，往上打反井可采取先用小断面开凿，贯通后再刷大到设计全断面的方法；立井延深时，可以先在保护岩柱中打两个钻孔或一个小方井；挂下一根或两根垂球线来校核井筒中心位置和井筒十字中线方位。在运输大巷和斜巷贯通时，也可以在贯道前的一段距离内以小断面掘进，待贯通后再刷大到原设计断面和砌筑永久支护，铺设永久轨道。当主要用于排水和通风的巷道贯通时，应尽量避免上坡方向的一端在贯通后低于下坡方向的一端，造成巷道内积水等。例如，在轨道平巷贯通时，应使两端的巷道底板、轨道和水沟能够平顺衔接而不产生"台阶"，主要考虑的是在高程上产生贯通偏差后，要对巷道的坡度进行调整，然后再砌筑永久支护和铺设永久轨道。此时，可根据预计的贯通高程偏差 Δh 来计算临时支护巷道的距离 L：

$$L = 2l = \frac{\Delta h}{i_{限}} \tag{4-16}$$

其中 l 为每端临时支护巷道的距离，$i_{限}$ 为巷道坡度的容许偏差，一般取 0.002。然后在贯通的巷道两端各留 l 长度暂不砌筑永久支护和铺设永久轨道，直到坡度调整完毕。

习　题

1. 简述巷道中腰线标定的大致过程。

2. 什么是重要贯通方向？

3. 简述贯通测量的工作步骤和贯通测量设计书的内容。

4. 如图所示，要在主巷点 A 和副巷点 B 之间，用贯通的方法开拓二号石门。设 $x_A =$

32.400 m，$y_A = 42.320$ m，$\alpha_{CA} = 351°28'00''$，$H_A = 0$ m。通过导线测量求得：$\alpha_{DB} = 343°25'00''$，$x_B = 64.38$ m，$y_B = 125.45$ m，$H_B = 2.150$ m。试计算贯通的几何要素。

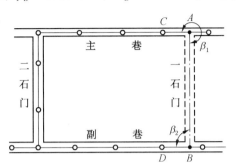

第五章 城市地铁测量

根据当前技术水平，地铁一般采用盾构法施工。构成盾构法的主要内容是：先在隧道某段的一端建造立井或基坑，以供盾构机安装就位。盾构机从竖井或基坑的墙壁开孔处出发，在地层中沿设计轴线向另一立井或基坑的设计孔硐推进。盾构机推进过程中所受到的地层阻力，通过盾构机千斤顶传至盾构机尾部已拼装的预制隧道衬砌结构，再传到立井或基坑的后靠壁上。盾构机是这种施工方法中最主要的独特施工机具。它是一个能支承地层压力而又能在地层中推进的圆形、矩形或马蹄形等特殊形状的钢筒结构，钢筒的前面设置各种类型的支撑和开挖土体的装置，在钢筒中段内部安装顶进所需的千斤顶，钢筒尾部是具有一定空间的壳体，在盾尾内可以拼装一至二环预制的隧道衬砌环。盾构机每推进一环距离，就在盾尾支护下拼装一环衬砌，并及时向紧靠盾层后面的开挖坑道周边与衬砌环外周之间的空隙中压注足够的浆体，以防止隧道及地面下沉。在盾构机推进过程中不断从开挖面排出适量的土方。下面以盾构法施工为例进行讲述。

地铁定向测量一般采用导线、一井定向和两井定向，地铁区间大于 2 km 的加测陀螺定向边进行方位角检核。高程联系测量一般采用钢尺导入高程。在第一章矿井联系测量中主要阐述了平硐、斜井和一井定向，由于两井定向在城市地铁联系测量中应用较为广泛（车站作业空间大，不影响生产），在本章将重点阐述两井联系测量。

近井点可采用 GNSS 和精密导线进行测量，加密时近井点导线总长不超过 350 m，导线边数不宜超过 5 条。近井点应按《城市轨道交通工程测量规范》（GB/T 50308—2017）规定的精密导线网测量技术要求施测，最短边不应小于 50 m，近井点中误差为 ±10 mm。高程近井点按二等水准点直接测定，并应构成闭合或附合水准路线。

贯通前联系测量不应少于 3 次，定向测量的地下定向边应大于 120 m，且不应小于 2 条，地下近井定向边方位角较差应小于 16″，中误差不应超过 ±8″。地下近井高程点不应少于 2 个，地下近井点高程中误差不应超过 ±5 mm，地下高程点高程较差应小于 3 mm。当数据符合要求时，取各次平均值作为后续测量的起算数据。使用这些数据前应进行检核，其地下近井定向边之间和高程点之间的不符值应分别小于 12″ 和 2 mm。

第一节 地铁联系测量

一、两井定向（双钢丝或铅垂仪全站仪组合定向）

当地下工程中有两个立井，且两井之间在定向水平上有巷道相通并能进行测量时，应采用两井定向。两井定向就是在两井筒中各悬挂一根垂球线或铅垂仪（图 5-1），在地面上测定两垂线的坐标，并计算其连线的坐标方位角；在地下巷道中用导线将两垂球线进行连测，以假定坐标系，确定地下两垂球线连线的假定方位角和假定坐标，然后将其与地面上确定的坐标方位角相比较，其差值便是地下假定坐标系和地面坐标系的方位差，这样便可以确定地下导线在地面坐标系统中的坐标方位角。在两井定向中，由于两垂球线间的距离远大于一井定向时两垂球线间的距离，因而其投向误差也大大减小。

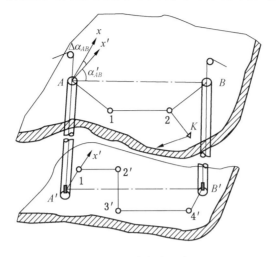

图 5-1 两井定向示意图

（一）双钢丝两井定向

1. 定向外业

在两个立井或钻孔中各悬挂一根垂球线 A 和 B（投点设备和方法与一井定向相同）。投测的两点应相互通视，投点中误差为 ±2 mm，地上地下钢丝间距较差小于 1 mm。从近井点 K 分别向两垂球线 A、B 敷设连接导线 K-2-1-A 和 K-2-B，确定 A、B 的坐标和 AB 的坐标方位角。敷设地面连接导线时应尽量减少导线点数，可提高两井定向的精度。在地下定向水平沿巷道采用导线将 A、B 两垂球线连接起来，井上下采用的连测导线的精度等级应按定向的精度要求选择。

2. 内业计算

首先由地面测量结果求出两垂球线的坐标 x_A、y_A、x_B、y_B，并计算出 A、B 连线的坐标方位角 α_{AB} 和长度 c_{AB}。

$$\alpha_{AB} = \arctan \frac{y_B - y_A}{x_B - x_A} \tag{5-1}$$

$$c_{AB} = \sqrt{\Delta x_{AB}^2 + \Delta y_{AB}^2}$$

地下定向水平导线构成无定向导线，为解算地下各点的坐标，假设 A 为坐标原点，$A1$ 边为 x' 轴方向，由此可计算出地下各点在假定坐标系中的坐标，并求出 A、B 连线在假定坐标系中的坐标方位角 α'_{AB} 及长度 c'_{AB}。

$$\alpha'_{AB} = \arctan \frac{y'_B}{x'_B} \tag{5-2}$$

$$c'_{AB} = \sqrt{(\Delta x'_B)^2 + (\Delta y'_B)^2}$$

$$\Delta c = c_{AB} - \left(c'_{AB} + \frac{H}{R} c_{AB} \right) \tag{5-3}$$

式中　H——立井深度；

　　　R——地球的平均半径。

Δc 应小于地面和地下连接测量中误差的 2 倍。则

$$\Delta c \leqslant 2\sqrt{\frac{1}{\rho^2}\sum m_{\beta_i}^2 R_{x_i}^2 + \sum m_{l_i}^2 \cos^2\varphi_i} \qquad (5\text{-}4)$$

式中　m_{β_i}——井上下导线测角中误差；

　　　R_{x_i}——井上下导线各点（不包括近井点到结点）到 AB 连线的垂直距离；

　　　m_{l_i}——井上下导线各边（不包括近井点到结点）的量边误差；

　　　φ_i——井上下各导线边与 AB 连线的夹角。

井下各边方位角为

$$\alpha_{A1} = \alpha_{AB} - \alpha'_{AB} \qquad (5\text{-}5)$$

其他边的坐标方位角为

$$\alpha_i = \Delta\alpha + \alpha_i'$$

依此可重新计算出地下各点的坐标。由于测量误差的影响，地下求出的 B 点坐标与地面测出的 B 点坐标存有差值。如果其相对闭合差符合测量所要求的精度时，可进行分配。因地面连接导线精度较高，可将坐标增量闭合差按边长或坐标增量成比例反号分配给地下导线各坐标增量上，最后计算出地下各点的坐标。

【例 5-1】　某地铁两井定向，如图 5-2 所示，GP-5（3895443.350，433499.102，104.567）为地面控制点，GP-6（3895265.771，433801.030，94.432）为近井点，其他观测数据见表 5-1~表 5-3。

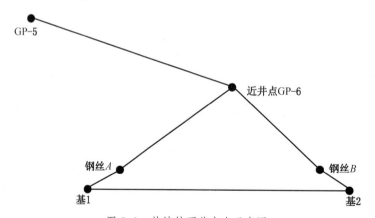

图 5-2　某地铁两井定向示意图

表 5-1　地面钢丝坐标计算表 (1)

点名	水平角/	坐标方位角/	水平距离/	坐标增量/m		坐标/m	
	(° ′ ″)	(° ′ ″)	m	Δx	Δy	X	Y
GP-5		120 27 43					
GP-6	47 48 52					3895265.771	433801.030
钢丝 A		252 38 51	63.045	-18.803	-60.176	3895246.968	433740.854

74

表5-2 地面钢丝坐标计算表 (2)

点名	水平角/ (° ′ ″)	坐标方位角/ (° ′ ″)	水平距离/ m	坐标增量/m		坐标/m	
				Δx	Δy	X	Y
GP-5		120 27 43					
GP-6	157 19 06					3895265.771	433801.030
钢丝 B		143 08 37	53.072	-42.465	31.833	3895223.306	433832.863

表5-3 地铁隧道内观测成果表

点名	水平角/(° ′ ″)	水平距离/m
钢丝 A		17.826
基1	25 35 12	125.591
基2	27 08 39	
钢丝 B		16.310

$$\alpha_{AB} = \arctan \frac{y_B - y_A}{x_B - x_A} = 104°25'20''$$

$$c_{AB} = \sqrt{\Delta x_{AB}^2 + \Delta y_{AB}^2} = 95.003 \text{ m}$$

假设 A-基1边为 x'轴方向, 钢丝 A 点坐标不变, 由此可计算出地下各点在假定坐标系中的坐标 (表5-4)。

表5-4 地下坐标计算表

点名	水平角/ (° ′ ″)	假坐标方位角/ 真坐标方位角/ (° ′ ″)	水平距离/ m	假坐标增量/m 真坐标增量/m 改正数/mm		真坐标/m	
				Δx	Δy	X	Y
钢丝 A		00 00 00 258 40 47	17.826	17.826 -3.499 (0)	0.000 -17.479 (0)	3895246.968	433740.854
基1	25 35 12	205 35 12 104 15 59	125.591	-113.275 -30.949 (-2)	-54.240 121.718 (2)	3895243.469	433723.375
基2	27 08 39	52 43 51 311 24 38	16.310	9.877 10.788 (0)	12.979 -12.232 (0)	3895212.518	433845.095
钢丝 B						3895223.306	433832.863

$$\alpha' = 205°44'33'', \quad \Delta\alpha = -101°19'13''$$

$$f_x = 2 \text{ mm}, f_y = -2 \text{ mm}, f_S = 2.8 \text{ mm}$$

$$K = \frac{2.8}{159.727 \times 1000} = \frac{1}{57045}$$

（二）铅垂仪全站仪组合定向

1. 外业定向

利用车站两端的下料口、出土井等，采用铅垂仪直接将坐标传递到隧道内，作为地下坐标起算数据，假如需要所投测点作为起算方位，则相邻两点须通视。另外，当隧道贯通距离较长时，为控制隧道掘进的方向误差，对浅埋隧道可在地面钻一孔，将坐标直接传入地下隧道内，加强平面位置与方向的控制，此方法精度最优。

铅垂仪投点时，其支承台与观测台应分离；铅垂仪的基座或旋转纵轴应与棱镜轴同轴，其偏心误差应小于 0.2 mm；投点误差不应超过 0.2 mm，投测的两点应相互通视，且间距应大于 60 m；全站仪独立三测回测定铅垂仪的坐标分量互差应小于 3 mm，定向测量应独立进行 3 次。

边长应独立观测三测回，每测回读数 3 次，距离各测回较差小于 1 mm，角度采用不低于 I 级全站仪，方向观测法观测六测回，测角中误差应在 ±1″ 之内。每次观测应将铅垂仪基座旋转 120°。

北京地铁复-八线工程，利用永安里车站的 1 号、9 号下灰口，采用 NL1/20 万垂准仪进行坐标投测，并作为地下坐标和方位的起算数据，如图 5-3 所示。其角度与距离的观测应符合《城市轨道交通工程测量规范》（GB/T 50308—2017）的要求。

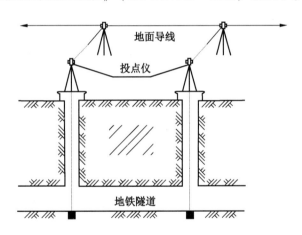

图 5-3 通过下灰口、施工竖井进行投点

2. 内业计算

通过地面近井点观测数据计算投点仪 A 和 B 的中心坐标，当三次坐标分量之差符合要求时，取均值作为最终结果。将 A 点和 B 点坐标分别作为井下 A′ 点和 B′ 点坐标。因此，A′B′ 就可作为近井定向边。

当井下两点不能通视时，可按坐标附合导线进行计算。

二、铅垂仪陀螺仪组合定向

1. 外业定向

铅垂仪陀螺仪组合定向的实质是一井陀螺定向，由于地铁定向精度要求高，《城市轨道交通工程测量规范》（GB/T 50308—2017）规定宜采用图 5-4 所示的测量方式。

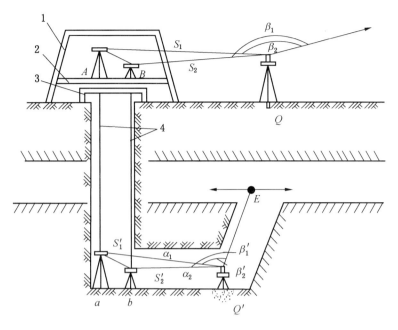

1—井架；2—仪器台；3—井台；4—视线；

Q—地面上近井点；Q'—地面下近井点；A、B—铅垂仪位置；a、b—井底测量点位；

β_1、β_2—地面观测角度；β_1'、β_2'—地下观测角度；S_1、S_2—地面测量距离；

S_1'、S_2'—地下测量距离；α_1、α_2—陀螺方位角；$Q'E$—地下方位角起算边

图5-4　陀螺全站仪+铅垂仪组合定向

2. 内业计算

若各项限差满足要求，按支导线方式进行计算，取 Q' 坐标和 $Q'E$ 边坐标方位角的平均值作为最终值。

三、高程联系测量

具体参见第二章第四节高程联系测量。

<h1 style="text-align:center">第二节　地下控制测量</h1>

地下控制测量包括平面控制测量和高程控制测量，联系测量成果为地下平面和高程控制测量的起算点。

一、地下平面控制测量

受地下隧道条件的限制，地下平面控制一般只能沿隧道布设成导线形式，地下平面控制测量实际上是导线测量。

（一）地下导线的技术指标

地下导线主要技术指标见表5-5。

表 5-5 地下导线主要技术指标

隧道形式	测角中误差/ ($''$)	测边中误差/ mm	平均边长/ m	测回数	边长往返平均值较差/mm	左右角之和与360°差/($''$)
直线 曲线	±2.5	±3	150 ≥60	2	4	≤4

（二）地下导线的形式

根据地下隧道特点，会形成一些特殊形式的导线，如支导线、无定向导线、方向附合导线、主副导线和导线网等。最常见的是主副导线，如图 5-5 所示。

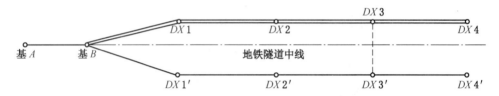

图中双线为主导线，单线为副导线，虚线构成闭合环

图 5-5 地下隧道内主副导线示意图

（三）地下导线点的设置

地下控制点应根据施工方法和隧道结构形状确定，一般埋设在隧道底板、顶板或两侧边墙上。应避免强光源、热源、淋水等地方，控制点间视线距隧道壁或设施应大于 0.5 m。由于地下导线级别和贯通精度要求高，控制点一般布设成强制对中形式，图 5-6 所示分别为边墙和底板上的强制对中控制点。

图 5-6 强制对中主副导线控制点

（四）地下导线外业测量

每次进行控制测量前，应对地下平面和高程起算点进行检测，确保其可靠性。

1. 仪器安置

强制对中控制点仪器的安置相对简单，先将仪器或棱镜基座旋紧在强制对中中心螺栓上，然后通过调节脚螺旋整平仪器即可。

2. 角度观测

地下导线测量一般需要 3~4 人，一人观测，一人记录（若仪器自动记录，则可省 1人），前后视各一人。

地下水平角观测和地面一样，一测回内 2C 较差、同一方向值各测回较差应符合表5-6 的规定。

表 5-6　方向观测法水平角技术要求　　　　　　　　　　　　　(″)

全站仪等级	半测回归零差	一测回内 2C 较差	同一方向值各测回较差
Ⅰ级	6	9	6
Ⅱ级	8	13	9

3. 距离观测

地下进行电磁波测距，测前测后各读取一次温度和气压，取平均值作为测站气象数据。温度读到 0.2 ℃，气压读到 0.5 hPa。边长应往返各观测二测回，限差满足表 5-5 要求。

（五）地下导线内业计算

支导线、无定向导线、方向附合导线的计算方法具体参见第三章，这里主要讲述主副导线的计算。

1. 检查整理记录

在地下导线观测工作完成后，应按规定的要求对野外记录数据进行检核和检查，不符合要求的必须重算或重测。经检查无误后，方可进行下一步计算。

2. 边长改正

检查边长记录，计算平均边长，换算成水平距离，并进行高程归化和投影改化。

（1）归化到地铁工程控制网的投影高程面上的测距边长度按下式计算：

$$D = D'_0\left(1 + \frac{H_P - H_m}{R_0}\right) \tag{5-6}$$

式中　　D——测距边长度；

　　　　D'_0——测距边两端点平均高程面上的水平距离，m；

　　　　R_0——参考椭球体在测距边方向法截弧的曲率半径，m；

　　　　H_P——地铁工程控制网高程投影面高程，m；

　　　　H_m——测距边两端点的平均高程，m；

（2）测距边在高斯投影面上的长度按下式计算：

$$D_Z = D\left(1 + \frac{Y_m^2}{2R_m^2} + \frac{\Delta Y^2}{24R_m^2}\right) \tag{5-7}$$

式中　　Y_m——测距边两端点高斯横坐标平均值，m；

　　　　R_m——测距边中点的地球平均曲率半径，m；

　　　　ΔY——测距边两端点近似高斯横坐标的增量，m。

3. 平差计算

地下导线一般是支导线和主副导线，下面对主副导线的计算进行论述。

（1）附合或闭合导线方位角闭合差的计算：

$$W_\beta = \pm 2m_\beta\sqrt{n} \tag{5-8}$$

式中　m_β——测角中误差（±2.5″）；

　　　　n——附合或闭合导线的角度个数。

（2）成果计算。成果计算应采用严密平差法，并利用经相关部门评审过的正版平差软件进行，如科傻测量平差系统和南方平差易等软件。

最后还应指出，如果地铁区间超过 2 km，一般要用标称精度为 3″～5″的陀螺仪测量导线边的陀螺方位角，然后计算坐标方位角，并和全站仪导线测量结果相比较。陀螺仪的观测计算具体参见第二章的联系测量。

由于隧道施工处在土层中，受其自身施工及外界环境影响，所设置的地下导线点亦有可能发生位移，因此，隧道掘进至全长的 1/3 处、2/3 处的距离贯通面小于 100 m 时，必须对地下控制点进行同精度全面复测，以确定其可靠。地下平面控制点除在上述 3 个阶段进行全面复测外，还可视情况需要时在施工过程中随时进行复测。

在隧道施工过程中，从地面近井点测量到联系测量等工作至少要进行 3 次。有条件时，地下控制点复测要与地面近井点测量和联系测量同时进行。

二、地下高程控制测量

地下高程控制测量应采用二等水准测量方法，并应起算于地下近井水准点。

1. 二等水准技术指标

二等水准主要技术指标见表 5-7。

表 5-7　二等水准主要技术指标

每千米高差中数中误差/mm		环线或附合水准路线最大长度/km	水准仪等级	水准尺	观测次数		往返较差、附合或环线闭合差/mm
偶然中误差 M_Δ	全中误差 M_W				与已知点联测	附合或环线	
±2	±4	40	DS1	因瓦尺或条码尺	往返测各一次	往返测各一次	$±8\sqrt{L}$

注：1. L 为往返测段、附合或环线的路线长度，单位为 km。

　　2. 采用电子水准仪测量的技术要求应与同等级的光学水准仪测量技术要求相同。

2. 二等水准点布设

高程控制点可利用地下导线点，也可单独布设，单独布设宜每 200 m 埋设一个。

3. 二等水准外业测量

水准测量应在隧道贯通前进行 3 次，并与导入高程同步进行。重复测量的高程点间的高程较差应小于 5 mm，满足要求时，取平均值作为控制点成果。相邻竖井间或相邻车站间贯通后，地下高程控制点应构成附合水准路线。

水准测量作业前应按《国家一、二等水准测量规范》（GB/T 12897—2006）要求，对所使用的水准仪和水准尺进行常规检查与校正。

往返两次测量高差较差超限时应重测，重测后应选取两次往返观测的合格成果。

二等水准测量按图 5-7 方式进行，各项限差要求见表 5-8。

图 5-7　水准测量示意图

表 5-8　二等水准测量限差要求

视距/m	水准仪类型	前后视距差/m	前后视距累计差/m	视线高度/m	上下丝读数平均值与中丝读数之差/mm	基辅分划读数之差/mm	基、辅分划所测高差之差/mm	检测间歇点高差之差/mm
≤60	光学	≤2.0	≤4.0	下丝≥0.3	3.0	0.5	0.7	2.0
	电子	≤2.0	≤6.0	≥0.55且≤2.8				

注：使用电子水准仪观测时，同一测站两次测量高差较差应满足基、辅分划所测高差较差要求。

4. 二等水准内业计算

水准测量的内业计算应符合下列规定。

高差中数取至 0.1 mm，二等水准最后成果取至 1.0 mm。水准测量每千米高差中数偶然中误差按下式计算：

$$M_\Delta = \pm \sqrt{\frac{1}{4n}\left[\frac{\Delta\Delta}{L}\right]} \tag{5-9}$$

式中　M_Δ——每千米高差中数偶然中误差，mm；

　　　　L——水准测量的测段长度，km；

　　　　Δ——水准路线测段往返高差不符值，mm；

　　　　n——往返测水准路线的测段数。

当附合路线和水准环多于 20 个时，每千米水准测量高差中数全中误差按下式计算：

$$M_W = \pm \sqrt{\frac{1}{N}\left[\frac{WW}{L}\right]} \tag{5-10}$$

式中　M_W——每千米高差中数全中误差，mm；

　　　　L——计算附合线路或环线闭合差时的相应路线长度，km；

W——附合路线或环线闭合差，mm；

N——附合路线或闭合路线的条数。

水准网的数据处理应进行严密平差，并计算每千米高差中数偶然中误差、全中误差、最弱点高程中误差和相邻点的相对高差中误差。

第三节 地铁施工测量

地铁施工测量主要是指和盾构机施工控制有关的测量，现在的盾构机都装备有先进的自动导向系统。因此，在盾构法施工过程中的测量工作主要是对盾构机自动导向系统进行姿态定位测量，以及使用测量方法来检核自动导向系统的准确性。

盾构机上的自动导向系统（以德国VMT公司的SLS-T系统为例），主要由具有自动照准目标的全站仪、电子激光系统、计算机及隧道掘进软件和电源箱四部分组成。

（1）具有自动照准目标的全站仪主要用于测量（水平和垂直）角度和距离、发射激光束。

（2）电子激光系统（ELS）亦称为标板或激光靶板（一种智能型传感器）。电子激光系统接收全站仪发出的激光束，测定水平方向和垂直方向的入射点。坡度和旋转也由该系统内的倾斜仪测量，偏角由激光器的入射角确认。电子激光系统固定在盾构机的机身内，安装时要确定其相对于盾构机轴线的关系和参数。

（3）计算机及隧道掘进软件（SLS-T软件）是自动导向系统的核心，它从全站仪和电子激光系统等通信设备接收数据，盾构机的位置在该软件中计算，并以数字和图形的形式显示在计算机的屏幕上。

（4）电源箱主要给全站仪供电，保证计算机和全站仪之间的通信和数据传输。

在地铁或隧道施工的整个过程，从盾构机安装、始发、掘进到接收，主要有盾构机基座定位测量、盾构机始发与接收洞门圈中心定位测量、盾构机施工监测、盾构机姿态复测和管环检测。在盾构法施工过程中，盾构机的掘进方向和位置是依据地下导线控制点确定的。

一、盾构机基座定位测量

按照盾构机基座设计的位置，对盾构机基座安装所需的轴线进行标定。首先利用全站仪将盾构机基座中心轴线测设在井壁或固定物体上；然后根据基座设计的里程，在其前端、中间和后端3个部位分别把垂直于基座中心轴线的法线测设在井壁或固定物体上；最后在基座前端、中间和后端3个部位，沿基座中心轴线两侧的井壁或固定物上标定同一标高的水平线，并标明实际高程值。

二、盾构机始发与接收洞门圈中心定位测量

为了将车站结构与混凝土管片连接为整体，利于车站和区间节点处防水，在使用盾构机进行隧道施工时，要在盾构机出发和到达的隧道洞口设洞门圈。洞门圈的形状多为圆环形，盾构机出发或到达时将从洞门圈内穿过。在隧道贯通前，盾构机的导向系统会根据盾构机到达洞门圈中心的三维坐标确定掘进方向。由于放样和施工过程中存在误差，洞门圈

施工完成后的实际中心位置与设计中心位置并不一定重合，所以必须测量洞门圈实际中心的三维坐标。其测量精度直接关系到盾构机能否顺利进洞和出洞，必须精确测量。

由于洞门圈的形状为圆环，其中心位置无法直接测量，需要通过间接测量完成。洞门圈内边缘一般是一个圆，为了确定这个圆的圆心，一般采用三点共圆法测量。即在洞门圈的内边缘上选 3 个点，测量其三维坐标，过该 3 个点的外接圆的圆心即为洞门圈的中心，其坐标可以根据 3 个点的坐标计算得到。为了提高测量精度和可靠性，实际测量时，常选取 3 个以上的点，按照最小二乘法处理观测数据，获取洞门圈圆心坐标的最或然值。

三、盾构机施工监测

在地铁的施工掘进过程中，为了避免隧道掘进机（TBM）发生意外的运动及方向的突然改变，必须对隧道掘进机（TBM）的位置和隧道设计轴线（DTA）的相对位置关系进行持续地监控测量，使隧道掘进机（TBM）能够按照设计路线精确掘进。盾构机姿态监测一般采用隧道自动导向系统与人工测量辅助进行，该系统配置了导向、自动定位、掘进程序软件和显示器等，能够全天候在盾构机主控室动态显示盾构机当前位置与隧道设计轴线的偏差及趋势，据此调整控制盾构机掘进方向，使其始终保持在允许的偏差范围内。

随着盾构机推进，导向系统后视基准点需要前移，必须通过人工测量来进行精确定位。为保证推进方向的准确可靠，须定期人工测量，以校核自动导向系统的测量数据并复核盾构机的位置、姿态，确保盾构机掘进方向正确。国内常用的盾构机导向系统一般为德国 VTM 公司的 SLS-T 系统。下面以 SLS-T 系统为例进行说明。

（一）导向原理

隧道内控制导线是支持盾构机掘进导向定位的基础。激光全站仪和后视棱镜均安装在盾构机的右上侧管片上的拖架上，后视基准点定向后，全站仪自动掉过方向来，搜寻 ELS 激光标靶（标靶在盾构机机体上的位置是确定的），通过测量标靶棱镜，可获得全站仪到标靶的方位角、竖直角和距离，进而计算得到 ELS 激光标靶的平面坐标和高程值，如图 5-8 所示。ELS 激光标靶通过接收入射的激光定向光束，获取标靶（盾构机）偏角，盾构机的仰俯角和滚动角通过激光标靶内的倾斜计来测定。激光标靶和全站仪将各项测量数据由通信电缆传给主控计算机，确定盾构机上前后两个参考点的三维坐标，与事先输入计算机的隧道设计轴线（DTA）相比较，得出的偏差值显示在屏幕上，这就是盾构机的姿态。推进时只要控制好姿态，盾构机就能精确地沿隧道设计轴线（DTA）掘进，保证隧道顺利、准确贯通。

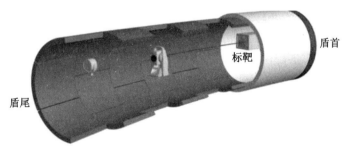

图 5-8　盾构机施工监测示意图

（二）导向应用

1. 始发托架和反力架定位

盾构机在曲线段的始发方式有切线始发和割线始发两种，两种始发方式如图 5-9 所示。盾构机初始状态主要决定于始发托架和反力架的安装，始发托架的高程要比设计提高 1~5 cm，以消除盾构机入洞后"栽头"的影响。反力架的安装位置由始发托架来决定，反力架的支撑面要与隧道中心轴线的法线平行，其倾角要与线路坡度保持一致。

反力架定位测量可使用全站仪进行反力架基准环中心测设，测设完成后必须进行检查测量，检查内容包括反力架基准环中心轴线和其法线是否与盾构机实际中心轴线一致和垂直、基准线中心标高与盾构机中心轴线标高是否一致、基准环法线面倾角是否与盾构机实际坡度一致。

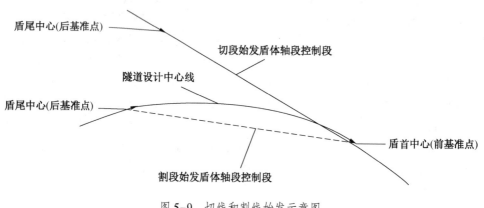

图 5-9　切线和割线始发示意图

2. 移站

盾构机掘进时的姿态控制是通过全站仪实时测设激光标靶的坐标，反算出盾构机盾首、盾尾的实际三维坐标，通过比较实测三维坐标与 DTA 三维坐标，从而得出盾构机姿态参数。随着盾构机往前推进，每隔规定的距离就必须进行激光站的移站。一般在后视棱镜即将脱出盾构机最后一节台车后进行，这样就可以直接站在盾构机上移站，不需要搭楼梯，既安全又方便。移站后，利用隧道内基本控制导线点和水准点测量，测量新的后视点和激光全站仪站点的三维坐标。安置好棱镜和仪器后，瞄准后视，并把后视点和全站仪站点的三维坐标输入控制软件中，完成定位和方位检查。

3. 激光站的人工检查

在推进过程中，可能会由于安装托架的管片出现沉降、位移或托架被碰动，使激光全站仪站点或后视棱镜靶的位置发生变化，全站仪测得错误的盾构机姿态信息。为了保证激光全站仪准确定位，在软件状态为"推进"时，对全站仪的定位进行检查，如果超过了限值，需要利用洞内精密导线点对激光站点及后视靶点三维坐标进行重新测量。

4. 导向系统维护

严禁触碰激光标靶，标靶前面板保护屏要经常擦干净，防止激光接收靶接收的信号太弱，标靶附近不能有强光。激光全站仪容易被雨水淋湿，应及时擦干净、晾干。

四、盾构机姿态的人工复测

1. 盾构机参考点测量

在盾构机施工过程中，为了保证导向系统的正确性和可靠性，在盾构机掘进一定的长度或时间之后，必须独立于SLS-T系统定期对盾构机的姿态和位置进行检查。间隔时间取决于隧道的具体情况，在有严重的光折射效应的隧道中，每次检查之间的间隔时间应较短，尤其在长隧道中。这种独立检查一般通过洞内的导线控制点独立地检测盾构机的姿态，即进行盾构机姿态的人工检测。盾构机施工中所用到的坐标系统有3种：全球坐标系统、DTA坐标系、TBM坐标系。

盾构机上布置了盾构机姿态测量的21个参考点，如图5-10所示。这些点相对于盾构机的轴线有一定的参数关系，即它们与盾构机的轴线构成局部坐标系。对于以盾构机轴线为坐标系的局部坐标来说，无论盾构机如何旋转和倾斜，这些参考点与盾构机的盾首中心和盾尾中心的空间距离是不会变的，它们始终保持一定的值。

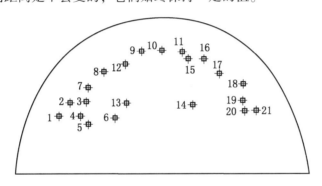

图 5-10　盾构机参考点的布置

盾构机姿态人工检测的测站位置选在盾构机第一节台车的连接桥上，此处通视条件理想，而且很好架设全站仪。只要在连接桥中部焊一个全站仪的连接螺栓就可以。测量时，应根据现场条件尽量使所选参考点之间连线距离大一些，以保证计算时的精度，最好保证左、中、右各测量一两个点。一般选择1、10、21三点作为盾构机姿态人工检测的参考点，就可以计算盾构机姿态。将测得的坐标经过三维转换后与设计坐标比较，就可以计算出盾构机的姿态和位置参数等。

2. 盾构机姿态的计算

盾构机作为一个近似圆柱体，在开挖掘进过程中不能直接测量其刀盘中心坐标，只能用间接法来推算出刀盘中心坐标。如图5-11所示，A点是盾构机刀盘中心，E是盾构机中间断面的中心点，即AE连线为盾构机的中心轴线，由A、B、C、D四点构成一个四面体，测量出B、C、D三个角点的三维坐标(x_i, y_i, z_i)，根据3个点的三维坐标(x_i, y_i, z_i)分别计算出L_{AB}、L_{AC}、L_{AD}、L_{BC}、L_{BD}和L_{CD}四面体中的6条边长，作为以后计算的初始值，在盾构机掘进过程中L_i是不变的常量，通过对B、C、D三点的三维坐标测量来计算出A点的三维坐标。同理，B、C、D、E四点也构成一个四面体，相应地求得E点的三维坐标。由A、E两点的三维坐标就能计算出盾构机刀盘中心的水平偏航和垂直偏航，由B、C、D三点的三维坐标就能确定盾构机的仰俯角和滚动角，从而达到检测盾构机姿态的目的。

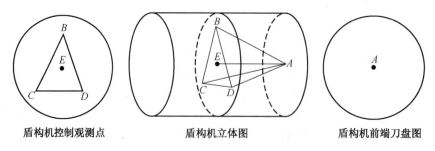

| 盾构机控制观测点 | 盾构机立体图 | 盾构机前端刀盘图 |

图 5-11 盾构机姿态计算原理图

五、管环检测

由于在盾构机掘进过程中，刚拼装的管环还没有来得及注入双液浆加固，因此还不稳定，经常发生管环位移现象。有时位移量很大，特别是上浮，位移量大常常引起管环限界超限。因为地铁施工中规定，拼装好的管环允许最大限界值是±10 cm。为了防止管环侵限，首先要提高控制测量的精度，其次要提高导线系统的精度，最后是通过每天的管环检测实测出管环的位移趋势，采取措施尽量减小位移量。当然，管环检测还可起到复核导向系统的作用。

管环检测包括测量管片环的环中心偏差、环的椭圆度和环的姿态，每环都应测量环的前端面，环片平面和高程测量允许误差为±15 mm。

1. 管环检测方法

假设管环的内径是 2.7 m，采用铝合金制作一铝合金尺，铝合金尺长 3.8 m（可根据实际情况调整长度）。在铝合金尺正中央贴上一个反射贴片，如图 5-12 所示。根据管环、铝合金尺、反射贴片的尺寸，就可以计算出实际的管环中心与铝合金尺上反射贴片中心的高差，如图 5-13 所示。测量时，首先用水平尺把铝合金尺精确整平，然后用全站仪测量铝合金尺上反射贴片中心的三维坐标，就可以推算出实际管环中心的三维坐标。每次管环检测时，应重叠 5 环已经稳定了的管环，这样就可以消除测错的可能。

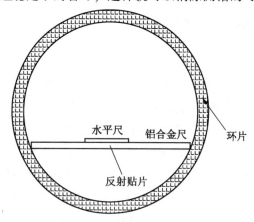

图 5-12 管环检测示意图

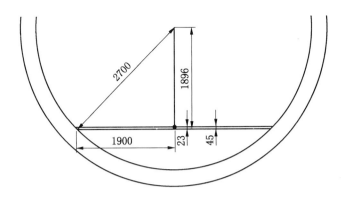

图 5-13　管环中心标高推算示意图

2. 管环姿态计算

管环检测时，把管环检测外业数据直接存储在全站仪的内存里。通过徕卡测量办公室软件（Leica Survey‐Office），将全站仪里面的管环检测外业数据下载，然后将其复制到Excle表格中编辑成CAD认识的三维坐标，然后将三维坐标数据复制到记事本程序里面保存，文件的后缀名必须是.SCR，如"管环检测外业数据.SCR"。这样就把管环检测的外业数据编辑成了CAD的画点脚本文件，通过CAD的脚本功能，在CAD里面把点画出来。

打开AutoCAD，在模型状态下（一定要关闭"对象捕捉"命令）打开菜单栏的"工具（T）"选项，在下拉子菜单中选择"运行脚本（R...）"，或者在命令行输入".SCR"，两种方式都是运行脚本，AutoCAD便查找脚本文件。操作者找到要调用的脚本文件"管环检测外业数据.SCR"后，直接打开它，AutoCAD便自动把点画出来了，如图5-14所示。点位画出来后，就可以在CAD里通过查询命令直接量出管环的水平和垂直姿态。

图 5-14　管环姿态计算示意图

六、地铁断面测量

为了评价隧道断面净空是否满足相应建筑限界要求，为后续铺轨位置检核与调整提供依据，应及时进行隧道断面测量。

（一）断面测量要求

1. 基准线、测点、横距和高程要求

（1）以施工图设计的线路中心线为测量基准线。

（2）测点距基准线的横距由轨顶设计高程以上规定高度位置从基准线到隧道内壁的距离计算。

（3）顶部测点为设计中心线在隧道顶部内壁的投影点，底部测点为设计中心线在隧道底部内壁的投影点，它们均以高程表示。

2. 断面测量间距要求

（1）沿里程增大方向，明挖法和矿山法隧道的直线段每隔 10 m，曲线段（包括曲线以外的 20 m 直线）每隔 5 m 测量一个断面；盾构法施工直线段每隔 9 m（管片 4 环），曲线段（包括曲线以外的 20 m 直线）每隔 4.5 m（管片 3 环）测量一个断面，测点为管片接缝的突出点。

（2）曲线起点、终点、缓圆点、联络线通道、防淹门门框两端、车站屏蔽门两端点、折返线（含渡线）范围内的中隔墙和立柱等断面突变处须加测断面。

（3）道岔处、转辙机处，应根据设计要求施测断面。

（4）在较严重侵限地段，应根据调坡调线需要加密测点。

3. 断面测量精度要求

（1）断面里程允许误差为±50 mm。

（2）断面测量允许误差为±10 mm，矩形断面高程误差为±20 mm，圆形断面高程误差为±10 mm。

（二）断面特征点布设与要求

1. 矩形隧道断面特征点布设与要求

矩形隧道断面须布设 10 个特征点进行测量，其位置与要求如下：

（1）设计中心线的顶部测点和底部测点。

（2）轨顶设计高程以上 3800 mm、2000 mm、900 mm、200 mm 的左横距及其高程、右横距及其高程，测点编号分别为左上、右上、左中 1、右中 1、左中 2、右中 2、左下和右下。

（3）对于 U 型槽地段，其测点除顶点外，其余测点按照矩形隧道要求布设。

2. 马蹄形隧道断面特征点布设与要求

马蹄形隧道断面须布设 10 个特征点进行测量，其位置与要求如下：

（1）设计中心线的顶部测点和底部测点。

（2）轨顶设计高程以上 3800 mm、2000 mm、900 mm、200 mm 的左横距及其高程、右横距及其高程，测点编号分别为左上、右上、左中 1、右中 1、左中 2、右中 2、左下和右下。

3. 圆形隧道断面特征点布设与要求

圆形隧道断面须布设 10 个特征点进行测量，其位置与要求如下：

（1）设计中心线的顶部测点和底部测点。

（2）轨顶设计高程以上 3800 mm 的左横距及其高程、右横距及其高程，测点编号分别为左上、右上。

（3）设计线路中心线的圆心左横距及其高程、右横距及其高程，测点编号分别为左中 1、右中 1。

（4）轨顶设计高程以上 900 mm、200 mm 的左横距及其高程、右横距及其高程，测点编号分别为左中 2、右中 2、左下和右下。

4. 车站矩形隧道断面特征点布设与要求

车站矩形隧道断面须布设 10 个特征点进行测量，其位置与要求如下：

（1）设计中心线的顶部测点和底部测点。

（2）轨顶设计高程以上 4300 mm、3800 mm、850 mm、200 mm 的左横距及其高程、右横距及其高程，测点编号分别为左上、右上、左中 1、右中 1、左中 2、右中 2、左下和右下。

（3）对于安装有屏蔽门的车站，须增加屏蔽门测点。沿里程增大方向，线路左侧的屏蔽门顶梁和预埋件，测点编号为左臂 A、左臂 B；线路右侧的屏蔽门顶梁和预埋件，测点编号为右臂 A、右臂 B。

（4）断面测量时，若结构风管已竣工，则顶部测点改为结构风管底部。

（三）断面测量方法

随着现代测量仪器设备的发展，断面测量方法主要有全站仪法、断面仪法和三维激光扫描仪法。其中三维激光扫描仪法具体参见第六章第五节内容。

习　题

1. 两井定向的实质是什么？
2. 地铁地下控制测量的方法有哪些？
3. 简述地铁施工测量的主要内容。

第六章 长隧道测量

随着经济社会发展，为了有效保护地面生态环境，线路工程、引水工程中的长隧道（长度大于1000 m）建设越来越多。根据相关规范，一般隧道长度小于或等于500 m的为短隧道，大于500 m小于或等于1000 m的为中隧道，大于1000 m小于或等于3000 m的为长隧道，大于3000 m的为特长隧道。对于特长隧道，为了增加工作面，加快施工进度，除了进、出口两个开挖面外，还常采用斜井、竖井、平行导坑等来增加开挖面，如图6-1所示。有竖井的隧道施工，需要进行联系测量，联系测量具体参见矿山测量内容。本章根据隧道长、贯通精度要求高等特点，重点论述大型隧道测量方法。

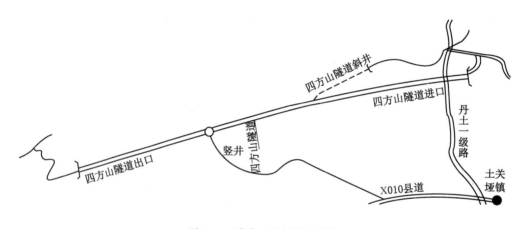

图6-1 隧道工程剖面示意图

第一节 隧道贯通精度要求

在隧道建设中，施工测量的主要任务是保证隧道开挖按规定的精度贯通。在隧道施工中，由于受地面控制测量、联系测量、地下控制测量及施工测量影响，不可避免地会在贯通面上产生中线和高程的衔接误差，为保证隧道正常使用，其各项误差不能超过一定限度。

一、限差要求

《工程测量标准》（GB 50026—2020）规定，隧道相向施工中线在贯通面上的贯通误差应不大于表6-1的规定。

表6-1 贯通面上的贯通误差限差

类别	两开挖洞口间长度 L/km	贯通误差限差/mm
横向	$L<4$	100
	$4{\leqslant}L<8$	150
	$8{\leqslant}L<10$	200
高程	不限	70

二、误差来源和分配

《工程测量标准》（GB 50026—2020）规定，隧道控制测量对贯通中误差影响值的限值应符合表6-2的规定。

表6-2 隧道控制测量对贯通中误差影响值的限值

两开挖洞口间长度 L/ km	横向贯通误差/mm				高程贯通误差/mm	
	洞外控制测量	洞内控制测量		竖井联系测量	洞外	洞内
		无竖井的	有竖井的			
$L<4$	25	45	35	25	25	25
$4{\leqslant}L<8$	35	65	55	35		
$8{\leqslant}L<10$	50	85	70	50		

第二节 洞外控制测量

随着测量技术的发展和测量器具的更新，隧道洞外控制测量技术得到了日新月异的发展。对于长隧道，洞外平面控制测量目前优选 GNSS 静态精密定位方法和精密导线方法。洞外高程控制测量主要采用几何水准测量或者精密光电测距三角高程方法，特别是高精度测量机器人的出现，使得精密光电测距三角高程方法在山岭地区得到了广泛应用。

洞外控制测量通过在各开挖洞口布设控制点，并采用相应的测量设备和技术方法测量控制点的坐标及高程，从而建立起隧道各开挖面之间的空间几何关系，为洞内控制测量提供测量基准，确保隧道施工过程中测量控制及贯通精度。

采用 GNSS 技术进行洞外平面控制测量，无须翻山越岭即可实现洞外平面控制测量，大大提高了测量效率，降低了测量成本。洞外高程控制测量可根据测量路线的长短、崎岖程度、隧道贯通精度和仪器设备配置等情况等进行综合考虑，选择水准测量或光电测距三角高程测量。

洞外控制测量前应收集隧道设计资料、已有测量成果资料，并根据隧道规模、贯通精度要求等进行方案设计，确定控制测量方案。

一、洞外平面控制测量

（一）GNSS 测量

GNSS 测量具有选点灵活、无须通视、定位精度高、观测时间短、提供三维位置和速度、自动化程度高、操作简便、不受天气条件影响、可全天候作业等特点。GNSS 测量在公共安全、大地控制测量、工程测量、变形监测、地球动力学、气象学、海平面监测、时间和频率传输、导航、军事、航空摄影测量等领域得到了极为广泛的应用。

1. GNSS 网布设

隧道洞外 GNSS 网应联测足够数量的线路控制点，以建立隧道控制网与线路控制网之间的关系。如果设计单位布设的洞外控制网能满足隧道贯通精度要求，则施工单位应以同网、同精度原则对原控制网进行复测。复测结果满足要求时，以设计单位成果作为洞内控制测量依据。若设计单位未对隧道进行控制测量，则施工单位应按照相应规范要求的精度对隧道洞外进行控制测量。

GNSS 主网应布设成三角形或大地四边形，由洞口子网和联系子网的主网构成，隧道每个开挖洞口的子网一般布设 4 个稳定可靠的 GNSS 控制点，并把隧道洞口的线路中线点纳入控制网中，且互相通视，如图 6-2 所示。控制点与洞口投点的高差不宜过大，GNSS 控制网进洞联系边最大俯仰角不宜大于 5°。

图 6-2　隧道洞外 GNSS 控制网示意图

当洞口子网采用 GNSS 测量困难时，可以测量一条 GNSS 定向边，子网的其他控制点采用全站仪测量。

2. GNSS 测量主要技术指标

此处 GNSS 测量主要技术指标根据《工程测量规范》（GB 50026—2020）进行说明，具体工程应用以设计说明、行业规范为主，并结合工程测量规范、GNSS 测量规范等规范。

隧道洞外 GNSS 控制网测量分二等和三等两个等级，当隧道长度小于或等于 5 km 时，采用三等 GNSS 控制网；当隧道长度大于 5 km 时，采用二等 GNSS 控制网。各等级 GNSS 控制网测量的主要技术指标见表 6-3。

表6-3 各等级 GNSS 控制网测量的主要技术指标

项目		二等	三等
静态测量	隧道长度 L / km	$L>5$	$L\leqslant5$
	平均边长/ km	9	4.5
	固定误差 a/mm、比例误差系数 b/（mm·km^{-1}）	3、1	5、2
	卫星截止高度角/（°）	≥15	≥15
	同时观测有效卫星数	≥5	≥5
	有效时段长度/min	≥30	≥20
	观测时段数	≥2	1~2
	数据采样间隔/s	10~30	10~30
	接收机类型	多频	多频/双频
	PDOP 或 GDOP	≤6	≤6
	约束点间的边长相对中误差	1/250000	1/150000
	约束平差后最弱边边长相对中误差	1/120000	1/70000

3. GNSS 外业观测技术要求

（1）观测过程中应严格执行作业调度计划，按规定时间进行同步观测，不得中途随意更改作业计划，特殊情况需要变更作业计划的必须经带队组长同意。

（2）作业过程中，天线安置严格整平、对中，每时段观测前后分别量取天线高，两次测量互差小于 2 mm，取两次平均值作为最终结果。

（3）同一时段观测过程中不得关闭并重新启动仪器，不得改变仪器的参数设置，不得转动天线位置。

（4）作业过程中使用对讲机时，应远离 GNSS 接收机 10 m 以外。

（5）一个时段观测结束后，应改变仪器高度重新对中整平仪器，进行第二时段的观测。

（6）观测过程中应按规定填写观测手簿，详细记录观测点名、仪器高、仪器型号、出厂编号、观测时间及观测者姓名，并描绘点之记。

（7）观测过程中若遇雷雨、风暴天气应立刻停止当前观测，确保人员设备安全。

（二）导线测量

精密导线法比较灵活、方便，对地形的适应性比较好。目前在全站仪已经普及的情况下，精密导线法成为隧道洞外控制形式的良好方案之一。精密导线应组成多边形闭合环，它可以是独立闭合导线，也可以与国家三角点相连。

1. 导线测量主要技术指标

导线测量的技术指标应符合表6-4的规定。

表6-4 洞外导线测量的技术指标

等级	隧道长度 L/km	测角中误差/(")	测距相对中误差	方位角闭合差/(")	测 回 数		
					0.5"级仪器	1"级仪器	2"级仪器
三等	$2 < L \leqslant 5$	1.8	1/150000	$\pm 3.6\sqrt{n}$	4	6	10
四等	$0.5 < L \leqslant 2$	2.5	1/80000	$\pm 5\sqrt{n}$	3	4	6
一级	$L \leqslant 0.5$	5	1/30000	$\pm 10\sqrt{n}$	—	—	2

注：表中 n 为测站数。

在直线隧道中，为了减小导线测距误差对隧道横向贯通的影响，应尽可能将导线沿隧道中线敷设。导线点数不宜过多（即在踏勘过程中将所选导线点边长尽量拉长），以减少测角误差对横向贯通的影响。对于曲线隧道而言，导线亦应沿两端洞口连线布设成直伸型导线。

在设有横洞、斜井和竖井的情况下，导线应经过这些洞口。为了增加校核条件、提高导线测量的精度，都使其组成闭合导线或者附合导线。为了便于检查，保证导线的测角精度，应增加闭合环个数以减少闭合环中的导线点数，以便将闭合差限制在较小范围内，每个导线环由4~6条边构成。按闭合导线要求施测全部边和角，这样可以提高导线网的可靠性，并且可以形成高程闭合环。为了减小仪器误差对导线角的影响，导线点间的高差不宜过大，视线应超越和旁离障碍物1 m以上，以减小地面折光和旁折光的影响。对于高差大的测站，采用每次观测都重新整平仪器的方法进行多组观测，取多组观测值的均值作为该站的最后成果。

2. 水平角观测

导线环的水平角观测，应以总测回数的奇数测回和偶数测回分别观测导线前进方向的左角和右角，以左角起始方向为准配置度盘位置。

测站的圆周角闭合差 = $[左角]_{均} + [右角]_{均} - 360°$，应不大于限差，对于二、三、四等导线限差分别取$\pm 2.0"$、$\pm 3.5"$、$\pm 5.0"$。

导线环角度闭合差应小于限差：

$$W_{限} = \pm 2m\sqrt{n}$$

式中 m——设计所需的测角中误差；

n——导线环内角的个数。

导线环的测角中误差，可按下式估算：

$$m_\beta = \sqrt{\frac{[f_\beta^2/n]}{N}}$$

式中 f_β——导线环（段）的角度闭合差，(")；

N——导线环（段）的个数；

n——导线环（段）的角度个数。

由洞外向洞内的测角工作，宜在夜晚或阴天进行。

3. 精密测角的一般原则

（1）观测应在目标成像清晰、稳定的有利于观测的时间进行，以提高照准精度和减小旁折光影响。

（2）观测前认真调焦，消除视差。一测回内不得重新调焦，以免引起视准轴变动。

（3）按测回数进行配盘，以消除度盘分划误差。

（4）上下半测回之间倒转望远镜，以减弱视准轴误差、水平轴倾斜误差等。

（5）上下半测回照准目标的次序应相反。

（6）每半测回开始观测前，照准部按规定方向先转动1~2周。

（7）使用所有微动螺旋时，最后旋转方向均应为旋进。

（8）观测过程中，照准部水准气泡应始终居中。偏离超过一格时，应在测回间重新整平仪器。

4. 距离测量

导线边长应根据贯通误差计算所要求的精度，采用经检定的全站仪进行。斜距应加仪器常数改正和气象改正。一般在测站端量取，但在测距边较长或高差较大的情况下，应取测距边两端的平均值，改正后的斜距按竖直角换算成平距。

导线边长要根据观测条件、测距仪最佳测程、网形结构等因素统筹考虑，两相邻导线边长度不宜相差太悬殊。

边长超过全站仪有效测程或在洞内测量没有足够的回波信号强度时，可在中间加辅助点分两段观测。

测距工作完成后，根据坐标系的不同还应对边长进行投影改正。工程独立坐标系应将测距边投影至工程平均高程面上，国家坐标系应将测距边归算到参考椭球面上再投影至高斯平面。

5. 平差计算及成果整理

控制网应采用严密平差进行平差计算。

二、洞外高程控制测量

洞外高程控制测量的任务，是按照设计精度施测两相向开挖洞口附近水准点之间的高差，以便将整个隧道的统一高程系统引入硐内，保证按规定精度在高程方面正确贯通，并使隧道工程在高程方面按要求的精度正确修建。

隧道洞外高程控制测量一般可采用光电测距三角高程测量或者几何水准测量，三等或三等以下精度的高程控制测量可采用光电测距三角高程，三等以上精度的高程控制测量应采用几何水准测量。

（一）水准测量

用于水准测量的仪器和标尺应送法定计量单位进行检定和校准，并在检定和校准的有效期内使用。在作业期间，自动安平光学水准仪每天检校一次 i 角，气泡式水准仪每天上、下午各检校一次 i 角，作业开始后的7个工作日内，若 i 角较为稳定，以后每隔15天检校一次。数字水准仪整个作业期间应每天开测前进行 i 角测定。一、二等及精密水准测量 i 角应小于15″，三、四等水准测量 i 角应小于20″，超过要求应进行校正。

1. 水准测量限差

水准测量限差应符合表6-5的规定。

表6-5 水准测量限差要求

等级	每千米高差全中误差/mm	路线长度/km	水准仪级别	水准尺	观测次数		往返较差、附合或环线闭合差/mm	
					与已知点联测	附合或环线	平原	山区
二等	2	—	DS1	条码因瓦、线条式因瓦	往返各一次	往返各一次	$\pm4\sqrt{K}$	—
三等	6	≤5	DS1	条码因瓦、线条式因瓦	往返各一次	往一次	$\pm12\sqrt{K}$	$\pm4\sqrt{n}$
			DS3	条码式玻璃钢、双面		往返各一次		
四等	10	≤16	DS3	条码式玻璃钢、双面	往返各一次	往一次	$\pm20\sqrt{K}$	$\pm6\sqrt{n}$

注：结点间或结点与高级点间路线长度不应大于表中的70%；K为水准路线长度，单位为km；n为测站数。

2. 水准观测主要技术指标

水准观测的主要技术指标应符合表6-6的规定。

表6-6 水准观测的主要技术指标

m

等级	水准仪级别	水准尺类型	视距		前后视距差		测段的前后视距累积差		视线高度		数字水准仪重复测量次数
			光学	数字	光学	数字	光学	数字	光学（下丝读数）	数字	
二等	DS1	因瓦	≤50	≤50	≤1.0	≤1.5	≤3.0	≤3.0	≥0.5	≥0.55	≥2次
三等	DS1	因瓦	≤100	≤100		≤2.0		≤5.0	≥0.3	≥0.45	≥2次
	DS3	双面木尺单面条码	≤75	≤75	≤3.0		≤6.0				
四等	DS1	因瓦玻璃钢		≤100		≤3.0		≤10.0	≥0.2	≥0.35	≥2次
	DS3	双面木尺单面条码	≤100	≤100	≤5.0		≤10.0				

3. 水准观测的测量方法

水准测量的观测方法应按表6-7执行。

表6-7　水准测量的观测方法　　　　　　　　　　　　　　　　mm

等级	基辅分划或黑红面计数较差	基辅或黑红面或测站两次观测高差较差	水准仪或水准尺	观测顺序
二等	0.5	0.7	因瓦	奇数站：后—前—前—后
				偶数站：前—后—后—前
三等	1.0	1.5	因瓦	后—前—前—后
	2.0	3.0	DS3	
四等	3.0	3.0	因瓦	后—后—前—前或后—前—前—后
		5.0	玻璃钢或双面木尺	

注：电子水准仪按表中顺序观测；对光学水准仪，返测时奇、偶测站标尺的顺序分别与往测偶、奇测站相同。

4. 水准测量超限成果的取舍

测段往返测高差不符值超限时，应先对可靠程度较小的往测或返测进行整段重测，并按下列原则取舍：

（1）若重测的高差与同方向原测高差的较差超过往返测高差不符值的限差，但与另一单程高差的不符值不超出限差，则取用重测结果。

（2）若同方向两高差不符值未超出限差，且其中数与另一单程高差的不符值亦不超出限差，则取同方向中数作为该单程的高差。

（3）若（1）中的重测高差［或（2）中两同方向高差中数］与另一单程的高差不符值超出限差，应重测另一单程。

（4）若超限测段经过两次或多次重测后，出现同向观测结果靠近而异向观测结果间不符值超限的分群现象时，如果同方向高差不符值小于限差之半，则取原测的往返高差中数作为往测结果，取重测的往返高差中数作为返测结果。

5. 水准测量精度评定

根据往返测不符值计算的每千米高差偶然中误差应满足各等级水准测量精度要求，否则应重测返测不符值较大的测段。

（二）光电测距三角高程测量

利用水准测量的方法求地面点的高程精度较高，但是当地面高低起伏较大时，该方法测地面点的高程实施较为困难，这时，常采用三角高程方法测量地面点高程。对于高铁工程中大型隧道，采用三角高程对向观测时，为消除量测仪器高和球气差对高程的影响，通常采用以下方法。

为了提高三角高程测量精度，采用两台全站仪对向观测的方式，将改装后的棱镜分别固定在两台仪器的手柄上，进行同时段对向观测，如图6-3所示，A、B两点之间的高差为

$$h_{AB} = h_{A1} + h_{12} + h_{23} + \cdots + h_{nB} \tag{6-1}$$

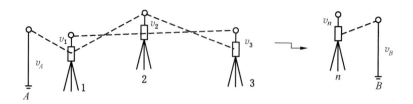

图 6-3 对向观测法三角高程测量

仪器在测点 1 处对 A 点棱镜进行观测，斜距为 S_{1A}，在测点 n 处对 B 点棱镜进行观测，斜距为 S_{nB}，v_A、v_B 分别为 A、B 两处的棱镜中心与起、末水准点之间的垂直距离，α_{1A}、α_{nB} 为观测垂直角。受仪器轴系误差影响，在精密三角高程代替二等水准测量时，观测垂直角一般不超过 $10°$，当 $S_{1A} \leq 20$ m，$S_{nB} \leq 20$ m 时，可以不考虑球气差和垂线偏差等影响，那么 1 点全站仪视准中心与 A 点之间高差和 n 点全站仪视准中心与 B 点之间高差分别为

$$\begin{cases} h_{A1} = -S_{1A} \cdot \sin\alpha_{1A} + v_A \\ h_{nB} = S_{nB} \cdot \sin\alpha_{nB} - v_B \end{cases} \tag{6-2}$$

通常采用相同高度的棱镜架设在起、末水准点上，则 $v_A = v_B$。

对向观测是测段内的各个测点均架设带有棱镜的全站仪，如图 6-3 所示，测点 1，2，…，n 上仪器照准中心与其手柄上棱镜中心之间高差为 v_1，v_2，…，v_n。类似导线测量过程，测段内全站仪交替前进，因此，只需两台安置棱镜的全站仪，且将其照准中心距棱镜中心的距离设计成等距，那么：

$$v_1 = v_2 = \cdots = v_n \tag{6-3}$$

在测站 1、2 上架设全站仪，进行对向观测，则 1、2 两点上仪器照准中心之间的高差为

$$h_{12} = \frac{1}{2}(S_{12}\sin\alpha_{12} - v_2 + M_{12} + f_{12}) - (S_{21}\sin\alpha_{21} - v_1 + M_{21} + f_{21}) \tag{6-4}$$

式中　S_{12}、S_{21}——测站 1、2 上对向观测的斜距；

　　　α_{12}、α_{21}——测站 1、2 上对向观测的垂直角；

　　　M_{12}、M_{21}——测站 1、2 上对向观测的垂线偏差；

　　　f_{12}、f_{21}——测站 1、2 上对向观测的球气差。

在式（6-4）中，根据三角高程严密计算公式，在非高山地带可以不考虑垂线偏差的影响，球气差可以通过对向观测取均值抵消。在气象条件变化均匀时段进行同时段对向观测，且对向观测点间的气象条件相差不大时，可认为球气差对对向观测高差值的影响大致相反，球气差在这里也基本消除，并由式（6-3）可知，两台全站仪照准中心距棱镜中心的距离相等，因此，式（6-4）可简化为

$$h_{12} = \frac{1}{2}(S_{12}\sin\alpha_{12} - S_{21}\sin\alpha_{21}) \tag{6-5}$$

当测点 1、2 观测结束后，将测点 1 处的全站仪移至测点 3，作为前视点，测点 2 处的全站仪位置不动，作为后视点。则测点 2、3 之间的高差同式（6-5），即

$$h_{23} = \frac{1}{2}(S_{23}\sin\alpha_{23} - S_{32}\sin\alpha_{32}) \tag{6-6}$$

以此类推，可以计算出测段内相邻两点之间的高差，公式为

$$h_{i,\,i+1} = \frac{1}{2}(S_{i,\,i+1}\sin\alpha_{i,\,i+1} - S_{i+1,\,i}\sin\alpha_{i+1,\,i}) \tag{6-7}$$

那么，由式（6-1）、式（6-4）、式（6-5）和式（6-7），A、B 两点之间的高差计算公式可表示为

$$h_{AB} = h_{A1} + h_{12} + h_{23} + \cdots + h_{nB} =$$

$$S_{nB} \cdot \sin\alpha_{nB} - S_{1A} \cdot \sin\alpha_{1A} + \frac{1}{2}(S_{12}\sin\alpha_{12} - S_{21}\sin\alpha_{21}) +$$

$$\frac{1}{2}(S_{23}\sin\alpha_{23} - S_{32}\sin\alpha_{32}) + \cdots + \frac{1}{2}(S_{n-1,\,n}\sin\alpha_{n-1,\,n} - S_{n,\,n-1}\sin\alpha_{n-1,\,n}) \tag{6-8}$$

由式（6-8）可以看出，采用三角高程对向观测时，不需量测仪器高和觇标高，消除了量测高度的误差影响，且可以抵消球气差的影响，极大地提高了三角高程测量的精度。

（1）各等级光电测距三角高程测量的限差应符合表 6-8 的规定。

表 6-8　光电测距三角高程测量限差要求　　　　　　　　　　　　　　　　mm

测量等级	对向观测高差较差	附合或环线高差闭合差	检测已测测段的高差之差
三等	$\pm 25\sqrt{D}$	$\pm 12\sqrt{\sum D}$	$\pm 20\sqrt{L_i}$
四等	$\pm 40\sqrt{D}$	$\pm 20\sqrt{\sum D}$	$\pm 30\sqrt{L_i}$

注：D 为测距边长，L_i 为测段间累计测距边长，以千米计。

（2）光电测距三角高程测量，宜布设成三角高程网或高程导线，视线高度和离开障碍物的距离不得小于 1.2 m。高程导线的闭合长度不应超过相应等级水准线路的最大长度。

（3）光电测距三角高程测量观测的主要技术指标应符合表 6-9 的规定。

表 6-9　光电测距三角高程测量观测的主要技术指标

等级	仪器等级	边长/m	观测方式	测距边测回数	垂直角测回数	指标差较差/(")	测回间垂直角较差/(")
三等	1"	≤600	2 组对向观测	2	4	6	6
四等	2"	≤800	对向观测	2	3	7	7

（4）三等光电测距三角高程测量应按单程双对向或双程对向方法进行两组独立对向观测。测站间两组对向观测高差的平均值之较差不应大于 $\pm 12\sqrt{D}$ mm。

（5）所使用的仪器在作业前应按规范中各项指标的规定进行检校，仪器检校的各项要求应符合规定。

三、洞外控制测量成果提交

洞外控制测量结束后，应按照要求提交如下材料：

（1）洞外控制测量技术设计书。

（2）控制测量技术报告包括隧道名称、进出口里程及长度、平面形状及辅助坑道分布、测量依据、采用的技术标准、布网情况、施测方法、仪器型号、平差方法、坐标系统、控制网与线路中线的关系、施测日期、特殊情况以及处理结果、施工注意事项、GNSS 测量参考椭球及其基本参数、隧道中央子午线经度等。

（3）洞外控制测量布网及线路关系（里程及曲线要素）示意图。

（4）GNSS 点、导线点、三角点的坐标、边长及方位角成果表。

（5）角度、边长和高程观测精度及其计算方法，平差后的精度。GNSS 控制测量独立基线闭合差计算结果、重复基线较差、外部检测比较和联测比较结果、基线向量及其改正数、WGS-84 下的三维坐标及精度、平差后的二维坐标及精度。

（6）控制测量线路里程推算成果、断链值、由于精度不同而产生误差的处理方法。

（7）控制测量的高程成果及其与定测高程的比较。

（8）洞口投点的进洞关系示意图。

（9）洞外贯通误差预计及洞内测量设计。

（10）洞外控制测量技术总结。

（11）原始观测记录和计算成果纸质成果应装订成册，电子成果应拷贝或刻录光盘并做好记录，两种成果均应长期保管。原始观测和记事项目必须在现场记录清楚，注明观测者、记录者、观测日期、起讫时间、气象条件、使用的仪器等。纸质记录不得涂改或凭记忆补记，各记录须编列页次。

第三节　洞内控制测量

洞外控制测量完成后，应把各洞口的线路中线控制桩和洞外控制网联系起来。进洞方式分两种情况：一是通过立井进洞，这时需要进行立井联系测量，具体方法参见第一章（一井几何定向、陀螺定向、导入高程等）和第四章（两井定向）；二是通过平硐和斜井进洞，一般采用极坐标法，利用线路中线点和控制点的坐标，反算两点的距离和方位角，从而确定进洞测量的数据，把中线引入洞内，具体方法参见第四章。

为了给出隧道正确的掘进方向和坡度，并保证准确贯通，应进行洞内控制测量。由于隧道内场地狭窄，故洞内平面控制常采用导线形式，高程采用水准测量形式。

一、平面控制测量

导线控制的方法比较灵活，点位易于选择，测量工作也较简单，而且具有多种检核方法；当组成导线闭合环时，角度经过平差，还可提高点位的横向精度，导线控制方法适用于长隧道。

（一）选点埋桩

洞内导线边长应根据测量设计确定，导线边长在直线段不宜短于 200 m，曲线段不短于 70 m，在条件许可的情况下应尽量设置长边，导线点布设在施工干扰小、稳固可靠、便于设站的地方，视线应旁离洞内设施 0.2 m 以上。洞内水准点应每 200~500 m 设置一对点，点位设置在洞内不易被碾压破坏的地方。控制点可采用混凝土现场浇注的方法埋设，也可采用膨胀螺栓固定，对于长大隧道一般采用强制对中装置。

（二）洞内导线施测

长隧道洞内导线应布设为导线环、主副导线环、交叉导线、旁点闭合环等形式。

1. 导线环

如图 6-4 所示，每测一对新点，如 5 和 5′，可按两点坐标反算 5-5′的距离，然后与实地丈量的 5-5′距离比较，这样每前进一步均有检核。

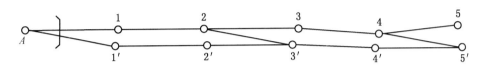

图 6-4　导线环示意图

2. 主副导线环

如图 6-5 所示，双线为主导线，单线为副导线。副导线只测角不量距离，主导线既测角又量距离。按虚线形成第二闭合环时，主导线在 3 点处能以平差角传算 3-4 边的方位角；以后均仿此法形成闭合环。闭合环角度平差后，对提高导线端点的横向点位精度很有利，并可对角度测量加以检查，同时根据角度闭合差可以评定测角精度，还节省了副导线大量的测边工作。因此，主副导线环在洞内控制中应推广使用。

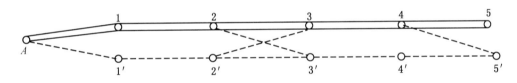

图 6-5　主副导线环布设图

3. 交叉导线

如图 6-6 所示，并行导线每前进一段交叉一次，每一个新点由两条路线传算坐标（如 5 点坐标由 4 和 4′两点传算），最后取平均值；亦可以实量 5-5′的距离来检核 5 和 5′的坐标值，交叉导线不作角度平差。

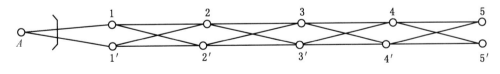

图 6-6　交叉导线布设图

4. 旁点闭合环

如图 6-7 所示，A、B 为旁点。旁点闭合环一般测内角，作角度平差；旁点两侧的边长可测可不测。

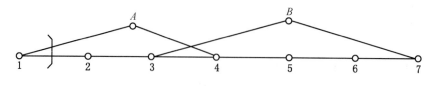

图 6-7 旁点闭合环布设图

当有平行导坑时，还可利用横通道将正洞和导坑联系起来，形成导线闭合环。

（三）洞内导线测量注意事项

（1）洞内导线测角、测距技术要求可参照洞外控制导线测量的相关要求。

（2）洞内导线应尽量沿线路中线布设或与线路中线平移一适当距离左右交叉布设，边长要接近等边。

（3）对于大断面的长隧道，可布设成多边形闭合导线环。有平行导坑时，平行导坑的单导线应与正洞导线联测，以资检核。

（4）长边导线的边长应按贯通要求进行设计，当导坑延伸至两倍洞内导线设计边长时，应进行一次导线引伸测量。每测定一个新导线点时，都需对以前的导线点作检核测量。

（5）进行角度观测时，应尽可能减小仪器对中和目标偏心误差的影响。一般在测回间采用仪器和觇标重新对中，在观测时采用两次照准两次读数的方法。若照准的目标是垂球线，应在其后设置明亮的背景，建议采用对点器觇牌照准，用较强的光源照准标志，以提高照准精度。

（6）边长测量中，当采用电磁波测距仪时，应防强灯光直接射入照准头，应经常拭净镜头及反射棱镜上的水雾。

（7）凡是构成闭合图形的导线网（环），都应进行平差计算，以便求出导线点的新坐标值。当隧道全部贯通后，应对地下长边导线进行重新平差，用以最后确定隧道中线。

（8）对于大断面长隧道的地下导线，由于采用全站仪测距，地下导线在布设上有较大的改变，例如不再是支导线而成环状，导线点不再严格地布设在隧道中线上，而是布置在便于观测、干扰小、通视好且坚固稳定的地方。

（9）对于短边（斜井平坡段），宜采用强制对中的三联脚架法测角测边，以提高精度。

（10）洞口进洞边引测时，应选择阴天或者夜间气象稳定的时间段进行观测，避开阳光照射、洞内外光线和温度变化剧烈的时间段。

（11）单口掘进导线长度较长时，应加测不低于 6″ 的陀螺定向边。

（12）洞内四等及以上导线平差应采用严密平差法进行平差计算。

二、洞内高程控制测量

洞内高程一般采用水准测量进行往返观测，按照测量设计要求的精度施测，其技术指标及观测限差参照洞外测量对高程测量的技术要求。洞内高程应由洞外高程控制点向洞内测量传算，结合洞内施工特点，每隔 200～500 m 设立两个高程点以便检核；为便于施工使用，每隔 100 m 应在拱部边墙上设立一个水准点。洞内水准点应定期复测，水准点向前延伸测量时，应复核起算点高程无误后方可进行。洞内高程控制网设计要素见表 6-10。

当隧道贯通之后，求出相向两方水准的高程贯通误差，并在未衬砌地段进行调整。所有开挖、衬砌工程应以调整后的高程指导施工。

表6-10　洞内高程控制网设计要素

测量部位	测量等级	两开挖洞口间高程路线长度/km	每千米高程测量偶然中误差/mm
洞内	二	>32	≤1.0
	三	11~32	≤3.0
	四	5~11	≤5.0
	五	<5	≤7.5

第四节　隧道施工测量

隧道施工是边开挖、边衬砌，为保证开挖方向正确、开挖断面尺寸符合设计要求，施工测量工作必须紧紧跟上，同时要保证测量成果的正确性。隧道洞内施工是以中线为依据来进行，因此，利用控制导线放样隧道线路中线（或者隧道中线测量）是施工测量的基础。

一、线路中线点坐标计算

要想在洞中测设出任一中线点的位置，必须先知道该点的施工里程，并根据曲线要素计算中线点坐标，然后结合控制点和中线点坐标进行放样。根据曲线要素，中线坐标计算方法如下。

设图中所有平面交点坐标已知，JD_i 坐标为 (x_i, y_i)，则路线 JD_i 坐标计算范围内的中线坐标及切线方位角计算过程如下。

1. 直线段中线坐标计算

如图 6-8 所示，当给定的 P 点里程 K_P 满足 $K_P \leq K_{ZH}$ 时，P 点位于平曲线的后直线段，则 P 点坐标和该点处的坐标方位角为

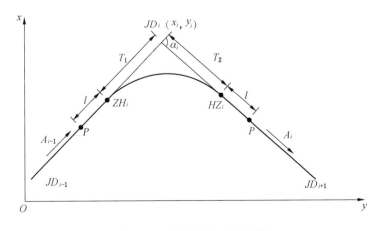

图 6-8　直线段中线坐标计算

$$\begin{cases} x_P = x_i - (T_1 + l)\cos A_{i-1} \\ y_P = y_i - (T_1 + l)\sin A_{i-1} \\ \beta_P = A_{i-1} \end{cases} \qquad (6\text{-}9)$$

式中，$l=K_{ZH}-K_P$，β_P 为 P 点处的切线方位角。

当给定的 P 点里程 K_P 满足 $K_P \geq K_{HZ}$ 时，P 点位于平曲线的前直线段，则 P 点坐标和该点处的坐标方位角为

$$\begin{cases} x_P = x_i + (T_2 + l)\cos A_i \\ y_P = y_i + (T_2 + l)\sin A_i \\ \beta_P = A_i \end{cases} \qquad (6\text{-}10)$$

式中，$l=K_P-K_{HZ}$，β_P 为 P 点处的切线方位角。

2. 第一缓和曲线及圆曲线段中线坐标计算

如图 6-9 所示，在局部坐标系 $x'\text{-}ZH\text{-}y'$ 中，以 ZH 为局部坐标系原点，以过原点的切线为局部坐标系的 x' 轴，以过原点的切线的垂线（指向曲线内侧）为局部坐标系的 y' 轴。

$x'\text{-}ZH\text{-}y'$ 局部坐标系原点在整体坐标系 $x\text{-}O\text{-}y$ 中的坐标，即为 ZH 点的坐标：

$$\begin{cases} x_{ZH} = x_i + T_1\cos A_{i-1} \\ y_{ZH} = y_i + T_1\sin A_{i-1} \end{cases} \qquad (6\text{-}11)$$

当给定的 P 点里程 K_P 满足 $K_{ZH} \leq K_P \leq K_{HY}$ 时，P 点位于第一缓和曲线段内，在 $x'\text{-}ZH\text{-}y'$ 局部坐标系中，P 点的局部坐标为

$$\begin{cases} x'_P = l - \dfrac{l^5}{40R^2 l_{S1}^2} + \dfrac{l^9}{3456R^4 l_{S1}^4} \\ y'_P = \dfrac{l^3}{6R l_{S1}} - \dfrac{l^7}{336R^3 l_{S1}^3} + \dfrac{l^{11}}{42240R^5 l_{S1}^5} \end{cases} \qquad (6\text{-}12)$$

式中，$l=K_P-K_{ZH}$。

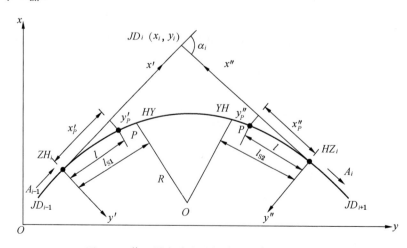

图 6-9　第一缓和曲线及圆曲线段中线坐标计算

如图 6-10 所示，当给定的 P 点里程 K_P 满足 $K_{HY} \leq K_P \leq K_{YH}$ 时，P 点位于圆曲线段内，则 P 点的局部坐标为

$$\begin{cases} x'_P = R\sin\beta + q_1 \\ y'_P = R(1 - \cos\beta) + p_1 \end{cases} \quad (6-13)$$

式中，$\beta = \dfrac{2l - l_{S1}}{2R}$，$l = K_P - K_{ZH}$。

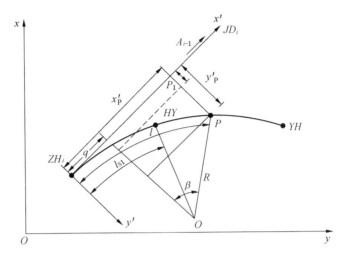

图 6-10　第二缓和曲线段中线坐标计算

在整体坐标系 x-O-y 中，P 点的坐标为

$$\begin{cases} x_P = x_{ZH} + x'_P\cos A_{i-1} - Iy'_P\sin A_{i-1} \\ y_P = y_{ZH} + x'_P\sin A_{i-1} + Iy'_P\cos A_{i-1} \end{cases} \quad (6-14)$$

式中，当路线为左转时，$I = -1$；当路线为右转时，$I = 1$，下同。

P 点在第一缓和曲线段内的切线方位角为

$$\beta_P = A_{i-1} + I\frac{l^2}{2l_{S1}R} \quad (6-15)$$

P 点在圆曲线段内的切线方位角为

$$\beta_P = A_{i-1} + I\beta \quad (6-16)$$

3. 第二缓和曲线段中线坐标计算

如图 6-9 所示，在局部坐标系 x''-HZ-y'' 中，以 HZ 为局部坐标系原点，以过原点的切线为局部坐标系的 x'' 轴，以过原点的切线的垂线（指向曲线内侧）为局部坐标系的 y'' 轴。

x''-HZ-y'' 局部坐标系原点在整体坐标系 x-O-y 中的坐标，即为 HZ 点的坐标：

$$\begin{cases} x_{HZ} = x_i + T_2\cos A_i \\ y_{HZ} = y_i + T_2\sin A_i \end{cases} \quad (6-17)$$

当给定的 P 点里程 K_P 满足 $K_{YH} \leqslant K_P \leqslant K_{HZ}$ 时，则 P 点位于第二缓和曲线段内，在 x''-HZ-y'' 局部坐标系中，P 点的局部坐标为

$$\begin{cases} x''_P = l - \dfrac{l^5}{40R^2l_{S2}^2} + \dfrac{l^9}{3456R^4l_{S2}^4} \\ y''_P = \dfrac{l^3}{6Rl_{S2}} - \dfrac{l^7}{336R^3l_{S2}^3} + \dfrac{l^{11}}{42240R^5l_{S2}^5} \end{cases} \quad (6-18)$$

式中，$l=K_{HZ}-K_P$。

在整体坐标系 x-O-y 中，P 点的坐标 t 和切线方位角为

$$\begin{cases} x_P = x_{HZ} - x''_P \cos A_i - Iy''_P \sin A_i \\ y_P = y_{HZ} - x''_P \sin A_i + Iy''_P \cos A_i \end{cases} \qquad (6-19)$$

$$\beta_P = A_i - I\frac{l^2}{2l_{S2}R} \qquad (6-20)$$

二、洞门施工测量

利用洞外控制点和计算的洞门中桩坐标，采用极坐标法进行放样，确定出隧道洞门位置。根据设计图纸边、仰坡坡率进行地表地形测量，确定进洞里程和边、仰坡开挖轮廓线，在距离边、仰坡开挖线 5 m 之外，根据地形按照设计尺寸开挖截水沟。

三、洞内中线测量

1. 永久中线点测设

隧道洞内施工是以中线为依据来进行，一般用精密导线进行洞内隧道控制测量时，为便于施工，应根据导线点位的实际坐标和中线点的理论坐标，反算出距离和角度，利用极坐标法，根据导线点测设出中线点。一般直线地段 150~200 m，曲线地段 60~100 m，应测设一个永久的中线点。

由导线建立新的中线点之后，还应将经纬仪安置在已测设的中线点上，测出中线点之间的夹角，如图 6-11 所示，将实测的检查角与理论值相比较；另外实量 4 至 5 点的距离，亦可与理论值比较，作为另一种检核，确认无误即可挖坑埋入带金属标志的混凝土桩。

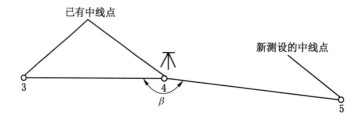

图 6-11　导线测设中线示意图

有了永久中线点，在直线上应采用正倒镜分中法延伸直线；在曲线上一般采用弦线偏角法。

2. 临时中线测设

随着隧道向前掘进的深入，平面测量的控制工作和中线工作也需紧随其后。当掘进的延伸长度不足设立一个永久中线点时，应先测设临时中线点，如图 6-12 中的 1、2 等，点间距离一般直线上不大于 30 m、曲线上不大于 20 m，临时中线点应该用仪器测设。当延伸长度大于永久中线点的间距时，就可以建立一个新的永久中线点，如图 6-12 中的 e 点。

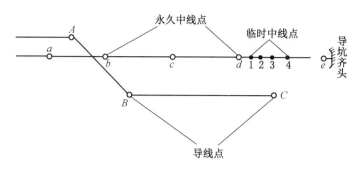

图 6-12　临时中线的测设示意图

四、隧道结构物的施工测量

1. 隧道开挖断面测量

在隧道施工中,为使开挖断面能较好地符合设计断面,在每次掘进前,应在开挖断面上根据中线和设计高程标出设计断面尺寸线。

对于围岩比较软弱的隧道,一般采用分部开挖,如图 6-13 所示。在拱部和马口开挖后,施工仰拱。对于围岩比较好的隧道,一般采用全断面开挖,如图 6-14 所示。隧道在开挖成全断面后,应测绘断面,检查断面是否符合设计要求,并用来确定超挖和欠挖工程数量。横断面测量以隧道内控制点或中线点为依据,直线段每隔 6 m、曲线段每隔 5 m 测设一个横断面。横断面测量采用全站仪三维坐标法、断面仪法等方法进行。测量时按中线和外拱顶高程,从上至下每 0.5 m(拱部和曲墙)和 1.0 m(直墙)向左右量测支距。量支距时,应考虑曲线隧道中心与线路中心的偏移值和施工预留宽度。仰拱(图 6-13)断面测量,应由设计高程线每隔 0.5 m(自中线向左右)向下量出开挖深度。

图 6-13　隧道分部开挖

图 6-14　隧道全断面开挖

2. 结构物施工放样

在施工放样之前,应对洞内的中线点和高程点加密。中线点加密的间隔视施工需要而定,一般为 5~10 m 一点,加密高程点可适当放宽。

在衬砌之前，还应进行衬砌放样（包括立拱架测量、边墙、避车洞和仰拱的衬砌放样）等一系列测量工作。

五、变形监测

隧道内部变形监测内容主要有拱顶下沉、边墙收敛和仰拱底鼓。拱顶下沉和仰拱底鼓一般采用水准测量方式进行，边墙收敛一般采用收敛计或全站仪进行，通过获取固定里程处的断面数据进行不同期测量数据对比，获取变形信息（图6-15），具体方式见本书第七章。

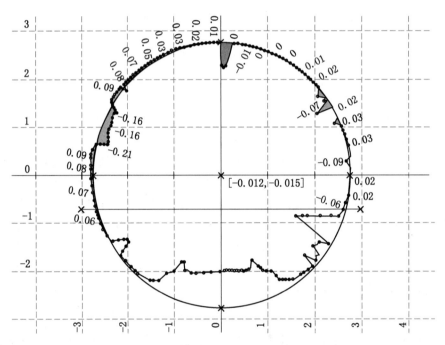

图6-15　某地铁盾构法管片隧道径向变形断面图

六、限界测量

限界是一个和线路中心垂直的极限横断面轮廓，在此轮廓内，除机车车辆及相互作用的设备外，其他设备或建筑物均不得侵入。目前隧道建筑界限检测通常采用净空检查尺、净空检查架和断面仪等仪器，将检查数据和该里程位置标准界限套合比较，得到是否侵限结论。随着激光扫描技术的发展，隧道建筑限界快速检测技术得到开发和应用。

七、竣工测量

隧道竣工以后，应在直线地段每50 m、曲线地段每20 m或者根据需要测量断面，以中线桩为准，测绘隧道的实际净空。测绘内容包括拱顶高程、起拱线宽度、轨顶水平宽度、铺底或仰拱高程，如图6-16所示。当隧道中线统一检测闭合后，在直线上每200～500 m、曲线上的主点均应埋设永久中线桩；洞内每1 km应埋设一个水准点。无论中线点或水准点，均应在隧道边墙上绘出标志，以便以后养护维修时使用。

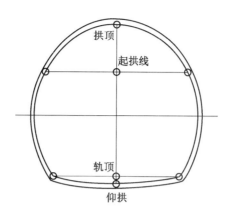

图 6-16　竣工测量示意图

第五节　三维激光扫描在隧道施工中的应用

随着测量技术的发展，地铁隧道断面测量工作有了新的突破，目前三维激光扫描仪在隧道施工中被广泛应用。由于三维激光扫描仪可以密集地大量获取目标对象的数据点，因此相对于传统的全站仪单点测量，三维激光扫描技术也被称为从单点测量到面测量的革命性技术突破。

三维激光扫描仪最基本的原理就是激光测距原理，激光发射器发射激光出去，照射到物体表面后再反射回来被接收器接收，根据传播时间 t 得到目标点与扫描仪之间的距离 S。同时各传感器会记录激光发射的角度，再利用极坐标系与笛卡尔坐标系之间的相互转换关系计算出目标点的坐标 (X, Y, Z)。另外，根据被接收回来的能量大小计算出物体表面的反射率。因此，采集的点云数据，不仅具有空间信息 (X, Y, Z)，还具有颜色信息 (R, G, B) 以及反射率值 (I)，给人一种场景再现的感觉。

一、断面测量

三维激光扫描断面测量工作流程分为外业数据采集、数据预处理、隧道断面截取和成果输出四个部分。

1. 外业数据采集

根据隧道现场环境复杂程度以及不同仪器本身有效工作范围的不同，合理设置测站和标靶球的位置，如图 6-17 所示。标靶不要摆放在一个面内，以免影响测站间数据的拼接精度。如果需要将断面坐标统一到绝对坐标系统，要用全站仪测出一些标靶球的绝对坐标，作为坐标转换的控制点。

图 6-17　隧道原始数据采集示意图

2. 数据预处理

在点云后处理软件中,根据测站间共有的标靶拼接各个测站的点云数据。原始点云数据中存在噪声点及其他无用数据,在数据预处理过程中需要判断剔除,比如工作人员、施工机械、各类障碍物以及金属体反光、风沙扬尘等现象会造成扫描点离散等,如图6-18所示。

图6-18　隧道点云视图

3. 隧道断面截取

在专业软件中,根据点云确定出隧道的中心线,并沿其法线方向按一定的间隔截取隧道断面图,如图6-19所示。

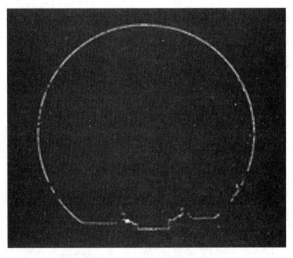

图6-19　隧道断面截取示意图

4. 成果输出

将截取的断面图输出为dwg格式文件,把输出的dwg格式断面图与断面标准设计图进行套合、对比,进而判断断面超欠挖情况,如图6-20所示。三维激光扫描测量方法简单、速度快,大大提高了工作效率。

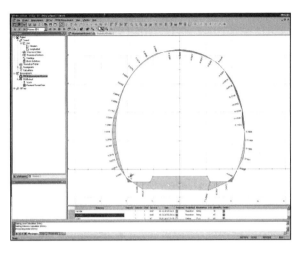

图 6-20　断面超欠挖情况示意图

二、变形监测

对固定里程断面进行多期扫描、提取，然后对不同期断面进行对比，获取变形信息，如图 6-15 所示。

三、限界测量

和隧道开挖断面测量相似，三维激光扫描也可以用于隧道建成后的限界测量。根据输入的里程位置，将此处的设备限界和实测点云数据拟合的实际隧道断面套合在一起，如图 6-21 所示。测量工作者根据地铁限界分析及调线调坡中积累的大量经验，研发了一款自动化软件。利用该软件，可将自动生成的车辆动态包络线与断面批量套合处理，并自动

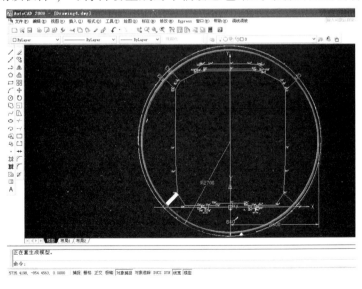

图 6-21　隧道净空限界分析图

筛选出超限的断面，记下断面里程。这样做不仅节省了大量的人力投入而且提高了限界检测的准确性，缩短了限界检测的工期，为后面的铺轨工作赢得了宝贵时间。

四、竣工测量

隧道竣工后，采用三维激光扫描技术进行地铁区间线路及车站结构竣工测量，是一项非常有前景的技术。三维激光扫描不但可以快速、全面地获取被测物体的空间位置、几何外形信息，而且利用扫描仪上的相机进行同步摄影，还能获取物体表面的彩色纹理。利用扫描成果能够快速对车站、区间隧道结构等建立三维模型，如图6-22所示。

图 6-22　隧道三维模型图

习　　题

1. 简述隧道外控制测量方法。
2. 简述高精度光电测距三角高程测量方法。
3. 三维激光扫描技术在隧道施工中的应用有哪些？

第七章 地下工程（隧道）变形监测

变形是指物体在外来因素作用下产生的形状、大小或者位置的改变。引起变形的外来因素主要包括外加力和温度。变形监测，也称为变形测量或变形观测，是指对物体的变形进行监视测量。变形监测是一项用各种测量仪器（传感器）对所监测物体在荷载和环境变化作用下产生的变形，进行数据采集、计算处理、变形分析与预报的测量工作。变形监测是为了保障工程安全，监测各种工程建筑物，机器设备以及与工程建设有关的地质构造的变形，及时发现异常变化，对其稳定性、安全性做出判断，以便采取处理措施，防止事故发生。科学上的意义：积累变形监测的资料，更好地解释变形的机理，验证变形的假说，研究灾害预报的理论和方法，服务检验工程设计的理论是否正确，设计是否合理，为以后修改设计、制定设计规范提供依据。

地下工程变形监测从工程的施工开始到竣工，以及建成后整个运营期间都要进行。地下工程在施工和运营过程中，地下构筑物的变形是不可避免的。如果变形在一定限度之内属于正常现象，一旦超过了某一限度，就可能会危及整个工程构筑物的安全。地下工程变形监测就是检查地下结构物及其基础的稳定性并及时掌握其变形情况，发现问题后及时对工程进行加固或采取相应的保护措施，从而把事故消灭在萌芽之中，确保地下工程的安全。

地下工程变形监测不仅要监测地下变形，还要监测地面及地上建筑变形，特别是在地下工程施工期间，确保地下工程施工安全和地面建筑物的运营安全。

第一节 变形监测概述

一、工程变形的主要原因

一般来说，工程结构产生变形的主要原因可分成两大类：第一类是自然条件；第二类与基础荷载有关。

1. 工程基础的自然条件

工程基础的自然条件是指工程地质和水文地质条件，主要包括土层厚度、地下水位在整个受压区域内基础土壤的物理性能、孔隙系数、可缩性及抗剪强度、黏性土壤的过滤系数、结构强度、压力比降。此外，还有压缩和泥土的蠕动参数。这些资料可用来计算基础预计沉陷量。同时，还应充分利用工程地质剖面图，沿最重要的建筑物布置剖面，并在剖面图上简略地标明土壤的特性和地下水位。根据这些资料可估计土壤变形模量，以后再根据监测的变形值用回归法计算变形模量与之比较，这种比较能够评定估算预期沉陷的有效率和更准确地确定变形系数。

要特别注意基础中属于不同类型土壤强度的地段，应标出强度较低的部分，因为它们的沉陷值和沉陷延续时间是不相同的。此外，由于建（构）筑物加载后将产生不均匀沉陷，在组织监测时，要在这些地段布置监测点。

地下建（构）筑物的施工和运营可能引起土壤温度和地下水位的某些变化，这种变化也会影响土壤的变形和建筑物基础的稳定。为了判定地下建（构）筑物的施工、运营是否会破坏土壤的自然温度状态和地下水位，需要布置专门的钻孔，利用这些钻孔进行监测。因为水温因素的影响，即使在固定荷载的情况下，同样也会引起建（构）筑物基础下面的土壤变形，所以应在施工前、施工期间和运营期间进行水温状态的研究。

2. 荷载对变形的影响

基础的荷载变化是变形的又一重要因素，通常用压力表示荷载，单位为 Pa。为了得到压力值，必须在监测期间记载施工进度，以便用施工图表计算出测量时刻建筑物结构的重量及其对基础的压力。除了建筑物的重量外，还必须考虑工艺设备的重量。例如建设加速器所安装的生物防护设备，其总重量有时可达上万吨。

当两地下建（构）筑物同时施工时，一建（构）筑物可能受到相邻建（构）筑物荷载的影响，这就需要根据埋设在离建（构）筑物不同远近方向的标志进行监测，利用监测结果确定变形范围，这些标志应埋设在建筑物基础深部。

除了研究地下建（构）筑物荷载所引起的基础变形外，还应注意建筑结构本身的可能变形（刚度），例如钢骨架荷载圆柱的沉陷往往会超过支承圆柱基础的沉陷。有时，还须根据荷载的增加情况对建筑构件之间的稳定情况进行专门监测。值得注意的是，在地下建（构）筑物运营期间，应重视因各种机械作业而引起的动荷载，动荷载的数值可根据具体情况而定。

二、变形监测的特点

变形监测是通过多期重复监测求算目标点空间位置的变化，具有如下显著特点。

1. 精度高

为发现建（构）筑物变形的灵敏性，要求变形监测整体精度高。因此，需选用高等级的仪器设备、增加必要监测次数和多余监测个数，并进行严密的数据处理以提高精度。

2. 重复监测

为了研究建（构）筑物的变形量、变形过程和时间空间特性，必须对建筑物定期进行监测计算，并比较多期重复监测成果。

3. 学科交叉性

建（构）筑物的变形涉及变形体的形状特征、结构类型、所用材料、受力状况以及所处的外部环境条件等。这就要求变形监测工作者应具备地质学、力学和土木工程等方面的相关知识，以便进行变形方案的优化设计，制定合理的精度指标和技术指标，从而科学地处理、分析和解释变形监测资料及成果。

三、变形监测的内容

地下工程变形监测以隧道工程为主，尤其是宽断面长隧道。隧道变形监测涉及的监测项目主要有：①水文，水位、降水、波浪、冲淤、气温、水温；②变形，地基、裂缝、接缝、边坡、地表、地上建筑等；③渗流，坝体、坝基、绕渗、渗流量、地下水、水质；④应力，应力土壤、混凝土、钢筋、钢板、接触面、温度；⑤水流，压强、流压、掺气、消能；⑥地震，振动。隧道变形测量应在隧道主体工程完工后进行，变形监测期一般不应少于 3 个月。监测数据不足或完工后沉降评估不能满足设计要求时，应适当延长监测期。通常而言，隧道变形监测的内容主要分为两部分，一是隧道沉降监测，二是隧道横向位移变形监测。

1. 现场巡视

现场巡视是变形监测的一项重要内容，它包括巡视检查和现场检测两项，分别采用简单量具或临时安装的仪器设备，在构（建）筑物及其周围定期或不定期进行检查，检查结果可定性描述，也可定量描述。在设计变形监测方案时，应根据工程实际情况和特点制定巡视检查的内容和要求，巡视人员应严格按照预先制定的巡视检查程序进行检查工作。

巡视检查的次数应根据工程等级、施工进度、荷载情况等决定。在施工期，一般每周两次，正常运营期可逐步减少次数，但每月不宜少于一次。在工程进度加快或荷载变化很大的情况下，应加强巡视检查。另外，遇到暴雨、大风、地震、洪水等特殊情况时，应及时巡视检查。

巡视检查主要依靠目视、耳听、手摸、鼻嗅等直观方法，也可以借助锤、钎、量具、放大镜、望远镜、照相机、摄影机等工器具进行。如有必要，可采用坑（槽）探挖、钻孔取样、注（抽）水试验、超声波探测及锈蚀检测等方法。

现场巡视检查应按规定做好记录和整理，并与以前检查结果进行对比，分析有无异常迹象。如果发现疑问或异常现象，应立即对该项目进行复查，确认后立即编写专门的检查报告，及时上报。

2. 位移监测

位移监测主要包括沉降监测、水平位移监测、挠度监测和裂缝监测等，对于不同类型的工程，各类监测项目的方法和要求有一定的差异，为使测量结果有相同的参考系，在进行位移测量时，应设立统一的监测基准点。

沉降监测一般采用几何水准测量的方法进行，在精度要求不高的条件下，可采用水准测量或三角高程测量的方法。对于监测点高差较大的情况，可采用液体静力水准测量和压力传感器方法进行测量。

水平位移监测通常采用大地测量（交会测量、三角网测量、导线测量和 GNSS 测量）、基准线测量（视线测量、引张线测量、激光准直测量和垂线测量等）及其他一些专门的测量方法。其中，大地测量是传统的测量方法，而基准线测量是目前普遍使用的方法，对于某些专门的测量方法（如裂缝计、多点位移计等）也是进行特定项目监测十分有效的手段。

3. 环境监测

环境监测一般包括气温、气压、降水量、风力和风向等，对于水工建筑物，还应监测库水位、库水温度、冰压力、坝前淤积和下游冲刷等。总之，对于不同的工程，除了一般性环境监测外，还要进行一些针对性的监测工作。

环境监测的一般项目通常采用自动气象站来实现，即在监测对象附近设立专门的气象监测站，用以监测气温、气压、降水量等。

4. 渗流监测

渗流监测主要包括地下水位监测、渗透压力监测、渗流量监测等，对于水工建筑物，还包括扬压力监测、水质监测等。地下水位监测通常采用水位监测井或水位监测孔进行，测量井口或孔口到水面的距离，然后换算成水面高程，通过水面高程的变化分析地下水位的变化情况。

渗透压力监测一般采用专门的渗压计进行，渗压计和测读仪表的量程应根据工程实际情况选定。

渗流量监测可采用人工量杯监测和量水堰监测方法进行，量水堰通常采用三角堰和矩形堰两种形式，三角堰一般适用于流量较小情况，矩形堰一般适用于流量较大情况。

5. 应力应变监测

应力应变监测的主要项目包括混凝土应力应变监测、锚杆（索）应力监测、钢筋应力监测、钢板应力监测和温度监测等。

为使应力应变监测成果不受环境变化影响，在测量应力应变时，应同时测量监测点的温度。应力应变监测应与变形监测、渗流监测等项目结合布置，以便对监测资料进行相互验证和综合分析。

应力应变监测一般采用专门的应力计和应变计进行，选用的仪器设备和电缆性能及质量应满足监测项目的需要，要特别注意仪器的可靠性和耐用性。

6. 周边监测

周边监测主要指对工程周边地区可能发生的会对工程运营产生不良影响的因素进行的监测，主要包括周围建筑监测、滑坡监测、高边坡监测和渗流监测等。

四、变形监测精度和周期

1. 变形监测精度的确定

变形监测应能确切反映建筑物的变形程度或变形趋势，并将此作为确定作业方法和检验质量的基本要求。建筑物变形的允许变形值直接影响监测精度的确定，同时也涉及监测方法和仪器设备的选择。因此，确定合理的建筑物变形允许值很重要。1981年，国际测量工作者联合会（FIG）第16届会议认为：为达到实用的目的，监测的中误差应不超过允许变形值的$1/10 \sim 1/20$或$1 \sim 2$ mm；为达到科研目的，监测的中误差应不超过允许变形值的$1/20 \sim 1/100$或0.02 mm。不同类型的工程建筑物，变形监测的精度要求差别较大。对于同一工程建筑物，根据其结构、形状不同，要求的精度也有差异。

2. 监测周期的确定

变形体的变形是一个渐变过程，是时间函数，而且变形速度不均匀，但变形监测次数是有限的。因此，合理选择连续监测周期，对于正确分析变形结果很重要。监测周期的选择，应根据监测目的、要求及建筑物的具体情况确定，在满足必要的精度前提下，尽量做到高效、省时和省力。

监测周期的长短应以能系统反映所测变形体的变化过程而又不遗漏其变化时刻为原则，并根据单位时间内变形量大小及外界影响程度来确定。另外，沉降监测周期的长短直接涉及经济效益和劳动强度，合理确定沉降监测周期是关键。

变形监测的周期频率取决于变形的大小、速度及监测目的，变形频率的确定应能反映出变形体的变形规律，并可随单位时间内变形量的大小而定。变形量较大时应增大监测频率，变形量减小或建筑物趋于稳定时，则可减小监测频率。

3. 监测精度和监测周期的合理确定

监测精度、监测周期和位移速度之间存在一定的相互制约关系：当速度一定时，监测周期越短对监测精度的要求越高；当监测周期一定时，位移速度越快对监测精度要求越低；当位移速度很小时，要求有很高的监测精度和较长的监测周期；随着位移速度的增大，可以相应地缩短监测周期和降低监测精度。

另外，在确定变形体监测精度和监测周期时，还要充分考虑对监测精度的需要与实现可能性、位移量的大小、变形发展趋势、季节变化和建筑物变形特点等因素。从变形体变形过程来看，这一过程可能是持续性的，也可能是间歇性的，一般可将其变形过程分为缓慢变形、变形发展、变形加剧和急剧变形4个阶段。

在缓慢变形和变形发展阶段，由于位移速度小，需要有很高的监测精度和较长的监测周期。因此，在此阶段应根据所用的监测仪器和方法，首先分析确定在技术经济许可的条件下实际所能达到的最高监测精度，并按此最高精度进行监测，然后根据所确定的最高监测精度和位移速度来确定监测周期。

在变形加剧和急剧变形阶段，由于位移速度大，此时监测工作的关键问题是怎样根据位移量的大小、变形发展趋势和季节变化等因素适时确定最恰当的监测周期。因此，在此阶段监测精度和监测周期先后顺序的确定应与第一种情况相反，即先根据有关影响因素确定监测周期，再根据所确定的监测周期和位移速度确定相应的监测精度。监测频率的确定，随载荷的变化及变形速率的不同而不同。监测精度和频率是相关的，只有在一个周期内的变形值远大于监测误差时，所得结果才是可靠的。

五、变形监测方案编制

变形监测方案是指导监测实施的主要技术文件，主要包括监测目的、监测项目、监测仪器及其安装、数据采集方法、数据分析和信息反馈。在工程施工前，应组织专业技术人员在认真研究工程项目的规模、工程的技术重点与难点及周边环境条件的基础上进行编制。

1. 监测方案编制原则

监测方案的编写应符合国家、行业的有关规范和规定，编制监测方案应遵循的原则如下：

（1）监测方案应以安全监测为目的，根据不同的工程项目和不同的施工方法确定监测对象（基坑、建筑物、管线和地下工程结构等），对监测对象安全稳定的主要指标进行方案设计。

（2）根据监测对象的重要性确定监测规模和内容，监测项目和测点的布置应能够比较全面地反映监测对象的工作状态。

（3）应尽可能采用先进的监测技术，如自动化技术、遥测技术，积极选用效率高、可靠性强的先进仪器设备，以确保监测效率和精度。

（4）为确保提供可靠、连续的监测资料，各监测项目应能相互校验。

（5）方案在满足监测性能和精度要求的前提下，力求减少监测仪器的数量和电缆长度，降低监测频率，以降低监测费用。

（6）方案中临时监测项目和永久监测项目应对应衔接。

（7）在满足工程安全的前提下，确定仪器的布设位置和测量时间，尽量减少与工程施工的交叉影响。

（8）根据设计要求及周边环境条件，确定各监测项目的控制基准。

（9）按照国家现行的有关规定、规范编制监测方案。

2. 监测项目的确定

监测项目的选择应考虑如下因素：

（1）工程地质条件与水文地质条件。

（2）工程规模与施工技术难点，包括结构形式设计、施工方法和埋深等。

（3）工程的周边环境条件，主要是所处位置及周围建（构）筑物的结构形式、形状尺寸及与地下工程之间的关系。

3. 编制监测方案的基础资料

基础资料是进行施工条件分析、编制监测方案的主要依据，为了选择最优的技术方案，采用科学的监测方法，必须对基础资料进行详细的综合分析和处理。在编制监测方案前，应熟悉的基础资料主要包括以下内容：

（1）设计图。

（2）地质勘测报告。

（3）地表建筑物平面图。

（4）管线平面图。

（5）保护对象的建筑结构图。

（6）地下主体结构图。

（7）围护结构和主体的施工方案。

（8）最新监测仪器信息。

（9）类型相似或相近工程的经验资料。

（10）国家现行的有关规定、规范和合同协议等。

4. 监测方案的编制步骤

监测方案编制步骤如下：

（1）收集编制监测方案所需的基础资料。

（2）现场踏勘，了解周围环境。

（3）编制监测方案初稿。

（4）会同有关部门确定各类监测项目的控制基准值。

（5）完善监测方案。

（6）监测方案报批。

5. 监测方案的主要内容

监测方案是指导监测工作的主要技术文件，其主要内容如下：

（1）工程概况。

（2）监测目的和意义。

（3）监测项目和测点数量。

（4）测点布置平面图。

（5）测点布置剖面图。

（6）各监测项目的监测周期和频率。

（7）监测仪器设备及选型。

（8）监测人员配置。

（9）监测项目控制基准。

（10）监测资料整理与分析。

（11）监测报告送达的对象和时限。

（12）监测注意事项。

第二节　变形监测方法

一、沉降监测

（一）点位布设

基准点应设置在变形区域以外、位置稳定、易于长期保存的地方，并应定期复测。基准点类型、作业方法、测量等级、精度要满足现行行业、国家有关规范要求，基准点埋设并稳定后可开始监测，一般不宜少于15天。复测周期应视基准点所在位置的稳定情况确定，点位稳定后宜每季或每半年复测一次。当监测点变形测量成果出现异常，或当测区受到地震、洪水、爆破等外界因素影响时，应及时进行复测，并进行稳定性分析。

监测点的埋设应能全面和正确反映建（构）筑物变形情况。点的位置和数量应根据建（构）筑结构、形状、场地工程地质条件、外部环境及施工和建成后的使用方便来确定，具体位置由测量工程师和结构工程师共同确定。同时，点位能长期保存，标志稳固美观。点的高度、朝向等要便于立尺和监测。

建（构）筑物的监测点一般选设在建筑物四角、核心筒四角、大转角处及沿外墙每10~20 m处或每隔2~3根柱基上。烟囱、水塔、电视塔、工业高炉、大型储藏罐等高耸建筑物可在基础轴线对称部位设点，点数不少于4个。

另外，在建（构）筑物不同地基接壤处、沉降缝、伸缩缝两侧、新旧建筑物或高低建筑物交接处以及重型设备基础的四角等处也应设立监测点，也就是在变形大小、变形速率和变形原因不一致的地方设立监测点。

对于墙柱上和基础上的沉降监测标志可分别采用图7-1中监测点埋设形式。

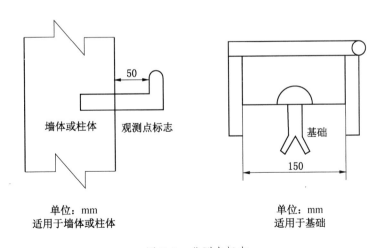

单位：mm
适用于墙体或柱体

单位：mm
适用于基础

图7-1　监测点标志

（二）沉降监测方法

沉降监测一般采用水准测量和液体静力水准测量方法，测量监测点的高程，从而计算其下沉量。

每次监测宜在相同监测条件下进行，也就是同一监测者和立尺者在大致相同的外界环境下，使用同一套仪器，采用大致相同转点和测站对监测点进行监测，这样有利于消除和减弱监测的系统误差和偶然误差，从而提高监测精度。每次监测应记载施工进度、荷载变动、建筑倾斜裂缝等以便分析影响沉降变化和异常的情况。

1. 水准测量

一般沉降监测采用水准测量，即用精密水准仪按相应等级的水准测量技术要求进行施测，并将监测点和工作基点或水准基点布设成闭合水准路线，非特殊情况不得采用附合水准路线。该法简便易行，精度稳定可靠。

2. 液体静力水准测量

在高精度沉降监测中，一般采用液体静力水准测量。其原理是根据相通的容器中静止的液体在重力作用下保持在同一水准面，来测量监测点的垂直高度差，进而得到各监测点间相对高程变化，即沉降量。

如图 7-2 所示，用连通管连接容器 A 和 B，当两容器内的液体静止后，容器 A 和 B 内的液体高度差即为高差。

$$h_{AB} = a - b \qquad (7-1)$$

随着技术进步，目前液体静力水准仪已实现远程自动化监测沉降变形。应注意液体静力水准仪在使用过程中，连通管内不准有空气。

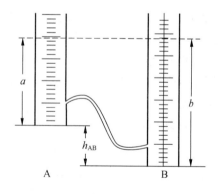

图 7-2 静力水准仪

（三）沉降监测的周期和频率

沉降监测的周期和监测时间应按下列要求并结合实际情况确定：普通建筑可在基础完工后或地下室砌完后开始监测，大型、高层建筑可在基础垫层或基础底部完成后开始监测；监测次数和时间间隔应视地基与加荷情况而定。民用高层建筑可每加高 1~5 层监测一次，工业建筑可按回填基坑、安装柱子和屋架、砌筑墙体、设备安装等不同施工阶段分别进行监测。施工过程中若暂时停工，在停工时及重新开工时应各监测一次，停工期间可每隔 2~3 个月监测一次。建筑使用阶段的监测次数，应视地基土类型和沉降速率大小而定。一般可在第一年监测 3~4 次，第二年监测 2~3 次，第三年以后每年监测 1 次，直到稳定为止。在监测过程中，若有基础附近地面荷载突然增减、基础四周大量积水、长时间连续降雨等情况，均应及时增加监测次数。当建筑突然发生大量沉降、不均匀沉降或严重裂缝时，应立即进行逐日或 2~3 天一次的连续监测。

二、水平位移监测

位移监测应根据建（构）筑物的特点和施测要求做好监测方案的设计和技术准备工作。

（一）点位布设

水平位移监测标志应根据不同建筑的特点进行设计，一般选在墙角、柱基及裂缝等处，标志应牢固、适用、美观。若受条件限制或对于高耸建筑，也可选定变形体上特征明显的塔尖、避雷针、圆柱体边缘作为监测点。

（二）位移监测方法

位移监测可根据现场作业条件和经济因素选用基准线法、交会法、极坐标法、投点法、测小角法、测斜法、正倒垂线法、激光位移计自动测记法、GNSS 法、激光扫描法或近景摄影测量法等。对于高精度的位移监测，为减小对中误差，宜采用强制对中装置。

1. 基准线法

基准线法主要包括视准线法、引张线法和激光准直法。

（1）视准线法。视准线应按平行于待测建筑边线布置，一般建立两工作基点 B 和 C，如图 7-3 所示。将经纬仪安置在其中一个工作基点 B 上，瞄准另一工作基点 C，得到视准线 BC。测量监测点 P 偏离视准线的水平距离 D，通过计算相邻两次的水平距离差或与初次的水平距离差，得到每期水平位移 e 或累积水平位移 $\sum e$。

为便于检核，视准线两端各自向外的延长线上，宜埋设检核点 A 和 D。在监测成果的处理中，应顾及视准线端点的偏差改正。

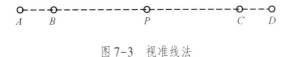

图 7-3 视准线法

（2）引张线法。利用一根拉紧的不锈钢丝建立的基准线（面）来测定点的偏离值的方法，称为引张线法，该方法可以不受大气折光的影响。该方法是在钢丝两端施加张力，使其在水平面的投影为直线，从而测出被测点相对于该直线的偏距。同视准线法相比，该方法的基准线是一条物理的直线。

引张线法的成本低，精度高，其精度主要取决于读数精度，受外界影响小，应用普遍。

（3）激光准直法。即把仪器安置在一工作基点上，建立一铅垂线，每次测量监测点与铅垂线之间的水平距离，通过计算相邻两次的水平距离差或与初次的水平距离差，得到每期水平位移或累积水平位移。

2. 交会法

如图 7-4 所示，点 A 和点 B 为工作基点，P 为监测点，利用前方交会计算 P 点坐标，根据首期和以后每期坐标计算值求解 P 点位移的大小和方向。

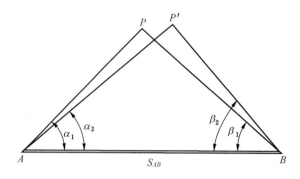

图 7-4　前方交会

P 点坐标的计算公式为

$$\begin{cases} X_P = \dfrac{x_A \cdot \cot\beta + x_B \cdot \cot\alpha - y_A + y_B}{\cot\alpha + \cot\beta} \\[4mm] Y_P = \dfrac{y_A \cdot \cot\beta + y_B \cdot \cot\alpha + x_A - y_B}{\cot\alpha + \cot\beta} \end{cases} \tag{7-2}$$

P 点位移的大小和方向为

$$\begin{cases} D_{PP'} = \sqrt{\Delta X_P^2 + \Delta Y_P^2} \\[4mm] \alpha_{PP'} = \arctan\dfrac{\Delta Y_P}{\Delta X_P} \end{cases} \tag{7-3}$$

式中，$\Delta X_P = X_{P_1} - X_{P_i}$，$\Delta Y_P = Y_{P_1} - Y_{P_i}$。

交会方法另外还有后方交会、边角交会（极坐标法）、自由高站等方法。

3. 其他方法

随着现代测量仪器的发展，可利用卫星定位方法通过测量监测点的坐标变化来计算水平位移，也可以利用三维激光扫描仪，通过对比建筑物的多次扫描图像，得到水平变形。

（三）监测的周期和频率

水平位移监测的周期，对于不良地基地区的监测，可与沉降监测协调进行，对于受基础施工影响的有关监测，应按施工进度需要确定，可逐日或隔 2~3 天监测一次，直至施工结束。

三、倾斜监测

建筑主体倾斜监测应测定建筑顶部监测点相对于底部固定点或上层相对于下层监测点的倾斜度、倾斜方向及倾斜速率。

（一）监测方法

常见的倾斜监测方法有直接测量法、沉降测定法、坐标法等。

1. 直接测量法

直接测量法主要有投点法、正倒垂线法、吊垂球法、激光铅直仪监测法、测水平角法、激光位移计自动记录法、倾斜仪测记法等。

其基本原理为当建筑物发生倾斜时，可通过测量同一铅垂面上两监测点的水平位移差和高差来间接确定。如图7-5所示，建筑物上某点A发生倾斜，其在水平面上的投影A′就会发生移动。因此，可通过测量监测点A的水平位移D和高度h，利用下式来计算监测点A的倾斜：

$$i = \tan\alpha = \frac{D}{h} \tag{7-4}$$

式中　i——倾斜角；

　　　D——建筑物上部与下部的相对位移；

　　　h——建筑物高度。

其中水平位移D和高度h的测量方法可参考前面所讲的水准测量或位移监测方法。

2. 沉降测定法

沉降测定法主要用于测量刚性建筑的整体倾斜，通过测量同一水平面（顶面或基础）上两监测点A和B的沉降差及水平距离D来间接确定，如图7-6所示。

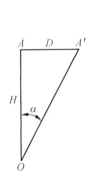

图7-5　倾斜监测计算（直接测量法）

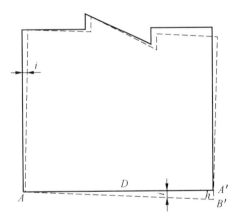

图7-6　倾斜监测计算（沉降测定法）

$$i = \frac{h}{D} \tag{7-5}$$

式中　i——倾斜角；

　　　D——建筑物基础或顶部同一水平面上两监测点间的距离；

　　　h——两监测点间的沉降差。

其中水平距离D和高度h的测量方法可参考前面所讲的距离测量和水准测量方法。

3. 坐标法

坐标法主要有前方交会法和卫星定位等方法。对于圆形、塔形建筑的倾斜监测，可采用三点前方交会或卫星定位等方法测量其顶部中心坐标，并利用设计坐标或底部中心实测坐标，计算顶部中心水平位移量，然后按式（7-4）计算其倾斜量。

例如焦作电视塔倾斜监测，设工作基点A、B、C和D，监测点P位于电视塔顶，如图7-7所示。利用双次前方交会计算P点坐标，并取平均值作为最终值X_{P_i}、Y_{P_i}。

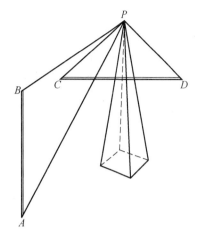

图 7-7 电视塔倾斜监测

$$\begin{cases} D_{PP'} = \sqrt{\Delta X_P^2 + \Delta Y_P^2} \\ \alpha_{PP'} = \arctan \dfrac{\Delta Y_P}{\Delta X_P} \end{cases} \qquad (7-6)$$

$$i = \frac{D_{PP'}}{h} \qquad (7-7)$$

$$\Delta X_P = X_{P_0} - X_{P_i}$$

$$\Delta Y_P = Y_{P_0} - Y_{P_i}$$

式中　X_{P_0}、Y_{P_0}——塔顶中心设计坐标；

　　　　h——电视塔高度。

注意，为提高监测精度，工作基点的连线 AB 与 CD 宜大致成直角，且 $\angle APB$ 和 $\angle CPD$ 应在 30°~150°，最好接近 90°。

随着现代测量仪器的发展，也可利用三维激光扫描仪和近景摄影测量法等方法进行倾斜监测。

（二）注意事项

当从建筑外部监测时，测站点应选在与倾斜方向成正交的方向线上距照准目标 1.5~2.0 倍目标高度的固定位置。

当利用建筑内部竖向通道监测时，可将通道底部中心点作为测站点。

对于整体倾斜，监测点及底部固定点应沿对应测站点的建筑主体竖直线，在顶部和底部上下对应布设。

按前方交会法布设的测站点，基线端点的选设应顾及测距或长度丈量的要求。

倾斜监测应避开强日照和风荷载影响大的时间段。

四、挠度和裂缝监测

1. 挠度监测

对于高层建筑，由于其不均匀沉降将导致倾斜，进而产生挠曲，为保证建筑物施工和营运管理安全，必须进行挠度监测。建筑基础挠度监测可与建筑沉降监测同时进行。监测点应沿基础的轴线或边线布设，每一轴线或边线上不得少于 3 点。

建筑主体挠度监测，监测点应按建筑结构类型在各不同高度或各层处沿一定垂直方向布设，挠度值应由建筑上不同高度点相对于底部固定点的水平位移值确定。

独立构筑物的挠度监测，除可采用建筑主体挠度监测要求外，也可采用挠度计、位移传感器设备直接测定挠度。

高耸建筑物的挠度可由监测不同高度处的倾斜量换算求得，水平建筑物的挠度可由监测不同位置处的垂直位移求得，如图 7-8 所示。

挠度值应按下列公式计算：

$$f_d = \Delta S_{AE} - \frac{L_{AE}}{L_{AE} + L_{EB}} \Delta S_{AB} \qquad (7-8)$$

$$\Delta S_{AE} = S_E - S_A$$

$$\Delta S_{AB} = S_B - S_A$$

式中 S_A、S_B、S_E——基础上 A、B 和 E 点的沉降量或位移量，mm；E 点位于 A、B 之间；

$\quad\quad L_{AE}$、L_{EB}——A、E 和 E、B 之间的距离，m。

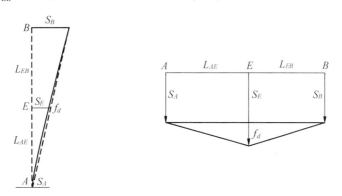

图 7-8　建筑物挠度监测

挠度监测应提交挠度监测点布置图、监测成果表和挠度曲线图等成果。

2. 裂缝监测

当挠度过大时，建筑物会遭到破坏产生裂缝，工程建筑物出现裂缝后，应立即调查裂缝的分布、位置、走向、长度、宽度等情况，逐一进行编号和记载，并统一展绘到建筑物平面图和立面图上。通过监测裂缝发展变化情况，据此分析产生裂缝的原因及对工程建筑物正常使用的影响，以便及时采取有效措施予以处理，确保工程建筑物安全。

为准确监测裂缝，每条裂缝应至少布设两组监测标志，一组设在裂缝最宽处，另一组设在裂缝末端。每组应使用两个对应的标志，分别设在裂缝两侧。

裂缝监测可采用比例尺、小钢尺或游标卡尺等工具定期量出标志间距离求得裂缝变化值，或用方格网板定期读取"坐标差"计算裂缝变化值，从而真实地反映裂缝发展变化情况。对于大面积且不便于人工测量的众多裂缝宜采用交会测量或近景摄影测量方法。需要连续监测裂缝变化时，可采用测缝计或传感器自动测记方法监测。

一般建筑的监测标志如图 7-9a 所示，是用油漆笔分别在裂缝两侧制作 "◀" 和 "▶" 两个测量标志，而且二者的连线应大致垂直于裂缝走向。每次测量两标志间的距离 D_i，D_i 直接反映了裂缝变化发展情况。

重要建筑常用的监测裂缝标志如图 7-9b 所示，A 和 B 为 200 mm×50 mm 的两金属片，片厚为 0.5 mm。两金属片用环氧树脂等高强度黏结材料粘贴在建筑物上的裂缝两侧，安设时两金属片侧面紧贴。金属片固定好后，可用工具在上面刻一直线标志，在 A 片上用油漆笔注明裂缝编号，在 B 片上注明标志制作日期。当裂缝扩展时，上下金属片上的直线标志将被拉开，其错开的距离就是该裂缝扩展的宽度。

对于上述裂缝监测标志，一般情况下，可用带有毫米分划的直尺直接量取两标志间的距离，读数至 0.1 mm。若需要更精确地量取两标志间的距离，可使用游标卡尺等其他高精度的量测工具。

(a) 一般监测标志   (b) 重要监测标志

图 7-9　建筑裂缝监测标志

裂缝监测的周期应根据裂缝变化速度而定。开始时可半月测一次，以后每月测一次。当发现裂缝加大时，应及时增加监测次数。

裂缝监测中，每次监测应给出裂缝的位置、形态和尺寸，注明日期，并拍摄裂缝照片。

裂缝监测应提交裂缝位置分布图、裂缝监测成果表和裂缝变化曲线图等成果。

第三节　隧道变形监测技术

隧道工程施工方法有多种，本节主要介绍使用盾构法和新奥法施工隧道变形监测技术。

一、盾构法隧道变形监测技术

（一）监测目的和意义

为保证盾构法隧道工程安全、经济、合理、顺利地实施，且在施工过程中能对设计进行验证，以便积极改进施工工艺和工艺参数，需对盾构机掘进隧道的全过程进行监测。在设计阶段要根据周围环境、地质条件、施工工艺特点，做出盾构法隧道施工监测方案设计和预算，在施工阶段要按监测方案实施，并将获取的各监测项的监测结果及时反馈，以便合理调整施工参数和采取技术措施，最大限度地减少地层移动，确保工程安全并保护周围环境。盾构法隧道监测的主要目的有：

（1）通过监测来认识各种因素对地表和土体的影响，有针对性地改进施工工艺和修改施工参数，减少地表和土体变形，利用监测结果修改完善设计并指导施工。

（2）预测下一步的地表和土体变形，根据变形发展趋势和周围建筑物情况，决定是否需要采取保护措施，并为确定出既经济又合理的保护措施提供依据。

（3）建立监测工作的预警机制，定出各监测项目合理的预警值，以保证工程安全，避免结构和环境发生安全事故而造成工程造价增加。

（4）监督控制地面沉降和水平位移及其对周围建筑物的影响，以减少工程保护费用。

（5）对施工引起的地面沉降进行监测检查，以判定隧道是否在受控范围内。

（6）为研究地表沉降和土体变形的分析计算方法等积累数据资料。

（7）为研究岩土性质、地下水文条件、施工方法与地表沉降和土体变形的关系积累数据，为以后的设计提供可借鉴的第一手技术参考资料。

（8）发生工程环境责任事故时，为仲裁机构提供具有法律效用的数据。

(二) 监测项目的确定

盾构法隧道施工监测项目可以划分为三大类：土体介质的监测、周围环境的监测和隧道变形的监测，见表7-1。

表7-1　地铁盾构法隧道工程变形监测项目

序号	监测对象	监测类型	监测项目	监测元件与仪器
1	隧道结构	结构变形	(1) 隧道结构内容收敛	收敛计
			(2) 隧道、衬砌环沉降	水准仪
			(3) 隧道洞室三维位移	全站仪
			(4) 管片接缝张开度	测微计
		结构外力	(5) 隧道外侧水土压力	压力盒、频率仪
			(6) 隧道外侧水压力	孔隙水压力计、频率仪
		结构内力	(7) 轴向力、弯矩	钢筋应力传感器、频率仪、环向应变计
			(8) 螺栓锚固力、管片接缝法向接触力	钢筋应力传感器、频率仪、锚杆轴力计
2	地层	沉降	(1) 地表沉降	水准仪
			(2) 土体沉降	分层沉降仪、频率仪
			(3) 盾构机底部土体回弹	深层回弹桩、水准仪
		水平位移	(4) 地表水平位移	经纬仪
			(5) 土体深层水平位移	倾斜仪
		水土压力	(6) 水土压力 (侧、前面)	土压力盒、频率仪
			(7) 地下水位	监测井、标尺
			(8) 孔隙水压	孔隙水压力探头、频率仪
3	相邻环境周围的构 (建) 筑物、地下管线、铁路、道路等		(1) 沉降	水准仪
			(2) 水平位移	经纬仪
			(3) 倾斜	经纬仪
			(4) 构 (建) 筑物裂缝	裂缝计

在具体的盾构法隧道工程中选定监测项目还必须建立在对工程场地地质条件、盾构法隧道设计、施工方案和隧道工程相邻环境详细的调查基础之上，同时还需与业主单位、施工单位、监理单位、设计单位等进行协商。选定监测项目主要考虑地铁隧道沿线的工程地质和水文地质情况；地铁隧道的设计埋深、直径、结构形式和相应盾构法施工工艺；双线

隧道的间距或施工隧道与旁边大型及重要管道的间距；隧道施工影响范围内现有房屋建筑及各种构造物的结构特点、形状尺寸及其与隧道轴线的相对位置；设计提供的变形和其他控制值及其安全储备系数。

（三）施工监测的内容和方法

1. 地表沉降监测

在沉降测量区域埋设地表桩，监测点地表桩的埋设一般沿盾构法隧道的轴线每隔 3~5 m 设置一个。在横剖面上，从盾构机轴线中心向两侧按测点间距 2~5 m 递增布点，布设的范围为盾构机外径的 2~3 倍，在该范围内的建筑物和地下管线等都需要进行变形监测。如果地铁盾构法隧道上方是道路，在进行道路沉降监测时，必须将地表桩埋入地面下的土层里。如果地铁盾构法隧道上方有地下管线，监测时对重点保护的管线，应将测点设在管线上，并砌筑保护井盖。在地表沉降控制要求较高的地区，往往在盾构机推出竖井的起始段便开始进行以土体变形为主的监测工作。

在远离沉降区域，沿地铁隧道方向布设监测基准点，并进行基准点联测。监测基点的数量可以根据监测工作的要求确定，但一般要多于 3 个。监测基点可以采用独立高程系统进行，也可以与已知国家高程点一起进行联测。

地表沉降监测通常采用精密水准测量的方法。

2. 土体沉降和深层位移监测

监测盾构法施工引起的土体分层沉降和深层位移量可了解土层被扰动的范围和影响程度。

土体分层沉降是指土层内离地表不同深度处的沉降或隆起。当盾构机穿越建筑物进行地下施工时，特别应该对纵向地面变形进行连续监测，以严密控制盾构机正面推力、推进速度、出土量、盾尾压浆等施工细节。土体分层沉降通常用磁性分层沉降仪进行量测。

土体深层位移是指土层不同深度的水平位移。土体深层位移监测的各监测孔一般布置在隧道中心线上，这样其监测结果比地表沉降更为敏感，因而能有效地监测施工状态，特别是盾构机正前方一点的沉降。地下土体的水平位移监测应沿盾构机前方两侧布设监测孔，并用倾斜仪量测，其监测结果可以分析盾构机推进中对土体扰动引起的水平位移，从而研究制定出减少扰动的对策。土体沉降和深层位移监测都是在隧道两边或底部钻孔预埋测管，两者可共用一个测管。当测管埋设深度低于隧道底部标高时，可把管底作为初始不动点。埋设在隧道顶部的测管一般以管顶为不动点，但必须测量管顶的水平位移值并进行修正。

3. 土体回弹测量

在地铁盾构法隧道掘进中，由于卸除了隧道内的土层，因而引起隧道内外影响范围内的土体回弹。土体回弹测量，就是测量地铁盾构法隧道掘进后相对于地铁盾构法隧道掘进前隧道底部和两侧土体的回弹量。在地铁盾构法隧道施工中，一般是在盾构机前方埋设回弹桩。监测施工中底部土体的回弹量，采用精密几何水准测量的方法。埋设回弹桩时，要利用回弹变形的近似对称性，埋入隧道底面以下 20~30 cm，根据土层土质情况，可采用钻孔法或探井法。

4. 地下水位和孔隙水压力测量

对于埋置于地下水位以下的盾构法隧道，地下水位和孔隙水压力的监测是非常重要的。尤其在砂土层中用降水法施工的盾构法隧道，根据对地下水位的监测结果，可检验降水效果。对开挖面可能引起的失稳进行预报，还有益于改进挖土运土等施工方法。在进行降水效果检验的地下水位监测时，还需同时记录井点抽水泵的出水量自开始抽出后随时间的变化情况。专门打设的水位监测井一般分为全长水位监测井和特定水位监测井。全长水位监测井设置在隧道中心线或隧道一侧，井管深度自地面到隧道底部，沿井管全长开透水孔。特定水位监测井是为监测特定土层中和特定部位的地下水位而专门设置的，如监测某个点或几个含水层中地下水位的水位监测井、设置于接近盾构机顶部这些关键点上的水位监测井，监测隧道直径范围的土层中水位的监测井、监测隧道底下透水地层的水位监测井等。

盾构机掘进对土体的挤压作用破坏了土体结构，使土中应力和孔隙水压增大。对土体应力和孔隙水压力的测量，能了解盾构机的施工性能、盾构机的施工对土层的扰动程度及预测沉降量。数据反馈后，可及时调整施工参数，减少对土层的扰动。土体应力和孔隙水压力测量主要采用钻孔埋设法，埋设土应力盒和孔隙水压力探头等传感器，利用这些传感器获取土体的温度和水压力，通过事后计算得到需要的监测数据。

5. 相邻房屋和重要结构物的变形监测

地铁盾构法隧道掘进中，对盾构法直接穿越和影响范围内的房屋、桥梁等构筑物必须进行保护监测。建筑物的变形监测可以分为沉降监测、倾斜监测和裂缝监测三部分。沉降监测的监测点设在基础上或墙体上，另外构筑物外的表面和构筑物底板上有时也需要设一些监测点，用精密水准仪进行测量。构筑物倾斜监测可采用经纬仪测量，也可在墙体上设置倾斜仪，连续监测墙体的倾斜。构筑物的裂缝可用裂缝监测仪测得。

房屋和重要结构物的沉降监测，其沉降监测点布设的位置和数量及埋设方式，要根据隧道施工有可能影响到的范围和程度，以及建筑物本身的结构特点和重要性进行全盘考虑再确定。通常情况下监测点布设在房屋承重构件或基础的角点上，长边上可适当加密测点。为了直接反映建筑物的沉降情况，同时也为了实施方便，可以采用铆钉枪、冲击钻等工具将铝合金铆钉或膨胀螺栓固定在房屋的基础和外墙表面，也可以在显著位置涂上红漆作为量测记号。基准点至少应布设 3 个，以便于相互检核，其位置必须设置在远离隧道施工引起变形的范围之外，但也需考虑重复量测时通视等方面的因素，避免转站过多而引起测量误差。沉降监测采用常规的精密水准测量方法，每次测量需将监测点和基准点连接成固定水准线路，在监测过程中尽量使监测人员、仪器、仪器架设的位置保持不变，监测结束后需对监测结果进行平差计算。

房屋和重要结构物的倾斜量值是判断房屋是否安全的基本控制量。当房屋和重要结构物发生不均匀沉降时，会发生倾斜和开裂。因此，在地铁盾构法隧道掘进中，也需要进行房屋和重要结构物的倾斜监测。

房屋和重要结构物的沉降和倾斜必然会导致结构构件的应力调整，因此房屋和重要结构物就会产生裂缝。在地铁盾构法隧道掘进中有关裂缝开展状况的监测通常也作为评价施工对房屋和重要结构物影响程度的重要依据之一。裂缝监测有直接监测和间接观察两种方法。在具体实施过程中，通常两种方法同时采用。

6. 相邻地下管线的变形监测

城市地区地下管线网是城市生活的命脉，与人民生活和国民经济紧密相连。隧道相邻地下管线的监测不仅关系到隧道工程本身的安全，同时也维系着国家和人民的利益，关系重大。城市市政管理部门和煤气、输变电、自来水、电话公司等对各类地下管线的允许沉降量制定了十分严格的规定，工程建设所有有关单位必须遵循。因此，在地铁盾构法隧道掘进中，必须对相邻地下管线进行监测。

相邻地下管线的监测内容主要为管线垂直沉降，其测点布置和监测频率应在对管线状况进行充分调查、与管线单位充分协商后确定。调查内容包括：①管线埋置深度和埋设年代，这在城市测绘部门提供的综合管线图上有所反映，但并不十分全面，如能结合现场踏勘更好；②管线种类，如输变电缆的电压，煤气管道是主管还是支管、是否加压、高压还是低压等；线接头，如上、下水管是石棉填塞接头，还是螺纹接头，管线走向，管线与隧道的相对位置等；③管线所在道路的地面人流与交通状况，以便制定适合的测点埋设和监测方案。隧道施工过程中，采用土力学与地基基础的有关公式预估地下管线的最大沉降，为量测数据分析提供依据。

目前，管线垂直沉降布点方法主要采用间接测点和直接测点两种形式。间接测点又称监护测点，常设在与管线轴线相对应的地面上或管线的窨井盖上。由于测点与管线本身存在介质，因而测试精度较差。但这种方法可避免破土开挖，可以在人员与交通密集区域或设防标准较低的场合采用。直接测点是通过埋设一些装置直接测读管线的沉降，常用方案有以下几种：

（1）抱箍式：由扁铁做成的稍大于管线直径的圆环，将测杆与管线连接成整体，测杆伸至地面，地面处布置相应窨井，保证道路、交通和人员正常通行。抱箍式测点具有测量精度高的优点，能测得管线的沉降和隆起；不足是其埋设必须凿开路面，并开挖至管线底部，这对城市主干道路来说很难办到；但对于次干道和十分重要的地下管线，如高压煤气管道，按此方案设置测点并进行严格监测，是必要且可行的。

（2）套筒式：采用一硬塑料管或金属管打设或埋设于所测管线顶面和地表之间，量测时，将测杆放入埋管，再将标尺搁置在测杆顶端，进行沉降量测。只要测杆放置固定，监测结果就能够反映出管线的沉降变化。按套筒方案埋设测点的最大优点是简单易行，特别是对于埋深较浅的管线，通过地面打设金属管至管线顶部，再清除整理，可避免道路开挖，其缺点是监测精度较低。

管线垂直沉降监测与房屋和重要结构物的沉降监测方法相同，也可使用精密水准测量或静力水准测量的方法进行。

7. 隧道沉降和水平位移监测

地铁盾构法隧道掘进中，会使周围建筑物产生一定变形，同时隧道本身也会有沉降和水平位移，所以在施工过程中必须对隧道本身进行沉降监测和水平位移监测。

在盾构机施工推进过程中，地层的移动是以盾构机本体为中心的三维运动的延伸，其分布随盾构机的推进而前移。在盾构机开挖面会产生挖土区，这部分土体一般随盾构机的向前推进而发生沉降。但也有一些挤压型盾构机由于出土量相对较少而使土体前隆。对挖土区之外的地层，因盾构机外壳与土的摩擦作用而沿推进方向挤压导致沉降。盾尾地层因盾尾部的间隙未能完全及时得到充填而发生沉降。

8. 隧道收敛位移监测

盾构法隧道施工，比较强调研究隧道内的变形，因为内部变形是内应力形态变化的最直观反映，对于地下空间的稳定能提供可靠的信息，也比较容易测得。

位移有绝对位移与相对位移之分。绝对位移是指隧道体或隧道顶底板及侧端某一部位的实际位移值。其测量方法是：在距实测点较远的地方设置一个基点（该点坐标已知，且不再产生移动），然后定期用经纬仪和水准仪自基点向实测点进行量测，根据前后两次监测所得的高程及方位变化，即可确定绝对位移量。但是，绝对位移量测需要花费较长的时间，并受现场施工条件限制，除非必需，一般不进行绝对位移量测。同时，在一般情况下并不需要获得绝对位移，只需及时了解隧道内的相对位移变化即可满足要求，可以相应地采取某些技术措施确保生产安全，因此现场多测量相对位移。

盾构法隧道管壁周边各点趋向隧道中心的变形称为收敛。隧道收敛位移量测主要是指对隧道壁面两点间水平距离变形量的量测、拱顶下沉及底板隆起位移量的量测等。它是判断隧道动态的最主要量测项目，这项量测使用的设备简单、操作方便，对隧道动态监测所起的作用很大。在各个项目量测中，如果能找出净空收敛位移与其他量测项目之间的规律性，还可省掉一些其他项目的量测。

常规收敛位移监测采用收敛计进行测量，但最大的问题是重复精度不高，而因操作人而异，其次是工作量大、效率低。目前，多用断面自动扫描的方法，这种方法是利用免棱镜自动跟踪全站仪和专业的断面测量系统软件（如 Tpspro 软件）组成的仪器系统来实现断面自动扫描，以此进行隧道断面收敛变形监测。

这种免棱镜自动跟踪全站仪具有以下特点：可在弱光或无光的条件下监测；具有激光对中和激光测距功能；在目标点不必设置反射棱镜，即具有免棱镜的反射工作方式；独特的自动跟踪功能，仪器能自动识别目标（棱镜）、自动精确照准。

实施这种方法时，在隧道的指定断面处将全站仪架设在断面左右对称（近似）的中心轴线上，在断面上进行 0°～360° 方向的连续测距，并将测量数据直接传送到与之相连的计算机中。Tpspro 软件可以对数据进行平滑处理，删除一些激光束打到电缆等附加物上造成的误差点；然后计算出被测断面轮廓线的几何数据；再自动将上述几何数据和断面的理论轮廓线或上一次测量所得的轮廓线进行对比，计算出变化量。

9. 监测点布置

变形监测点及监测元器件的埋设位置应标设准确、埋设稳定。监测期间应对监测点采取有效的保护措施，防止施工机械的碰撞、人为因素的破坏。为方便以后长期的位移监测工作，隧道内沉降监测点布设在隧道中线的道床上，隧道直线段每隔 30 m 设一个测点，曲线处根据曲线半径大小设置测点间距，半径为 400 m 曲线处每隔 12 m 设一个测点，半径为 800 m 曲线处每隔 18 m 设一个测点，半径为 2000 m 曲线处每隔 30 m 设一个测点。

（1）明挖段监测点布置。通常地下工程结构由明挖段和盾构段组成，明挖段沉降监测点按施工浇筑段每段设 4 个点，分别布设在左右两侧墙上，如图 7-10 所示。

（2）连接段监测点布置。隧道与地下车站交接处需要进行沉降差异监测，在隧道与地下车站交接缝两侧约 1 m 处的道床上布设一对沉降监测点（图 7-11），用精密水准测量方法监测交接缝两侧点之间的高差变化，当高差变化量大于 ±3 mm 时应预警，变化量大于 ±5 mm 时应报警。

（3）盾构区间监测点布置。盾构区间每个断面布设 4 处点位，重要点位粘贴反射片，

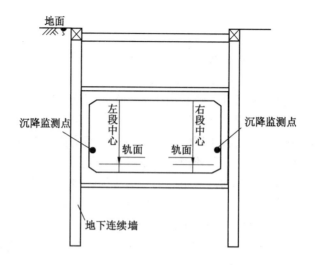

图 7-10　明挖段监测点布置示意图

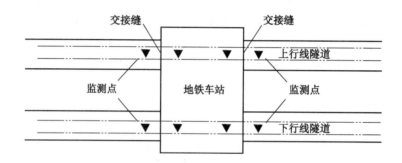

图 7-11　车站与隧道交接处监测点布设示意图

其余点位做好标记；明挖区间每个断面监测 2 个点位，重复使用沉降监测点作为位移测点使用，如图 7-12 所示。

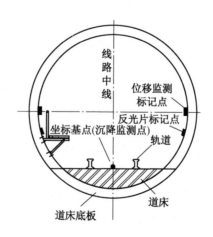

图 7-12　盾构区间监测点布设示意图

二、新奥法隧道变形监测技术

（一）新奥法隧道变形监测的目的和意义

（1）通过监控量测了解各施工阶段地层与支护结构的动态变化，把握施工过程中结构所处的安全状态、判断围岩的稳定性以及支护、衬砌的可靠性。

（2）用现场实测结果弥补理论分析过程中存在的不足，并把监测结果反馈到设计，指导施工，为修改施工方法、调整围岩级别、变更支护设计参数提供依据。

（3）通过监控量测对施工中可能出现的事故和险情进行预报，以便及时采取措施、防患于未然。

（4）通过监控量测，判断初期支护稳定性，确定二次衬砌合理的施作时间。

（5）对工程施工可能产生的环境影响进行全面监控。

（6）通过监控量测了解该工程条件下所表现、反映出来的一些地下工程规律和特点，为今后类似工程或该施工方法本身的发展提供借鉴、依据和指导。

（二）监测项目的确定

隧道监控量测的项目应根据工程特点、规模大小和设计要求综合选定。量测项目一般分为必测项目和选测项目两大类。

（1）必测项目主要包括：洞内、外观察；净空变化；拱顶下沉；地表沉降（浅埋隧道必测，$H_0 \leqslant 2B$ 时，H_0—隧道埋深；B—隧道最大开挖宽度），见表7-2。

表7-2　监控量测必测项目

序号	监测项目	测试方法和仪表	测试精度	备注
1	洞内、外观察	现场观察，地质罗盘、数码相机		
2	衬砌前、后净空变化量测	隧道净空变化测定仪（收敛计、全站仪）	0.1 mm	一般进行水平收敛量测
3	拱顶下沉	水准测量的方法，精密水准仪、钢挂尺或全站仪	1 mm	
4	地表沉降	水准测量的方法，精密水准仪、钢钢尺或全站仪	1 mm	隧道浅埋段

注：H_0 为隧道埋深；B 为隧道最大开挖宽度。

（2）选测项目包括：隧底隆起、围岩压力、钢架受力、喷射混凝土内力、二次衬砌内力、初期支护与二次衬砌接触压力、锚杆轴力、围岩内部位移、爆破震动、孔隙水压力、水量、纵向位移等，见表7-3。

表7-3　监控量测选测项目

序号	监控量测项目	测试方法和仪表	测试精度	备注
1	隧底隆起	水准测量的方法，水准仪、钢钢尺或全站仪	1 mm	

表 7-3（续）

序号	监控量测项目	测试方法和仪表	测试精度	备注
2	围岩内部位移	多点位移计	0.1 mm	
3	围岩压力	压力盒	0.001 MPa	
4	初期支护与二次衬砌接触压力	压力盒	0.001 MPa	
5	钢架受力	钢筋计、应变计	0.1 MPa	
6	喷射混凝土内力	混凝土应变计	10 $\mu\varepsilon$	
7	锚杆轴力	钢筋计	0.1 MPa	
8	二次衬砌内力	混凝土应变计、钢筋计	0.1 MPa	
9	爆破震动	振动传感器、记录仪		邻近建筑物
10	围岩弹性波速度	弹性波测试仪		
11	孔隙水压力	水压计		
12	水量	三角堰、流量计		
13	纵向位移	多点位移计、全站仪		

（三）监测内容与方法

1. 洞外观察

洞外观察包括对洞口地表情况、地表沉陷、边坡及仰坡的稳定、地表水渗透的观察。洞外监测的重点为洞口段和洞身浅埋段、山间洼地、石滩、破碎带、岩溶漏斗区域及偏压洞口的地开裂、下沉和隧道洞口边、仰坡的稳定状态、地表渗水、流水等情况，每次观察后应做好详细记录或留下影像资料。

2. 洞内观察

洞内观察可分为开挖工作面观察和已施工区段观察两部分。开挖工作面观察应在每次开挖后和初喷混凝土之间进行，重点观察记录工作面的工程地质与水文地质情况，当地质情况基本无变化时，可每天进行一次。对地质条件复杂地段，应积累影像资料，作为地质变化的依据之一。观察中发现围岩条件恶化时，应立即采取相应处理措施。

开挖工作面观察后应立即绘制开挖工作面地质素描图，填写工作面状态记录表及围岩级别判别卡。在观察中如发现地质条件恶化，应立即通知施工负责人采取应急措施。

对已施工区段的观察也应每天至少进行一次，观察的内容包括喷射混凝土、锚杆的工作状况，以及施工质量是否符合规定的要求。

3. 地表沉降

（1）测点布置。地表沉降量测在隧道浅埋（$H_0 \leqslant 2B$）地段为必测项目，其他地段根据设计要求进行。其测点的横向布置范围在隧道中线两侧不小于 $H_0 + B$，地表有控制性建（构）筑物时，应适当加宽。观测线布置间距为 2 ~ 5 m，当地表有控制性建（构）筑物时，应适当加密。布置应与拱顶下沉及周边收敛测量的测点在同一断面内，测点布置如图7-13所示。

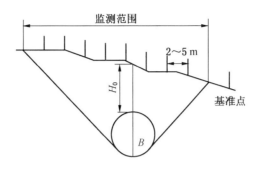

图7-13 地表沉降横向监测范围

测点埋设时，在地表钻（或挖）20~50 cm深的孔，竖直放入直径为22 mm左右的钢筋，钢筋和孔壁之间可充填水泥砂浆，钢筋头打磨圆滑，露出地面1 cm左右，并用红油漆标记，作为测点。

地表沉降点应在开挖前布设在与洞内量测点相同的里程断面上，纵向距离按表7-4控制。

表7-4 地表沉降测点纵向间距

隧道埋深 H/m	量测断面间距/m
$2B < H_0 < 2.5B$	20~50
$B < H_0 \leqslant 2B$	10~20
$H_0 \leqslant B$	10

注：H_0—隧道埋深；B—隧道最大开挖宽度。

（2）量测仪器的选用。地表沉降通常采用精密水准仪和配套的精密水准尺进行量测。

（3）监控量测的方法和实施。首先沿隧道轴线方向每隔100~150 m埋设一个水准工作点构成水准网，工作点埋设在稳定的基岩面上并与隧道开挖线保持一定距离，以免受隧道施工影响工作点的稳定。采用现浇混凝土，工作点按照《国家一、二等水准测量规范》（GB/T 12897—2006）联测，每3个月复测一次，检测出现异常时，必须先复查工作点，特殊情况加密复测频率。

对每个断面上的监测点也按照《国家一、二等水准测量规范》（GB/T 12897—2006）进行监测，依次对每条断面上的监测点进行闭合或附合水准路线测量。地表下沉量测应在开挖工作面前方 H_0+h（隧道埋置深度+隧道高度）处开始，直至衬砌结构封闭，下沉基本停止时为止。量测频率应与拱顶下沉和净空变化的量测频率相同，初始计数应在开挖后12小时内完成。

4. 拱顶下沉及净空变化量测

拱顶下沉的量测目的是：监视隧道拱顶的绝对下沉量，掌握断面的变形动态，判断支护结构的稳定性。净空变化量测的目的是：根据收敛位移量、收敛速度、断面的变形形态，判断围岩的稳定性、支护设计（施工）是否妥当，确定衬砌的浇注时间。

（1）测点布置。拱顶下沉测点和净空变化测点应布置在同一里程断面上，断面间距按表7-5布置。

表7-5 必测项目量测断面间距

围岩级别	断面间距/m
V～VI	5～10
IV	10～30
III	30～50

注：洞口及浅埋地段断面间距取小值；各选测项目量测断面，宜在每级围岩内选有代表性的1～2个；软岩隧道的监测断面适当加密。

测点应根据施工情况合理布置，并能反映围岩和支护的稳定状态，以指导施工。水平相对净空变化量测线的布置应根据施工方法、地质条件、量测断面所在位置、隧道埋置深度等条件确定。拱顶下沉测点原则上布置在拱顶轴线附近，当跨度较大或拱部采用分部开挖时，应在拱部增设测点。

采用全断面开挖方式时，净空变化量测可设一条水平测线，拱顶下沉测点设在拱顶轴线附近（图7-14a）；当采用台阶开挖方式时，净空变化量测在拱腰和边墙部位各设一条水平测线，拱顶下沉测点设在拱顶轴线附近（图7-14b）；当采用CD法或CRD法施工时，净空变化量测每部分的一条水平测线，拱顶轴线左右两侧各设一拱顶下沉测点（图7-14c）；当采用侧壁导坑法施工时，净空变化量测在左右侧壁导坑各设一条水平测线，在左右侧壁导坑拱顶各设一拱顶下沉测点（图7-14d）；在开挖中部核心土部分时，在隧道两侧边墙各设一水平测线，在拱顶设一拱顶下沉测点。

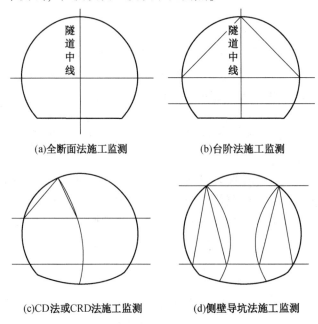

(a)全断面法施工监测　　　　　　(b)台阶法施工监测

(c)CD法或CRD法施工监测　　　　(d)侧壁导坑法施工监测

图7-14 拱顶下沉量测及净空变化量测测线布置

拱顶下沉及净空变化量测点可购买专用的埋设元件，也可自制。采用直径 22 mm 的钢筋，长 30 cm，端部用直径 8 mm 的钢筋焊接一个边长约为 5 cm 的等边三角形，用于挂尺。隧道开挖后按要求布点，用电锤或风钻钻眼，深约 40 cm，然后将直径为 22 mm 的钢筋插入孔内，并用砂浆填充。布点时拱顶筋应垂直于水平面，三角形面与隧道走向一致，侧壁钢筋应垂直于隧道中线，三角形面与水平面平行，钢筋头外露 2 cm 左右。埋设后应采取保护措施（如用塑料袋包裹，以防喷浆时沾上水泥浆而引起量测误差），并做醒目标识。

（2）仪器配备。通常情况下，拱顶下沉采用精密水准仪和钢挂尺测量，净空变化采用收敛计测量。目前，施工过程中用得较多的是数显收敛计（图 7-15），测量精度可达 0.06 mm。钢尺上每隔 20 mm 有定位孔，螺旋千分尺最小读数为 0.01 mm，测距为钢尺读数与螺旋千分尺读数之和。

使用时，将收敛计两端挂钩挂于测点环上，调整钢尺长度，使钢尺大致拉紧；然后将尺孔销插入钢尺上相应的孔位中，并用尺卡将钢尺紧贴联尺架，防止钢尺与尺孔销脱离；钢尺连接好后，旋进千分尺使钢尺张力增加，当张力窗口中读数达到规定值时，即进行读数。读数完毕，退回千分尺，使钢尺张力减小，然后再旋进千分尺，使钢尺张力增加。这样反复测量，读取 3 次读数，填入记录表内。

图 7-15　数显收敛计外观

5. 围岩接触应力量测

围岩接触应力量测用压力盒及混凝土应力计量测，锚杆轴力量测用锚杆轴力计，格栅钢筋应力量测用钢筋计。通过量测围岩与初衬之间的接触压力，可了解隧道开挖后应力重分布规律及向支护系统应力释放特点。

（1）测点埋设。每一测试断面内埋设 9 个压力盒。压力盒分布的位置是：拱顶设一个、左右拱脚各设一个、左右边墙各设一个、拱脚与拱顶间二分点处各设一个，各压力盒的具体埋设位置如图 7-16 所示。

（2）量测方法。初支钢架架立好后，将待测围岩压力部位的围岩表面或初衬表面凿平或用水泥砂浆抹平，使压力盒与围岩充分接触，然后用预制的混凝土垫块将压力盒按图 7-16 所示位置垫牢、固定，并将导线沿钢架引至边墙距墙脚 1.5 m 高处，线头从预埋的铁盒里引出。埋设时将压力盒编号与测试点所对应位置做好记录。

将铁盒内线头插入测频仪中，测试读数并做好记录。每次每个压力盒的测量应不少于

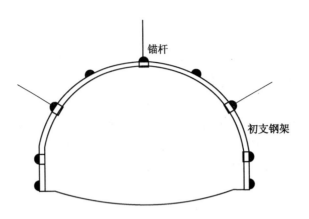

图 7-16　围岩接触应力量测埋设元件的布置

3 次, 力求测量数值可靠、稳定。

（3）量测频率。根据与开挖工作面距离的关系, 围岩接触应力量测频率见表7-6。

表 7-6　围岩接触应力量测频率

量测断面距开挖面距离/m	量测频率
＜1B	2 次/天
(1~2) B	1 次/天
(2~5) B	1 次/ (2~3) 天
≥5B	1 次/7 天

注: B 为隧道宽度。

6. 锚杆轴力量测

在隧道拱顶及两侧拱腰处采用锚杆轴力计或钢筋计对锚杆进行锚力测量, 对锚杆支护进行优化设计, 以节约钢材。

（1）埋设断面内测点布置。每一测试断面内, 量测 3 根锚杆, 每根锚杆上布置 3 个锚杆轴力计, 每根锚杆量测布置如图 7-17 所示。

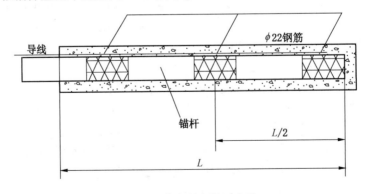

图 7-17　每根锚杆量测布置

（2）测点埋设及量测方法。锚杆施作前，按图 7-17 所示位置安装好锚杆轴力计，然后再将安装好锚杆轴力计的量测锚杆按图 7-16 所示位置进行布置。在锚杆安设好后，将钢筋计导线沿钢架引至边墙距墙脚 1.5 m 的高处，线头从预埋的铁盒里引出。埋设时将钢筋计编号与测试点所对应位置做好记录。

量测时，将铁盒内线头插入测频仪中，测试读数并做好记录。每次每个钢筋计的测量应不少于 3 次，力求测量数值可靠、稳定。

（3）量测频率。根据距开挖工作面距离关系，钢筋计量测频率见表 7-6。

7. 衬砌应变及钢筋应力

通过量测衬砌应变及钢筋应力，可了解衬砌应变及钢支撑内力在不同施工阶段下的变化特点，优化设计初衬的结构参数。

（1）埋设断面内测点布置。对于有钢拱支撑断面的每一测试断面内，在拱顶、左拱腰、右拱腰、左拱脚和右拱脚 5 个点分内外层共埋设 10 个钢筋计；在埋设钢筋计相同位置各埋设一个应变计，共 5 个。

（2）测点埋设及量测方法。初支钢架施作前，将钢筋计按要求焊在钢架上，埋入式应变计则绑扎在钢架上。在钢架上就位后，将钢筋计及应变计的导线沿钢架引至边墙距墙脚 1.5 m 高处，线头从预埋的铁盒里引出。埋设时将应变计及钢筋计编号与测试点所对应位置做好记录。

量测时，将铁盒内线头插入测频仪中，测试读数做好记录。每次每个钢筋计和应变计测量应不少于 3 次，力求测量数值可靠、稳定。

（3）量测频率。根据距开挖工作面距离关系，应变计及钢筋计量测频率见表 7-6。

（四）非接触量测方法

为满足现代隧道快速、大跨度、安全施工需求，非接触监控量测越来越多地被采用，主要用于隧道拱顶下沉量测、隧道净空变化量测、隧道断面检查、掘进掌子面断面放样等。非接触监控量测主要有免棱镜全站仪自由设站、三维激光扫描和近景摄影测量等模式。

免棱镜全站仪通过自由设站，以及距离角度测量，最后得到有限个测点的三维坐标，根据各期测量结果，从而得出测点的三维位移矢量或测点相对收敛值。三维激光扫描和近景摄影测量是通过测量获得无数个测点的距离角度测量值，从而得到三维点云。通过各期点云提取、比较，算出测点的三维位移矢量或测点相对收敛值。

第四节　变形监测数据分析

随着现代科学技术的发展和计算机应用水平的提高，各种理论和方法为变形分析和变形预报提供了广泛的研究途径。由于变形体变形机理的复杂性和多样性，对变形分析与建模理论和方法的研究，需要结合地质、力学、水文等相关学科的信息和方法。变形分析的研究内容涉及变形数据处理与分析、变形物理解释和变形预报的各个方面，通常将其划为两部分：变形的几何分析和变形物理解释。变形的几何分析是对变形体的形状和大小的变形作几何描述，其任务在于描述变形体变形的空间状态和时间特性。变形物理解释的任务是确定变形体的变形和变形原因之间的关系，解释变形的原因。

多年来，对变形数据分析方法的研究是极为活跃的，除了传统的回归分析预测法，时间序列分析法、频谱分析法和滤波技术、灰色系统理论、神经网络等非线性时间序列预测方法也得到了广泛应用。

一、回归分析预测法

回归分析预测法是在分析现象自变量和因变量之间相关关系的基础上，建立变量之间的回归方程，并将回归方程作为预测模型，根据自变量在预测期的数量变化来预测因变量。其关系大多表现为相关关系，当我们在对变形发展进行预测时，如果能将影响变形预测对象的主要因素找到，并且能够取得其数据资料，就可以采用回归分析预测法进行预测。它是一种具体的、行之有效的、实用价值较高的常用变形预测方法，运用它必须事先知道分布规律和发展趋势。

回归分析预测法有多种类型。依据相关关系中自变量的个数不同，可分为一元回归分析预测法和多元回归分析预测法。在一元回归分析预测法中，自变量只有一个，而在多元回归分析预测法中，自变量有两个以上。依据自变量和因变量之间的相关关系不同，可分为线性回归预测和非线性回归预测。

曲线拟合是趋势分析法中的一种，又称曲线回归、趋势外推或趋势曲线分析，它是迄今为止研究最多，也是最为流行的定量预测方法，包括多项式趋势模型、对数趋势模型、指数趋势模型等。

1. 多元线性回归

在回归分析中，如果有两个或两个以上的自变量，就称为多元回归。事实上，一种现象常常是与多个因素相联系的，由多个自变量的最优组合来共同预测或估计因变量，比只用一个自变量进行预测或估计更有效、更符合实际，因此多元线性回归比一元线性回归的实用意义更大。它是研究一个变量（因变量）与多个因子（自变量）之间非确定关系（相关关系）的最基本方法。该方法通过分析所监测的变形（效应量）和外因（原因）之间的相关性，来建立荷载与变形之间关系的数学模型。建立了多元线性回归方程后，需要对回归方程和回归系数进行显著性检验。多元线性回归模型的一般形式为

$$y = \beta_0 + \beta_1 x_1 + \beta_2 x_2 + \cdots + \beta_k x_k + \mu \tag{7-9}$$

式中，$\mu \sim N(0, \delta^2)$ 是随机误差项，$\beta_j(j = 0, 1, 2, \cdots, k)$ 称为回归系数。

对于预测对象 y 和 x_i 各因素的 n 对历史数据 $(y_1, x_{11}, x_{21} + \cdots + x_{k1})$，$(y_2, x_{12}, x_{22} + \cdots + x_{k2})$，$\cdots$，$(y_n, x_{1n}, x_{2n} + \cdots + x_{kn})$，通过式（7-9）一般有

$$y_i = \beta_0 + \beta_1 x_{1i} + \beta_2 x_{2i} + \cdots + \beta_k x_{ki} + \mu_i \tag{7-10}$$

估计模型参数 $\beta_j(j = 0, 1, 2, \cdots, k)$ 的思想仍是让误差项的平方和最小，即求 β_j，使得 $Q = \sum_{i=1}^{n} \varepsilon_i^2 = \sum_{i=1}^{n} (y_i - \hat{y}_i)^2 = \sum_{i=1}^{n} (y_i - \beta_0 - \beta_1 x_{1i} - \beta_2 x_{2i} - \cdots - \beta_k x_{ki})^2$ 达到最小。

引入矩阵 $\boldsymbol{X}$、$\boldsymbol{Y}$、$\boldsymbol{B}$：

$$\boldsymbol{X} = \begin{bmatrix} 1 & x_{11} & x_{21} & \cdots & x_{k1} \\ 1 & x_{12} & x_{22} & \cdots & x_{k2} \\ \vdots & \vdots & \vdots & & \vdots \\ 1 & x_{1n} & x_{2n} & \cdots & x_{kn} \end{bmatrix}, \quad \boldsymbol{Y} = \begin{bmatrix} y_1 \\ y_2 \\ \vdots \\ y_n \end{bmatrix}, \quad \boldsymbol{B} = \begin{bmatrix} b_0 \\ b_1 \\ \vdots \\ b_k \end{bmatrix}$$

得到：

$$X^{\mathrm{T}}XB = X^{\mathrm{T}}Y \tag{7-11}$$

$$B = (X^{\mathrm{T}}X)^{-1}X^{\mathrm{T}}Y \tag{7-12}$$

2. 逐步回归计算

逐步回归计算是建立在 F 检验的基础上逐个接纳显著因子进入回归方程。当回归方程中接纳一个因子后，由于因子之间的相关性，可使原先已在回归方程中的其他因子变成不显著，这就需要从回归方程中剔除。所以在接纳一个因子后，必须对已在回归方程中的所有因子的显著性进行 F 检验，剔除不显著因子，直到没有不显著因子后，再对未选入回归方程的其他因子用 F 检验来考虑是否接纳进入回归方程。反复运用 F 检验，进行剔除和接纳，直到得到所需的最佳回归方程。逐步回归计算过程可归纳如下：

（1）选第一个因子。由分析结果，对每一影响因子 x 与因变量 y 建立一元线性回归方程。由显著性检验来接纳因子进入回归方程。

（2）选第二个因子。对一元回归方程中已选入的因子，加入另外一个因子，建立二元线性回归方程进行检验。

（3）选第三个因子。根据已选入的两个因子，依次将未选入的每一因子，用多元回归模型建立三元线性回归方程，进行检验来接纳因子。在选入第三个因子后，应对原先已选入回归方程的因子重新进行显著性检验。回归分析预测法是一种静态的数据处理方法，所建立的模型是静态模型。

二、时间序列分析法

时间序列分析是一种动态数据处理的统计方法。该方法基于随机过程理论和数理统计学方法，研究随机数据序列所遵从的统计规律，用于解决实际问题。它包括一般统计分析（如自相关分析、谱分析等），统计模型的建立与推断，以及关于时间序列的最优预测、控制与滤波等内容。经典的统计分析都假定数据序列具有独立性，而时间序列分析则侧重研究数据序列的互相依赖关系。后者实际上是对离散指标随机过程的统计分析，所以又可看作随机过程统计的一个组成部分。时间序列分析是根据系统监测得到的时间序列数据，通过曲线拟合和参数估计来建立数学模型的理论和方法。它一般采用曲线拟合和参数估计方法（如非线性最小二乘法）进行，它只致力于数据拟合，不注重规律的发现。

时间序列的变化大体可分解为以下四种：①趋势变化，指现象随时间变化朝着一定方向呈现出持续稳定地上升、下降或平稳的趋势；②周期变化（季节变化），指现象受季节性影响，按一固定周期呈现出的周期波动变化；③循环变动，指现象按不固定的周期呈现出的波动变化；④随机变动，指现象受偶然因素影响而呈现出的不规则波动。

时间序列一般是以上几种变化形式的叠加或组合。时间序列分析法分为两大类：一类是确定型的时间序列分析法；另一类是随机型的时间序列分析法。确定型时间序列分析法的基本思想是用一个确定的时间函数来拟合时间序列，不同的变化采取不同的函数形式来描述，不同变化的叠加采用不同的函数叠加来描述。具体可分为趋势预测法、平滑预测法、分解分析法等。随机型时间序列分析法的基本思想是通过分析不同时刻变量的相关关系，揭示其相关结构，利用这种相关结构来对时间序列进行预测。

（一）平稳时间序列分析法

对序列的平稳性有两种检验方法：一种是根据时序图和自相关图显示的特性做出判断的图检验方法；另一种是构造检验统计量进行假设检验的方法。图检验方法是一种操作简便、运用广泛的平稳性判别方法，它的缺点是判别结论带有很强的主观色彩。所以最好能通过统计检验方法加以辅助判断。所谓时序图就是一个平面二维坐标图，通常横轴表示时间，纵轴表示序列取值。时序图可以直观地帮助我们掌握时间序列的一些基本分布特征。

根据平稳时间序列均值、方差为常数的性质，平稳序列的时序图应该显示出该序列始终在一个常数值附近随机波动，而且波动范围有界的特点。如果观察序列的时序图显示出该序列有明显的趋势性或周期性，那它通常不是平稳序列。根据这个性质，很多非平稳序列通过查看它的时序图可以立刻被识别出来。

时间序列分析的特点是逐次的监测值通常是不独立的，且分析必须考虑监测资料的时间顺序，当逐次监测值相关时，未来数值可以由过去监测资料来预测，可以利用监测数据之间的自相关性建立相应的数学模型来描述客观现象的动态特征，是一种动态的数据处理方法。

时间序列的基本思想是对于平稳、正态、零均值的时间序列 $\{x_t\}$，若 x_t 的取值不仅与其前 n 步的各个取值 x_{t-1}，x_{t-2}，$\cdots$，x_{t-n} 有关，而且还与前 m 步的各个干扰 a_{t-1}，a_{t-2}，$\cdots$，a_{t-m} 有关，则按多元线性回归的思想，可得最一般的自回归滑动平均模型 ARMA。

$$x_t = \varphi_1 x_{t-1} + \varphi_2 x_{t-2} + \cdots + \varphi_n x_{t-n} - \theta_1 x_{t-1} - \theta_2 x_{t-2} - \cdots - \theta_m x_{t-m} + a_t \qquad (7-13)$$

式中，$a_t \sim N(0, \delta_a^2)$，$\varphi_i(i = 1, 2, \cdots, n)$ 称为自回归参数，$\theta_j(j = 1, 2, \cdots, m)$ 称为滑动平均参数，$\{a_t\}$ 这一序列为白噪声序列，通常记为 ARMA(n, m)。

ARMA 与回归模型的根本区别是：回归模型可以描述随机变量与其他变量之间的相关关系，但是对于一组随机监测数据 x_1，x_2，$\cdots$，x_n，即一个时间序列 $\{x_t\}$，它却不能描述其内部的相关关系；另外，实际上某些随机过程与另一些变量取值之间的随机关系往往根本无法用任何函数关系式来描述，这时，需要采用这个随机过程本身的监测数据之间的依赖关系来揭示这个随机过程的规律性。

1. ARMA 的建模方法

时间序列分析的关键是在合理分析监测结果的基础上，建立合适的数学模型，数学模型建立的典型方法主要有 Box 法和 DDS 法。Box 法又称 B-J 法，它从统计观点出发，不论是模型形式和阶数的判断，还是模型参数的初步估计和精确估计，都离不开相关函数。其建模过程主要包括数据检验与预处理、模型识别、模型参数估计、模型检验和模型预测等步骤。标准的 Box 模型的描述对象是平稳序列，当对象是非平稳序列时，通常有两类处理方法：一类是先对原始序列进行预处理，使之变成平稳序列或近似平稳序列，然后用 Box 的相关分析法建模；另一类用 DDS（Dynamic Data System）法，即动态数据系统建模法。DDS 法从分析系统特性出发主张先建模，后处理。

1）时间序列特征识别

Box 法是采用先分析、后建模的处理方法，模型识别是关键。Box 法以自相关分析为基础来识别模型与确定模型阶数，自相关分析就是对时间序列求其本期与不同滞后期的一系列自相关函数，以此来识别时间序列特性，由于时间序列是随着时间变化而变化的一些数据，识别时间序列特征的简单方法就是作图。图 7-18 所示的时间序列为（32，16，24，

10，18，22，22，12，30，16，18，24，10，26，16，24）。

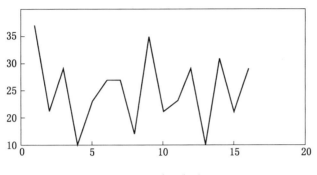

图 7-18　时间序列图

通过作图可以直观地判断时间序列具有随机性，但只能起到一个辅助作用，更重要的是利用数理统计方法识别时间序列的特征。下面介绍用自相关函数来判断时间序列的随机特征。

设时间序列 x_1，x_2，$\cdots$，x_n，分别将其分成 $(n-k)$ 对数据 (x_t, x_{t+k})，其中 $t=1$，2，$\cdots$，$n-k$，k 取 1，2，$\cdots$，$[n/4]$，即

当 $k=1$ 时，(x_1, x_2)，(x_2, x_3)，(x_3, x_4)，$\cdots$，(x_{n-1}, x_n)

当 $k=2$ 时，(x_1, x_3)，(x_2, x_4)，(x_3, x_5)，$\cdots$，(x_{n-2}, x_n)

$\cdots$

当 $k=[n/4]$ 时，(x_1, x_{1+k})，(x_2, x_{2+k})，(x_3, x_{3+k})，$\cdots$，(x_{n-k}, x_n)

然后计算每组的自相关系数。

$$r_k = \frac{\sum\limits_{t=1}^{n-k} (x_t - \bar{x})(x_{t+k} - \bar{x})}{\sum\limits_{t=1}^{n} (x_t - \bar{x})^2}, \ k=1, 2, \cdots, [n/4], \ \text{其中} \ \bar{x} = \frac{1}{n} \sum_{t=1}^{n} x_t$$

在计算得到一系列的自相关系数 r_k 后，自相关系数 r_1 反映了序列中上一时刻与下一时刻量测值之间的关系，从定量角度研究了上一时刻对下一时刻量测值的影响程度；r_2 反映了 t 时刻的量测值对 $(t+2)$ 时刻量测值的影响程度；r_k 反映了 t 时刻的量测值对 $(t+k)$ 时刻量测值的影响程度。由于 $r \leqslant n$，所以，所有自相关系数的绝对值小于或等于 1。一般情况下，计算 $[n/4]$ 个自相关系数就足够了，通过 r_k 就可以分析时间序列的特征。经过上述自相关系数的计算，就可以构成一个新的序列 r_1，r_2，$\cdots$，r_k，通过对该序列进行分析，并以此识别时间序列的某些特征，称为时序的自相关分析。自相关分析时间序列特征有以下 5 个准则：①若所有自相关系数 r_1，r_2，$\cdots$，r_k 都近似等于零，则表明该时间序列是一个随机过程；②如果 r_1 与零相差较远，而 r_2 比 r_1 小，r_3 又比 r_2 小，其余的自相关系数都近似于零，则可判断这个时间序列是平稳的；③如果 r_1 是负数（或正数），r_2 是正数（或负数），其余基本上交替出现且逐渐趋向于零，则可以判断这个时序是一个交变时序；④如果自相关系数以某个固定的频率出现高峰，而别的自相关系数都近于零，则可以判断这个时序是一个季节性的时序；⑤如果 r_1 最大，r_1，r_2，$\cdots$，r_k 逐渐递减，但有相当数量的自相关系数与零有显著差异，则可以判断这个时序为非平稳时序，即存在趋势的影响。

当时间序列完全由随机数组成，即具有完全随机特征，一般有两种方法检验假设（H_0：$r_1 = r_2 = \cdots = r_{[n/2]}$；$H_1$：$r_1$，$r_2$，$\cdots$，$r_{[n/2]}$）。一种方法是，若计算较多个自相关系数 $r_k (k \geq 20)$，当 $-1.96/\sqrt{n} \leq r_k \leq 1.96/\sqrt{n}$ 成立时，认为在 $a = 0.05$ 显著水平下，时间序列具有随机特征，$z_{a/2} = z_{0.05} = 1.96$。另一种方法是用 χ^2 检验，判断假设 H_0 是否成立。先计算 m 个自相关系数 r_1，r_2，$\cdots$，r_m（其中 $k \geq 6$，$n \geq m$），设统计量 $Q = n \cdot \sum_{k=1}^{m} r_k^2$，将计算得到的 r_k 代入，则有统计量 Q 的观察值，然后查 χ^2 表，并取自由度为 $m - 1$，将 Q 值与查表的 $\chi_a^2(m - 1)$ 值比较，当 $Q \leq \chi^2$ 时，则认为这 m 个值自相关系数 r_k 与零没有显著差异，即接受假设 H_0。此时，我们认为原时间序列具有随机性；反之，则认为具有非随机性。

2）模型识别、参数估计和预测

对于平稳时间序列，可采用自回归滑动平均模型 ARMA（p，q），其中 AR（p）和 MA（q）是 ARMA（p，q）的特殊形式。对变形的预测，通常可按照模型识别、参数估计和预测 3 个步骤进行。

（1）模型识别。模型识别就是识别 AR（p）、MA（q）和 ARMA（p、q）三个模型哪个更适合，p、q 取值等问题。ARMA（p，q）建模范围大，估计参数时需要进行非线性迭代，工作量大。AR（p）模型估计参数时有递推公式，工作量小。因此，一般变形监测应用中多采用 AR（p）模型。所选模型阶数可以通过计算自相关函数、偏相关函数和其特性进行分析来确定，也可借助回归分析、残差方差分析等统计检验来确定。

（2）参数估计。参数估计和模型识别是同时进行的，一般先对模型由低阶向高阶进行参数估计，再依据误差大小确定最佳阶数及相应的模型参数估计值。参数估计的方法有矩估计、最小二乘估计和极大似然估计等。

（3）预测。将时间序列分析用在变形监测的目的，就是要以现在与过去的监测值，对该序列未来时刻的取值进行估计。当数据序列的数学模型确定之后，就可以用其进行预测，预测所采用的标准是使线性预测的方差达到最小。

2. 变形监测时间序列分析

采用时间序列分析中的自回归分析模型 AR（p），解题过程如下。

1）AR（p）的建立

时间序列 $\{x_t\}$，（$t = 1$，2，$\cdots$，n）的自回归模型为

$$x_t = \varphi_1 x_{t-1} + \varphi_2 x_{t-2} + \cdots + \varphi_p x_{t-p} + a_t \tag{7-14}$$

自回归模型是一种线性模型，φ_1，φ_2，$\cdots$，φ_p 为模型参数，p 为模型的阶，假设 $\{a_t\}$ 为白噪声序列，即 a_t 的数学期望 $E(a_t) = 0$，方差均为 δ^2，各 a_t 间不相关，协方差 $\sigma_{a_t, a_{t-k}} = 0 (k \neq 0)$。式（7-14）充分表达了不同时刻 t 的监测值 x_t 之间的相关性，这是变形规律所决定的。

2）模型参数估计

由式（7-14）得误差方程：

$$v_t = \varphi_1 x_{t-1} + \varphi_2 x_{t-2} + \cdots + \varphi_p x_{t-p} - x_t \tag{7-15}$$

式中，$t = p+1$，$p+2$，$\cdots$，n。

其矩阵形式为

$$V_n = X\boldsymbol{\Phi} - Y \tag{7-16}$$

式中

$$V = \begin{bmatrix} v_{p+1} \\ v_{p+2} \\ \vdots \\ v_N \end{bmatrix}, \quad X = \begin{bmatrix} x_p & x_{p-1} & \cdots & x_1 \\ x_{p+1} & x_p & \cdots & x_2 \\ \vdots & \vdots & & \vdots \\ x_{N-1} & x_{N-2} & \cdots & x_{N-p} \end{bmatrix}, \quad \boldsymbol{\Phi} = \begin{bmatrix} \varphi_1 \\ \varphi_2 \\ \vdots \\ \varphi_p \end{bmatrix}, \quad Y = \begin{bmatrix} x_{p+1} \\ x_{p+2} \\ \vdots \\ x_N \end{bmatrix}$$

在 $V^{\mathrm{T}}V = \min$ 下，模型参数最小二乘解为

$$\boldsymbol{\Phi} = (X^{\mathrm{T}}X)^{-1}X^{\mathrm{T}}Y \tag{7-17}$$

3）模型阶数 p 的确定

模型阶数 p 是随着 AR 模型同时确定的，利用自相关函数和偏相关函数的截尾性来判别阶数。如果偏相关函数在 p 步截尾，可以判断 $\{x_t\}$ 是 AR（p），其阶数为 p。自相关函数和偏相关函数只能利用样本监测值 x_1，x_2，$\cdots$，x_N 计算它们的估值。实用中阶数可以根据线性假设法来完成，先设阶数为（$p-1$），进行平差计算，求得其残差平方和 $\Omega_{(p-1)}$，再设阶数为 p，进行平差得残差平方和 Ω_p，与（$p-1$）阶比较。如果结果差别并不显著，p 阶不必考虑，即采用 $p-1$ 阶为宜，其平差模型为在式（7-15）下再附加线性条件：

$$\varphi_p = 0 \tag{7-18}$$

联合式（7-15）和式（7-18）平差，即为（$p-1$）阶模型，求得残差平方和 $\Omega_{p-1} = (V^{\mathrm{T}}V)_{p-1}$，不考虑式（7-18），即 p 阶模型，平差得 $\Omega_p = (V^{\mathrm{T}}V)_p$，令

$$R = \Omega_{p-1} - \Omega_p \tag{7-19}$$

由于 $R \sim \chi^2(1)$，$\Omega_p \sim \chi^2(N-2p)$。构造 F 检验统计量：

$$F = \frac{R}{\Omega_p/(N-2p)} \tag{7-20}$$

选定显著水平 α，查 F 分布表得分位值 $F_\alpha(1, N-2p)$，若 $F > F_\alpha(1, N-2p)$，则线性假设 $\varphi_p = 0$ 不成立，应采用 p 阶，否则采用 $p-1$ 阶。

（二）非平稳时间序列分析法

前面我们讲过平稳时间序列分析法，若采用平稳时间序列分析法计算的自相关函数和偏相关函数不具有"截尾"性和"拖尾"性，则这种时间序列为非平稳时间序列。大量实践证明，产生时间序列的某一随机过程通常可以由三部分组成，即

$$Y(t) = f(t) + p(t) + X(t) \tag{7-21}$$

式中，$f(t)$ 反映了 $Y(t)$ 的变化趋势，如 $Y(t)$ 按直线上升或按指数下降；$p(t)$ 反映了 $Y(t)$ 的周期变化，如按年、季、月或日的变化；$X(t)$ 反映了随机因素对 $Y(t)$ 的影响，通常假定 $X(t)$ 是平稳的。

1. 非平稳时序平稳处理

1）趋势项提取

在变形监测数据中，如果有相当数量的自相关系数与零有显著差异，则这个时序为非平稳时序。其数据由两部分构成：一部分是变形体固有的变形；另一部分是由于人为误差等外在因素而导致的随机误差。因此，监测值等于非平稳的趋势项与平稳的随机分量之和，如图 7-19 所示。

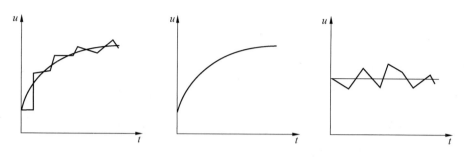

图 7-19 非平稳时序分离图

趋势项代表曲线总体规律。提取趋势项实际上是一个滤波过程,从而使曲线变得光滑,更好地反映了变形的总体规律。因此,变形值的预测由非平稳的趋势项和平稳的随机量两部分组成。在对实际监测数据进行分析时,可以先根据监测数据提取趋势项,然后对残差进行分析。该残差是一个平稳的随机量,对它可以用处理平稳过程的方法来分析,即用 ARMA 模型预测。

(1)趋势分量与随机分量的分离。趋势项提取就是利用最小二乘法按照某类函数拟合数据序列的确定性,从低阶开始,逐步增加阶数,直到拟合曲线没有大的变化为止,这个过程一般是通过"滑动平均法"实现。根据 i 时刻之前和 i 时刻之后的量测数据,求出 i 时刻的平均值。随着 i 的变动,重复这种做法,得到监测数据中趋势分量。用数据减去趋势分量得到残差时间序列数据,该残差序列就是一个平稳随机时间序列。

(2)趋势分量时间序列分析。提取趋势项就是采用最小二乘法按照某类函数来拟合趋势分量。由于影响变形体变形的因素很多,因此不可能只用一种曲线函数就能拟合出所有实际位移–时间趋势项,目前常用有趋势项曲线有以下几种类型。

①变形直线上升型,如图 7-20a 所示。该曲线的特点是变形直线上升,但其速率为某一常数,即

$$\frac{\mathrm{d}u(t)}{\mathrm{d}t} = b \tag{7-22}$$

解微分方程得预测方程:

$$u(t) = a + bt \tag{7-23}$$

②变形上凹递增型,如图 7-20b 所示。该曲线的特点是变形以某速率递增而上升,其速率是当前变形值的函数,即

$$\frac{\mathrm{d}u(t)}{\mathrm{d}t} = au(t) + \beta, \ a > 0 \tag{7-24}$$

解之得预测方程为

$$u(t) = k + ab \tag{7-25}$$

式中 $a = \ln b$, $\beta = k\ln b$。

③变形先增后平型,如图 7-20c 所示。该曲线的特点是变形按其速率先递增后递减,最后变形趋于稳定,其速率减小至零,即

$$\frac{\mathrm{d}u(t)}{\mathrm{d}t} = au^2(t) + \beta u(t) + \gamma, \ a > 0, \ \gamma > 0 \tag{7-26}$$

若令 $a=-1/b$，$\beta=2a/b$，$\gamma=-a^2/b$，解微分方程，则可得预测公式：

$$u(t) = a + b/t,\ b < 0 \tag{7-27}$$

④变形上凸递增型，如图 7-20d 所示。该曲线的特点是变形按其速率递增趋势上升。这类曲线又可分为两种情况：直到变形失稳 [方程式同式 (7-23)] 和采取措施后变形速率递减 [方程式同式 (7-25)]。

⑤变形上凹转上凸型，如图 7-20e 所示。该曲线的特点是逐渐由向上凹的曲线转变为向下凹，即

$$\frac{\mathrm{d}u(t)}{\mathrm{d}t} = au(t) + \beta u(t) \tag{7-28}$$

若令 $a=-lnb$，$\beta=-1/klnb$，解微分方程得预测方程：

$$\frac{1}{u(t)} = \frac{1}{k} + ab,\ a > 0,\ 0 < b < 1 \tag{7-29}$$

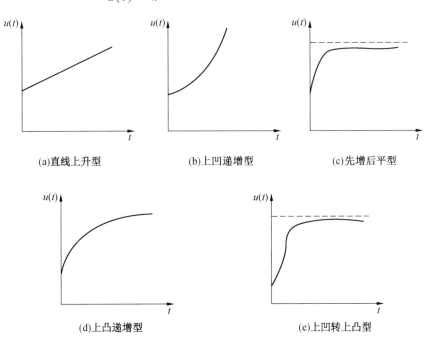

图 7-20　趋势项拟合曲线类型

2）平稳随机分量的时间序列分析

若提取趋势项后数据序列是一个平稳随机序列，则可用时间序列平稳模型进行分析处理。在变形监测工程应用中，对变形的预测，一般按照模型的识别、参数估计和预测 3 个步骤进行。

2. 平稳时序的判断

在非平稳时间序列中，存在较明显的不断增长趋势和季节性周期变化趋势，当把其中的平稳随机因素抽出后，就可以用模型来描述过程。对一个非平稳时间序列要用差分算子消除其增长趋势，用季节性差分算子消除其周期性季节性变化，使得序列具有平稳性。从直观上对变换后的差分序列分段观察，若各不相交时段的均值、方差无显著差异，就认为

是平稳的，否则即非平稳。从统计推断上讲，检验变换后差分序列的自相关函数是否迅速按指数衰减到零来判断是否平稳，迅速衰减的序列平稳，否则非平稳。一般来说，一阶差分可以消除线性趋势，二阶差分可以消除二次曲线趋势。如果二阶差分变换后的序列仍达不到"平稳"的目的，可对原序列进行三阶差分，直至求到 d 阶差分变换后的序列具有平稳性为止。

三、灰色系统分析模型

灰色系统理论（Grey Theory）是由著名学者邓聚龙教授首创的一种系统科学理论，其中的灰色关联分析是根据各因素变化曲线几何形状的相似程度，来判断因素之间关联程度的方法。此方法通过对动态过程发展态势的量化分析，完成对系统内时间序列有关统计数据几何关系的比较，求出参考数列与各比较数列之间的灰色关联度。与参考数列关联度越大的比较数列，其发展方向和速率与参考数列越接近，与参考数列的关系越紧密。

灰色预测是基于灰色动态模型（Grey Dynamic Model，GM）的预测。GM(m，n）表示 m 阶 n 个变量的微分方程，因此灰色系统预测模型常以微分拟合法为核心建模。GM（m，n）模型中，m 越大计算越复杂，所以常用 GM(1，n）模型。灰色预测是利用 GM 模型对系统行为特征的发展规律进行预测，同时也可以对行为特征的异常情况发生时刻进行估计计算，以及对在特定时区内发生的事件的未来时间分布情况做研究等。

灰色建模是用历史数据作生成后建立微分方程模型，灰色生成是指对数列 $\{x^0\}$ 中的数据 $x^0(k)$ 按某种要求作数据处理（或数据变换）。灰色理论对灰量、灰过程的处理，不是找概率分布、求统计规律，而是用"生成"的方法求得随机性弱化、规律性强化的新数列，此数列的数据称为生成数。通常灰色系统生成方式有累加生成、累减生成、均值化生成和级比生成等。

（一）GM(1，1）模型

GM(1，1）模型是由一个只包含单变量的一阶微分方程构成的模型，是 GM(1，n）模型的特例。建立 GM(1，1）模型只需要一个历史数据序列 $x^{(0)}$：$x^{(0)}(1)$，$x^{(0)}(2)$，$\cdots$，$x^{(0)}(n)$。累加生成序列的定义是：原始数列中的第 1 个数据作为新数列的第 1 个数据；新数列的第 2 个数据是原始的第 1 个与第 2 个数据相加；新数列的第 3 个数据是原始的第 1 个、第 2 个与第 3 个相加，以此类推。这样得到的新数列，称为累加生成数列（Accumulated Generating Operation，AGO），记 $x^{(1)}$ 为 $x^{(0)}$ 的一次累加生成数列（记 1-AGO）。累加生成能使任意非负的、摆动的与非摆动的数列转化为非减的、递增的数列，生成数列的随机性弱化、规律性增强。对原始非负数列 $x^{(0)}$ 作 1-AGO 后得到的生成数列 $x^{(1)}$ 具有近似的指数律，称为灰指数律。$x^{(0)}$ 的光滑度越大，则 $x^{(0)}$ 的灰度越小，即指数律越白。如果对 $x^{(0)}$ 作 i-AGO 后已获得较白的指数律，则不必再作（$i+1$）-AGO。否则指数的灰度反而会增加，因为指数律的灰度与 AGO 的次数没有比例关系。

1. 灰色生成

设原始数据序列为 $x^{(0)}=\{x^{(0)}(1)$，$x^{(0)}(2)$，$\cdots$，$x^{(0)}(n)\}$，将该数列作一次累加生成得到新的序列 $x^{(1)}=\{x^{(1)}(1)$，$x^{(1)}(2)$，$\cdots$，$x^{(1)}(n)\}$。其中

$$x^{(1)}(k)=\sum_{i=1}^{k}x^{(0)}(i)，\ (k=1，2，3，\cdots，n)$$

(7-30)

具体来说，就是

$$\begin{cases} x^{(0)}(1) = x^{(0)}(1) \\ x^{(1)}(k) = x^{(0)}(k), \ x^{(0)}(k-1), \ k = 2, \ 3, \ \cdots, \ n \end{cases} \tag{7-31}$$

2. 模型建立

用 $x^{(1)}$ 的灰色模块构成微分方程

$$\frac{\mathrm{d}x^{(1)}}{\mathrm{d}t} + ax^{(1)} = u \tag{7-32}$$

按导数定义

$$\frac{\mathrm{d}x}{\mathrm{d}t} = \lim_{\Delta t \to 0} \frac{x(t + \Delta t) - x(t)}{\Delta t} \tag{7-33}$$

以离散形式表示，微分项可写成

$$\frac{\mathrm{d}x^{(1)}}{\mathrm{d}t} = \frac{\Delta x^{(1)}}{\Delta t} = \frac{x^{(1)}(k+1) - x^{(1)}(k)}{k+1-k} = x^{(1)}(k+1) - x^{(1)}(k) \tag{7-34}$$

对微分方程［式（7-32）］中的 x 取 k 和 $k+1$ 的平均值，即 $[x^{(1)}(k+1) + x^{(1)}(k)]/2$，则式（7-32）可写成

$$[x^{(1)}(k+1) - x^{(1)}(k)] + a\frac{x^{(1)}(k+1) + x^{(1)}(k)}{2} = u \tag{7-35}$$

因为 $x^{(0)}(k+1) = x^{(1)}(k+1) - x^{(1)}k$，写成矩阵形式有

$$\begin{bmatrix} x^{(0)}(2) \\ x^{(0)}(3) \\ \vdots \\ x^{(0)}(n) \end{bmatrix} = \begin{bmatrix} -\frac{1}{2}[x^{(1)}(1) + x^{(1)}(2)] & 1 \\ -\frac{1}{2}[x^{(1)}(2) + x^{(1)}(3)] & 1 \\ \vdots & \vdots \\ -\frac{1}{2}[x^{(1)}(n-1) + x^{(1)}(n)] & 1 \end{bmatrix} \begin{bmatrix} a \\ u \end{bmatrix} \tag{7-36}$$

令

$$Y_n = \begin{bmatrix} x^{(0)}(2) \\ x^{(0)}(3) \\ \vdots \\ x^{(0)}(n) \end{bmatrix}, \ B = \begin{bmatrix} -\frac{1}{2}[x^{(1)}(1) + x^{(1)}(2)] & 1 \\ -\frac{1}{2}[x^{(1)}(2) + x^{(1)}(3)] & 1 \\ \vdots & \vdots \\ -\frac{1}{2}[x^{(1)}(n-1) + x^{(1)}(n)] & 1 \end{bmatrix}, \ A = \begin{bmatrix} a \\ u \end{bmatrix}$$

则有 $Y_n = BA$，其中 Y_n 和 B 为已知量，A 为待定参数。在式（7-36）中，由于变量只有 a 和 u 两个，方程数有 $n-1$ 个，故方程组没有通常意义上的解。可用最小二乘法则得到最小二乘近似解，因而将矩阵方程 $Y_n = BA$ 改写为

$$Y_n = B\hat{A} + E \tag{7-37}$$

式中，E 为误差项，$\hat{A}$ 为最小二乘估计值。使

$$\| E \|^2 = \| Y_n - B\hat{A} \|^2 = (Y_n - B\hat{A})^{\mathrm{T}}(Y_n - B\hat{A}) = \min \tag{7-38}$$

求得式（7-37）的最小二乘解为

$$\hat{A} = (B^{\mathrm{T}}B)^{-1}B^{\mathrm{T}}Y_n = \begin{bmatrix} \hat{a} \\ \hat{u} \end{bmatrix} \tag{7-39}$$

代回式（7-32）有

$$\frac{\mathrm{d}x^{(1)}}{\mathrm{d}t} + ax^{(1)} = \hat{u} \tag{7-40}$$

解得

$$\hat{x}^{(1)}(k) = \left[x^{(1)}(1) - \frac{\hat{u}}{\hat{a}} \right] \cdot \mathrm{e}^{-\hat{a}t} + \frac{\hat{u}}{\hat{a}} \tag{7-41}$$

写成离散形式为

$$\hat{x}^{(1)}(k+1) = \left[x^{(0)}(1) - \frac{\hat{u}}{\hat{a}} \right] \cdot \mathrm{e}^{-\hat{a}k} + \frac{\hat{u}}{\hat{a}}, \ k = 0, 1, 2, \cdots \tag{7-42}$$

经累加之后的序列已失去其原来的物理意义，因此在利用该模型进行预测时，还必须对 AGO 生成的序列进行逆变换还原。则有 GM(1, 1) 预测模型方程为

$$\hat{x}^{(0)}(k+1) = \hat{x}^{(1)}(k+1) - \hat{x}^{(1)}k \tag{7-43}$$

3. 模型检验

建立的模型，经检验合格后，方可用来预测。其检验方法主要有残差检验、关联度检验和后验差检验，下面介绍常用的后验差检验的原理和步骤。后验差是根据模型预测值与实际值之间的统计情况进行检验的方法，这是从概率预测方法中移植过来的。其内容是以残差（绝对误差）为基础，根据各期残差绝对值的大小，考察残差较小的点出现的概率，以及预测误差方差有关指标的大小，具体过程如下。

设原始数列 $x^{(0)}$，预测值序列 $\hat{x}^{(0)}$，则 k 时刻残差为

$$\varepsilon(k) = x^{(0)}(k) - \hat{x}^{(0)}(k), \ k = 1, 2, \cdots, n \tag{7-44}$$

计算原数列平均值：

$$\hat{x}^{(0)} = \frac{1}{n} \sum_{k=1}^{n} x^{(0)}(k), \ k = 1, 2, \cdots, n \tag{7-45}$$

计算残差平均值：

$$\hat{\varepsilon} = \frac{1}{n} \sum_{k=1}^{n} \varepsilon(k), \ k = 1, 2, \cdots, n \tag{7-46}$$

计算原数据序列方差：

$$S_1^2 = \frac{1}{n} \sum_{k=1}^{n} (x^{(0)}(k) - \hat{x}^{(0)})^2, \ k = 1, 2, \cdots, n \tag{7-47}$$

计算残差方差：

$$S_2^2 = \frac{1}{n} \sum_{k=1}^{n} (\varepsilon(k) - \bar{\varepsilon})^2, \ k = 1, 2, \cdots, n \tag{7-48}$$

作为后验差的检验指标，通常考虑后验差比值和小误差概率，这两个指标由下式给出：

$$C = \frac{S_2}{S_1}, \ P = P\{ |(k) - \bar{\varepsilon}| < 0.67456 \cdot S_1 \} \tag{7-49}$$

根据 C 和 P 可综合评定预测模型的精度。指标 C 越小越好，S_1 大表明历史数据方差大，即历史数据离散程度大；S_2 小表明残差方差小，即残差离散程度小。C 小表明尽管历史数据很离散，而模型所得的预测值与实际值之差并不太离散。指标 P 越大越好，P 越大，表示残差与残差平均值之差小于 $0.6745S_1$ 给定值的点较多。表 7-7 给出了预测精度和 P、C 值的关系，可用于变形监测工程评价。

表 7-7 预测精度等级划分表

预测精度等级	P	C
好（一级）	$P \geqslant 0.95$	$C \leqslant 0.35$
合格（二级）	$0.8 \leqslant P < 0.95$	$0.35 < C \leqslant 0.5$
勉强（三级）	$0.7 \leqslant P < 0.8$	$0.5 < C \leqslant 0.65$
不合格（四级）	$P < 0.7$	$C > 0.65$

（二）GM(1, n) 模型

GM(1, 1) 模型只能用于一个单一时间序列随时间变化而变化的数列预测，但实际变形中，往往是一个时间序列与多个因素有关系，对于这样的时间序列预测问题，可以建立 GM(1, n) 模型。它表示一阶的 n 个变量的微分方程预测模型，用于建立变形量和多影响变量之间的关系。

考虑 x_1，x_2，$\cdots$，x_n 等 n 个变量，有 n 个数列，即

$$x_i^{(0)} = \{x_i^{(0)}(1), x_i^{(0)}(2), \cdots, x_i^{(0)}(n)\} \qquad i = 1, 2, \cdots, n \tag{7-50}$$

对 $x_i^{(0)}$ 作累加生成 $(1 - \text{AGO}) x_i^{(1)}(k) = x_i^{(0)}(m)$，即

$$x_i^{(1)} = \{x_i^{(1)}(1), x_i^{(1)}(2), \cdots, x_i^{(1)}(n)\} = \left\{ \sum_{m=1}^{1} x_i^{(0)}(m), \sum_{m=1}^{2} x_i^{(0)}(m), \cdots, \sum_{m=1}^{n} x_i^{(0)}(m) \right\} \tag{7-51}$$

类似 GM(1, 1) 模型，构造一阶线性微分方程为

$$\frac{\mathrm{d}x^{(1)}}{\mathrm{d}t} + ax^{(1)} = b_1 x_2^{(1)} + b_2 x_3^{(1)} + \cdots + b_{n-1} x_n^{(1)} \tag{7-52}$$

这是一阶 n 个变量的微分方程模型，故称为 GM(1, n) 模型，记参数 $\hat{a} = (a, b_1, b_2, \cdots, b_{n-1})^{\mathrm{T}}$，按最小二乘法可求 $\hat{a} = (B^T B)^{-1} B^T y_n$。其中

$$B = \begin{bmatrix} -\frac{1}{2}[x_1^{(1)}(1) + x_1^{(1)}(2)] & x_2^{(1)}(2) & \cdots & x_n^{(1)}(2) \\ -\frac{1}{2}[x_1^{(1)}(2) + x_1^{(1)}(3)] & x_2^{(1)}(3) & \cdots & x_n^{(1)}(3) \\ \vdots & \vdots & \vdots & \vdots \\ -\frac{1}{2}[x_1^{(1)}(n-1) + x_1^{(1)}(n)] & x_2^{(1)}(n) & \cdots & x_n^{(1)}(n) \end{bmatrix}, \quad y_n = \begin{bmatrix} x_1^{(0)}(2) \\ x_1^{(0)}(3) \\ \vdots \\ x_1^{(0)}(n) \end{bmatrix}$$

由此可求得参数 $\hat{a}$ 的唯一解，将参数代回式（7-52），则得到由 n 个变量建立起来的

系统状态方程。解此方程可得

$$\hat{x}_1^{(1)}(k+1) = \left[x_1^{(0)}(1) - \frac{1}{a}\sum_{i=2}^{n} b_{i-1} x_i^{(1)}(k+1) \right] e^{-ak} + \frac{1}{a}\sum_{i=2}^{n} b_{i-1} x_i^{(1)}(k+1) \qquad (7\text{-}53)$$

再累减还原，得到预测模型为

$$\hat{x}_1^{(0)}(k+1) = \hat{x}_1^{(1)}(k+1) - \hat{x}_1^{(1)}(k) \qquad (7\text{-}54)$$

由此即可对 $\hat{x}_1^{(0)}$ 进行预测。

四、神经网络模型

人工神经网络（Artificial Neural Network，ANN）是 20 世纪 80 年代以来人工智能领域兴起的研究热点。它从信息处理角度对人脑神经元网络进行抽象，建立模型，按不同的连接方式组成不同的网络。

变形体的变形一般呈非线性特征。神经网络在处理非线性问题上具有独特的优越性。神经网络方法通过转换函数（传递函数）直接寻求输入和输出变量之间的非线性关系。它充分运用其较强的非线性映射能力，利用实测资料对复杂的非线性变形直接建模，不需要任何数学模型，通过对非线性函数的复合来逼近输入和输出之间的映射。先用神经网络建立变形影响参数与变形之间的非线性关系，再将待测点的实测变形参数输入已训练好的网络中，即可预测变形量。

（一）概述

人工神经元网络的结构是以人脑的组织结构（大脑神经元网络）和活动为背景，它反映了人脑的某些基本特征，但并不是对人脑部分的真实再现。目前人工神经网络有许多类型，但它们中的基本单元——神经元的结构是基本相同的。

1. 人工神经元

人工神经元模型是生物神经元的模拟与抽象，它相当于一个多输入单输出的非线性阈值器件。x_1，x_2，$\cdots$，x_n 表示它的 n 个输入；ω_1，ω_2，$\cdots$，ω_n 表示与它相连的 n 个输入突触的连接强度，称为权值；$\sum \omega_i x_i$ 称为激活值，表示这个人工神经元的输入总和；O 表示这个人工神经元的输出；θ 表示这个人工神经元的阈值，如图 7-21 所示。

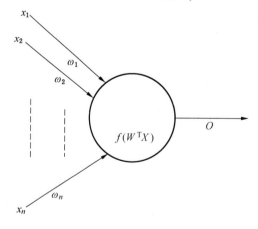

图 7-21　人工神经元网络模型

如果输入信号的加权和超过 θ，则人工神经被激活，这样人工神经元的输出可描述为

$$O = f(\sum \omega_i x_i - \theta) \tag{7-55}$$

式中，f 是表示神经元输入和输出关系的函数，称为激活函数或输出函数；令 $W = [\omega_1, \omega_2, \cdots, \omega_n]$ 为权矢量；$X = [x_1, x_2, \cdots, x_n]$ 为输入矢量；$net = W^T X$ 是权与输入矢量的矢量积(标量)；$f(W^T X)$ 是激活函数，它可以写成 $f(net)$。激活函数有多种类型，其中比较常见的主要有阈值型、S 型和线性型 3 种形式。

1）阈值型激活函数

阈值型激活函数是最简单的，它是由美国心理学家麦克洛赫（McCulloch）和数学家匹茨（Pits）于 1941 年共同提出的，因此也称为 M-P 模型。其输出状态取两值（1，0 或 -1，-1），分别代表人工神经元的兴奋和抑制，也称为阶跃响应函数。它的输入输出关系如图 7-22 所示，该函数特性硬，其表达式是非线性的。

$$f(net) = \mathrm{sgn}(net) = \begin{cases} +1 & net \geqslant 0 \\ 0 & net < 0 \end{cases} \quad 或 \quad f(net) = \mathrm{sgn}(net) = \begin{cases} +1 & net \geqslant 0 \\ -1 & net < 0 \end{cases} \tag{7-56}$$

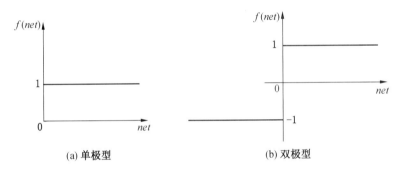

(a) 单极型　　　　　　(b) 双极型

图 7-22　阈值型激活函数

2）S 型激活函数

S 型激活函数的输出特性比较软，其输出状态的取值范围为 [0，1] 或 [-1，1]。它的输入输出关系如图 7-23 所示，其函数表达式为

$$f(net) = \frac{1}{1 + \exp(-net)} \quad 或 \quad f(net) = \frac{2}{1 + \exp(-net)} \tag{7-57}$$

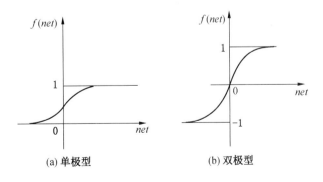

(a) 单极型　　　　　　(b) 双极型

图 7-23　S 型激活函数

3）线性型激活函数

线性型激活函数的表达式为 $f(net) = net$，其输入输出关系如图7-24所示。

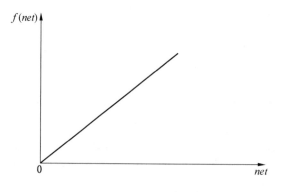

图7-24　线性型激活函数

综上所述，人工神经元具有以下特点：人工神经元是多输入、单输出元件，具有非线性的输入、输出特性；它具有可塑性，其塑性变化的部分主要是权值的变化；人工神经元的输出响应是各个输入值综合作用的结果，输入分为兴奋型（正值）和抑制型（负值）。

2. 人工神经元网络模型

将人工神经元通过一定的结构组织起来，就构成了人工神经元网络。根据神经元之间连接的拓扑结构不同，可将其分为分层网络和相互连接型网络两类。

分层网络是将一个网络模型中的所有神经元按功能分为若干层，一般有输入层、中间层和输出层，各层顺序连接。输入层接收外部输入信号，并由各输入单元传送给直接相连的中间层各单元。中间层是网络的内部处理单元层，与外部无直接连接。根据处理功能不同，中间层可以有多层也可以没有。因为中间层不直接与外部输入输出打交道，故称为隐含层。输出层是网络输出运行结果并与显示设备或执行机构连接的部分。分层网络可以细分为简单的前向网络、具有反馈的前向网络和层内有互相连接的前向网络3种互连形式。简单的前向网络结构如图7-25a所示，所谓前向网络是由分层网络逐层模式变换处理的方向而得名的，常用的BP网络就是一个典型的前向网络。图7-25b所示为输出层到输入层具有反馈的前向网络，反馈的回路形成闭环。图7-25c所示为层内有相互连接的前向网络，同一层内单元的相互连接使它们之间有彼此的牵制作用，可限制同一层内能同时激活的单元个数。相互连接型网络是指网络中任意两个单元之间都是可以相互连接的。

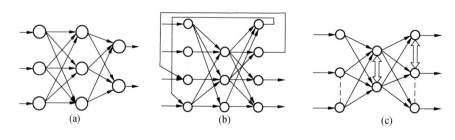

图7-25　分层网络

3. 人工神经元的学习过程及学习规则

模仿人的学习过程，人们提出了多种人工神经元网络的学习方式，其中主要有 3 种：有导师学习（监督型学习）、无导师学习（无监督型学习）和强化学习。有导师学习是在有指导和监督的情况下进行的，如果学了没达到要求，就要继续学习；无导师学习是靠学习者或者神经系统本身自行完成。例如有人对神经网络在变形预测问题上感兴趣，他就找来许多有关书籍来自学，这种学习没人监督，学到什么程度全靠大脑中神经元网络的能力，最后也能把这种知识掌握到一定的程度。

学习是一个相对持久的过程，也是一个推理的过程。神经网络的学习可看作曲线拟合的过程，数学上相当于非线性内插问题。学习的最终目的是通过有限个例子（训练样本）的学习找到隐含例子背后的规律（如函数形式）。神经网络学习要遵循一定的规则，即网络连接权值如何产生变化，将学习到的内容记忆在连接权中。人工神经元网络的学习规则主要有 Hebb 学习规则、感知机（Percepiron）学习规则和 Delta 学习规则等。

（二）人工神经元 BP 网络

误差传播校正方法（Error Back-Propagation）是利用实际输出与期望输出之差，根据网络的各层连接权由后向前逐层进行校正的一种计算方法，理论上这种方法可以适用于任意多层的网络。为简便起见，下面介绍实际常用的三层 BP 网络的误差传播学习规则。

1. BP 网络模型

BP 网络模型结构如图 7-26 所示，网络由输入层节点、隐含层节点和输出层节点构成，各层之间各个神经元由权值实现权连接，隐含层和输出层设有阈值。由于 BP 网络有处于中间位置的隐含层，并有相应的学习规则，可训练这种网络，使其具有对线性的识别能力。

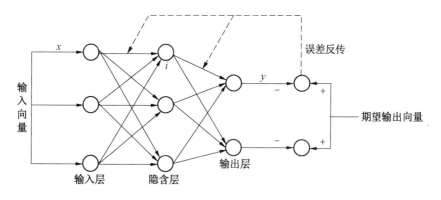

图 7-26 BP 网络模型结构

2. BP 网络原理

BP 网络按有导师的学习方式进行训练，学习算法由正向传播和反向传播组成。算法的指导思想是对网络权值的修正与阈值的修正，使误差函数沿负梯度方向下降。前向传播方式为：对于一个输入样本，要先向前传播到隐含节点，经过激活函数后，再把隐含节点的输出信息传播到输出节点；后向传播方式为：采用减少期望输出与实际输出误差的原则，从输出层经各中间层、最后到输入层，逐层修正各连接权值和节点阈值。这样经过样本的不断训练，网络对输入模式响应的正确率也不断提高，直到达到精度要求，一个训练好的神经网络就形成了。当一组新的样本输入时，能立即获得对应的输出结果。在 BP 网络学习过程中，通常选取 S 型（Sigmoid）激活函数。

3. BP 算法数学描述

设 BP 网络共有 3 层节点：输入节点 x_j、隐节点 y_i 和输出节点 o_l。输入节点和隐节点间的网络权值为 w_{ij}，隐节点与输出节点间的网络权值为 T_{ij}，当期望节点的输出为 t_l 时，权值调整模型计算公式可由下面 4 个过程实现。

1）输入模式顺传播

这一过程主要利用输入模式求出它所对应的实际输出，计算中间各神经元的激活值和隐节点的输出见下式：

$$y_i = f\left(\sum_j \omega_{ij}x_j - \theta_i\right) = f(net_i) \tag{7-58}$$

式中，$net_i = \sum_j \omega_{ij}x_j - \theta_i$，阈值 θ_i 在学习过程中，和权值一样也不断地被修正，同理可求得输出端的激活值和输出值为

$$o_l = f\left(\sum_i T_{li}y_i - \theta_l\right) = f(net_l) \tag{7-59}$$

式中，$net_l = \sum_i T_{li}y_i - \theta_l$。利用式（7-58）和式（7-59）就可计算出一个输入模式的顺传播过程。

2）输出误差的逆传播

反向传播时，定义网络的期望输出 t_l 与实际输出 o_l 的误差平方和为目标函数，即误差的计算公式为

$$E = \frac{1}{2}\sum_l (t_l - o_l)^2 \tag{7-60}$$

在第一步的模式传播计算中，我们得到了网络的实际输出值，当这些实际输出值与希望的输出值不一样时或者说误差大于限差时，就要对网络进行校正。这里的校正从后向前进行，所以叫误差逆向传播，计算时是从输出层到中间层，再从中间层到输入层。式（7-60）可写成

$$E = \frac{1}{2}\sum_l (t_l - o_l)^2 = \frac{1}{2}\sum_l \left[t_l - f\left(\sum_i T_{li}y_i - \theta_l\right)\right]^2$$

$$= \frac{1}{2}\sum_l \left[t_l - f\left(\sum_i T_{li}\cdot f\left(\sum_j \omega_{ij} - \theta_i\right) - \theta_l\right)\right]^2 \tag{7-61}$$

（1）对输出节点的公式推导。因为 E 是多个 $o_k(k = 1, 2, \cdots, n)$ 的函数，但只有 o_l 与 T_{li} 有关，其他各 o_k 间相互独立，所以有

$$\frac{\partial E}{\partial T_{li}} = \sum_{k=1}^n \frac{\partial E}{\partial o_k}\cdot\frac{\partial o_k}{\partial T_{li}} = \frac{\partial E}{\partial o_l}\cdot\frac{\partial o_l}{\partial T_{li}} \tag{7-62}$$

又知

$$\begin{cases} \dfrac{\partial E}{\partial o_l} = \dfrac{1}{2}\sum_{k=1}^n \left[-2(t_k - o_k)\dfrac{\partial o_k}{\partial o_l}\right] = -(t_l - o_l) \\[3mm] \dfrac{\partial o_l}{\partial T_{li}} = \dfrac{\partial o_l}{\partial net_l}\cdot\dfrac{\partial net_l}{\partial T_{li}} = f'(net_l)\cdot y_i \end{cases} \tag{7-63}$$

则有

$$\frac{\partial E}{\partial T_{li}} = -(t_l - o_l) \cdot f'(net_l) \cdot y_i \tag{7-64}$$

（2）对隐节点的公式推导。针对某个 ω_i，对应一个 y_i，它与所有的 o_l 有关，故有

$$\frac{\partial E}{\partial \omega_{ij}} = \sum_l \sum_i \frac{\partial E}{\partial o_l} \cdot \frac{\partial o_l}{\partial y_i} \cdot \frac{\partial y_i}{\partial \omega_{ij}} \tag{7-65}$$

式中

$$\begin{cases} \dfrac{\partial E}{\partial o_l} = \dfrac{1}{2} \sum_{k=1}^{n} \left[-2(t_k - o_k) \dfrac{\partial o_k}{\partial o_l} \right] = -(t_l - o_l) \\[3mm] \dfrac{\partial o_l}{\partial y_i} = \dfrac{\partial o_l}{\partial net_l} \cdot \dfrac{\partial net_l}{\partial y_i} = f'(net_l) \cdot T_{li} \\[3mm] \dfrac{\partial y_i}{\partial \omega_{ij}} = \dfrac{\partial y_i}{\partial net_i} \cdot \dfrac{\partial net_i}{\partial \omega_{ij}} = f'(net_i) \cdot x_j \end{cases}$$

则有

$$\frac{\partial E}{\partial \omega_{ij}} = -\sum_l (t_l - o_l) \cdot f'(net_l) \cdot T_{li} \cdot f'(net_i) \cdot x_j \tag{7-66}$$

从式（7-65）和式（7-66）可以看出，权的修正值 ΔT_{li} 和 $\Delta \omega_{ij}$ 正比于误差函数沿梯度下降。因此，输出层到中间层连接权的校正量为

$$\Delta T_{li} = -\eta \cdot \frac{\partial E}{\partial T_{li}} = -\eta \cdot (t_l - o_l) \cdot f'(net_l) \tag{7-67}$$

中间层到输入层的校正量为

$$\Delta \omega_{ij} = -\eta' \cdot \frac{\partial E}{\partial \omega_{ij}} = -\eta' \cdot f'(net_i) \cdot \sum_l (t_l - o_l) \cdot f'(net_l) T_{li} \cdot x_j \tag{7-68}$$

习　题

1. 变形监测的特点及内容有哪些？
2. 水平位移监测方法有哪些？
3. 简述变形监测数据分析方法及适用范围。

第八章 贯通误差预计

前边几章我们对各种地下工程测量的内、外业作了详细介绍，本章将运用误差来源分析、误差传播定律等理论阐述地下工程点位误差和方位角误差与测角、量边误差之间的内在关系，最终在满足地下工程建设生产营运要求的前提下，选择最为合理和经济的测量设备和方法。

第一节 预计参数获取

贯通误差预计所用参数主要有水平角测量误差、量边误差、高差测量误差和定向误差。根据测量学基础，从误差来源我们知道，任何误差都是从仪器、观测者和外界环境三方面进行分析，下面分别论述这些参数的获取方法。

一、水平角测量误差

水平角测量误差主要有仪器误差（视准轴误差、横轴倾斜误差、竖轴倾斜误差等）、观测者素质（观测误差、觇标及仪器对中误差等）和外界环境影响误差。但是这些误差有的可定量计算，有的只能定性分析，不能全部最终运用到贯通误差预计中，能作为预计参数运用的计算方法主要有以下几种。

1. 根据多个闭合导线的角闭合差计算测角中误差

设有 N 个闭合导线，各闭合导线的测角个数分别为 n_1，n_2，$\cdots$，n_N，相应的角度闭合差为 f_{β_1}，f_{β_2}，$\cdots$，f_{β_N}，各导线所测的角是等精度的。因角度闭合差 f_β 是真误差，其权相应为 $\dfrac{1}{n_1}$，$\dfrac{1}{n_2}$，$\cdots$，$\dfrac{1}{n_N}$，故所求测角中误差为

$$m_\beta = \pm \sqrt{\frac{[Pf_\beta f_\beta]}{N}} = \pm \sqrt{\frac{\left[\dfrac{f_\beta f_\beta}{n}\right]}{N}} \tag{8-1}$$

若为 N 条复测支导线，其最终边坐标方位角之差为 $\Delta\alpha_i$，则其测角中误差可按下式计算：

$$m_\beta = \pm \sqrt{\frac{\left[\dfrac{\Delta\alpha^2}{n_1 + n_2}\right]}{N}} \tag{8-2}$$

式中　　　N——复测支导线个数；

　　n_1、n_2——支导线往测和返测的水平角数。

若 N 值太小，则难以体现中误差的基本特性。N 值越大越好，其计算出的测角中误差越能反映真实情况。每个导线的测角数不宜过多，过多时偶然误差互相抵消的可能性便增大。

例如，统计了某矿井下已完成测量的 8 条 15″级闭合或复测支导线，各导线测站数 n 和角度闭合差 f_β 见表 8-1。

表 8-1 井下多个闭合（复测）导线信息表

序号	导线名称	平均边长/m	测站数	角度闭合差/(″)
1	回风巷	95.4	15	−35
2	轨道巷	86.7	17	−38
3	流水巷	102.5	13	+31
4	11 盘区闭合导线	77.8	17	+37
5	1121 工作面回风巷导线	110.2	11	+28
6	12 盘区闭合导线	65.6	21	−42
7	1122 工作面闭合导线	68.3	19	+41
8	21 盘区闭合导线	84.5	16	−37

根据式（8-1）得

$$m_\beta = \pm \sqrt{\frac{[Pf_\beta f_\beta]}{N}} = \pm \sqrt{\frac{\left[\dfrac{f_\beta f_\beta}{n}\right]}{N}} = \pm \sqrt{\frac{650.36}{8}} = \pm 9''$$

2. 根据多个双次观测值求测角中误差

若有数量足够多的独立双次测角值，即两次测角时重新安置仪器及悬挂垂球线，则测角中误差为

$$m_\beta = \pm \sqrt{\frac{[dd]}{2n}} \tag{8-3}$$

式中 d——同一角度两次观测值之差；

n——双次观测值差数的个数。

当 $\delta_\mp = \dfrac{[d]}{n} \neq 0$ 时，说明有剩余系统误差存在。当 $|\delta_\mp| < \dfrac{1}{5} m_\beta$ 时，此值可忽略；当 $|\delta_\mp| \geq \dfrac{1}{5} m_\beta$ 时，应在 d 中消去剩余系统误差的影响，即 $d_i' = d_i - \dfrac{[d]}{n}$，则得测角中误差的偶然误差部分为

$$m_\beta = \pm \sqrt{\frac{[d'd']}{2(n-1)}} \tag{8-4}$$

若两次测角时没有重新安置仪器和悬挂垂球线，例如在一个测站上测左右角或用两个测回测角，则用式（8-5）和式（8-6）分别求出不含系统误差和含有系统误差的测角中误差。

$$m_i = \pm \sqrt{\frac{[dd]}{2n}} \tag{8-5}$$

$$m_i = \pm \sqrt{\frac{[d'd']}{2(n-1)}} \tag{8-6}$$

式中，d 为同一角度不重新安置仪器双次观测值之差，若是观测左右角，则为左右角之和与 360° 之差值。

当存在系统误差时，$d_i' = d_i - \frac{[d]}{n}$。

3. 根据应用导线级别规定测角中误差

若矿井或工程中没有足够多的闭合导线来评定测角中误差，可采用导线级别规定的测角中误差作为贯通误差预计参数。

由于双次观测值是在同一个工作状态下测得的，周围环境对误差影响在 d 中没有得到反映，而且在差数值 d 中也没有反映系统误差，所以由双次观测值之差求得的测角中误差 m_β 在一定程度上被缩小了，不是真实测角误差的反映。因此，一般贯通误差预计中，测角中误差采用方法 1 和 3 来获取。

二、量边误差

目前，地下工程或矿井下的导线边长基本上均采用光电测距仪测量，因此，这里仅讨论光电测距边长精度。

1. 对向观测时边长精度评定

一次测量（往测或返测）的观测值中误差，用下式计算：

$$m_0 = \pm \sqrt{\frac{[dd]}{2n}} \tag{8-7}$$

对向观测的平均值中误差，用下式计算：

$$M_D = \frac{m_0}{\sqrt{2}} = \pm \frac{1}{2}\sqrt{\frac{[dd]}{n}} \tag{8-8}$$

式中　d——化算到同高程面的每对水平距离之差；

　　　n——所有差数的个数。

2. 利用标称精度公式评定

在评定仪器的测距精度时，通常采用仪器标称精度公式计算。

$$m_D = \pm(a + b \times D) \tag{8-9}$$

式中　a——测距仪固定误差系数；

　　　b——测距仪比例误差系数；

　　　D——往返测边长平均值，km。

由于双次观测值之差消除了系统误差和部分偶然误差，因此，求得的测边中误差 m_D 比实际偏小，在误差预计时，方案可靠性降低。所以，一般贯通误差预计时，采用标称精度公式计算边长中误差。

三、高程测量误差

高程测量主要有水准测量和三角高程测量，误差参数的获取也要从两方面分析。高程测量误差参数同水平角测量误差参数一样，需要利用实测数据或规范规定值计算。

（一）水准测量误差参数求取

1. 根据多个水准路线的闭（附）合差求单位长度高差中误差

设 m_{h_0} 为单位权中误差，则

$$m_{h_0} = \pm \sqrt{\frac{[Pf_hf_n]}{N}}$$

式中　N——闭（附）合水准路线个数；

　　　f_h——闭（附）合水准路线的高程闭合差。

如果把 f_h 作为真误差看待，则其权应为水准路线长度 L（以 km 为单位）的倒数。这样，各水准环的权应为

$$P_1 = \frac{1}{L_1}, \; P_2 = \frac{1}{L_2}, \; \cdots, \; P_N = \frac{1}{L_N}$$

故

$$[Pf_hf_h] = \frac{f_{h_1}^2}{L_1} + \frac{f_{h_2}^2}{L_2} + \cdots + \frac{f_{h_N}^2}{L_N} = \left[\frac{f_h^2}{L}\right]$$

因而得

$$m_{h_0} = \pm \sqrt{\frac{\left[\dfrac{f_h^2}{L}\right]}{N}} \tag{8-10}$$

2. 根据多个复测支水准路线的往返测高差不符值求单位长度的高差中误差

当用复测水准支线终点的高程闭合差（即往返测高差不符值）f_h 求单位长度中误差时

$$m_{h_0} = \pm \sqrt{\frac{[Pf_hf_h]}{2N}}$$

此时，各复测支线的权的求法同上，则

$$m_{h_0} = \pm \sqrt{\frac{\left[\dfrac{f_h^2}{L}\right]}{2N}} \tag{8-11}$$

3. 根据多个水准路线的闭合差求水准尺读数中误差

设 m_0 为读数中误差，L 为水准路线长度，l 为仪器至水准尺的距离，则 $\frac{L}{l} = 2n$。所以水准路线的权为 $\frac{1}{2n}$，即

$$P_1 = \frac{1}{2n_1}, \; P_2 = \frac{1}{2n_2}, \; \cdots, \; P_N = \frac{1}{2n_N}$$

故

$$[Pf_hf_h] = \frac{f_{h_1}^2}{2n_1} + \frac{f_{h_2}^2}{2n_2} + \cdots + \frac{f_{h_N}^2}{2n_N} = \left[\frac{f_h^2}{2n}\right]$$

故水准尺读数中误差 m_0 为

$$m_0 = \pm \sqrt{\frac{[mPf_hf_h]}{N}} = \pm \sqrt{\frac{\left[\dfrac{f_h^2}{2n}\right]}{N}} \tag{8-12}$$

根据上述实际资料求得的单位长度高差中误差要比理论公式估算的要大，这是因为理论公式中考虑的因素尚不全面。同时《煤矿测量规程》对井下水准测量的容许限差规定较宽，因此实测的误差也要大一些。

4. 根据相关规程规定求水准测量单位权中误差

《煤矿测量规程》规定井下水准往返测量的高程闭合差 $f_{h容} = 2m_{h_0}\sqrt{2R} = \pm 50\sqrt{R}$ mm，

也即容许的单位长度的高差中误差 $m_{h_0} = \dfrac{50}{2\sqrt{2}} = 17.7$ mm。

（二）地下三角高程测量的误差

1. 两测点间的高差中误差

地下三角高程测量时相邻两点间高差的计算公式为

$$h = l'\sin\delta + i - v$$

根据求函数中误差的公式，由上式得

$$m_h^2 = m_{l'}^2\sin^2\delta + l'^2\cos^2\delta\frac{m_\delta^2}{\rho^2} + m_i^2 + m_v^2 \tag{8-13}$$

分析式（8-13）可以看出，量边误差对高差的影响随着倾角 δ 的增大而增大；而倾角测量误差对高差的影响则随着倾角 δ 的增大而变小。所以，当倾角较大时，应注意提高量边精度；当倾角较小时，应注意提高测倾角精度。对于仪器高 l 和觇标高 v 则应精确丈量，防止出现粗差。

同样，三角高程误差理论公式计算也不实用，一般根据多个三角高程导线的闭合差或往返测之差求算单位长度的高差中误差，其计算公式与式（8-10）和式（8-11）相同。

一次往（返）测三角高程导线终点高差中误差为

$$m_{H_K} = \pm m_{h_0}\sqrt{L}$$

式中　　m_{h_0}——单位长度（1 km）三角高程测量的高差中误差；

　　　　L——三角高程线路长度，km。

2. 根据相关规程规定求三角高程测量单位权中误差

《煤矿测量规程》要求基本控制导线的高程容许闭合差 $f_{h(容)} = 2m_{h_0}\sqrt{L} = 100\sqrt{L}$ mm，即

规程要求每 1 km 长度容许的高差中误差为 $m_{h_0} = \dfrac{100}{2} = 50$ mm。

第二节　导线精度分析

一、支导线终点位置误差

（一）由测角、量边引起的支导线终点位置误差

支导线是地下工程平面控制测量的常见形式，通过对测角及测距误差的分析可以看出，由于测角、量边误差的积累，必然会使导线点的位置产生误差。

图 8-1 所示为任意形状的支导线，设 β_1，β_2，$\cdots$，β_n 为所测导线的左角；l_1，l_2，$\cdots$，

l_n 为导线的边长；α_1，α_2，$\cdots$，α_n 为导线边的坐标方位角；m_{β_1}，m_{β_2}，$\cdots$，m_{β_n} 为导线角度的误差；m_{l_1}，m_{l_2}，$\cdots$，m_{l_n} 为导线边长的误差。

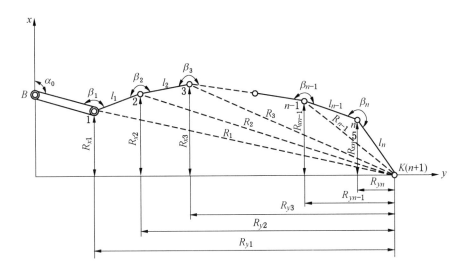

图 8-1　支导线

支导线终点 K 的坐标按下式确定：

$$\begin{cases} x_K = x_1 + l_1\cos\alpha_1 + l_2\cos\alpha_2 + \cdots + l_n\cos\alpha_n \\ y_K = y_1 + l_1\sin\alpha_1 + l_2\sin\alpha_2 + \cdots + l_n\sin\alpha_n \end{cases} \quad (8-14)$$

而导线边的坐标方位角是所测角的函数，即

$$\alpha_i = \alpha_0 + \sum_1^n \beta_i \pm i \times 180° \quad (8-15)$$

导线终点 K 的坐标是整个导线所测角度与边长的函数，因而导线终点 K 的坐标误差公式为

$$M_{x_K}^2 = \left(\frac{\partial x_K}{\partial \beta_1}\right)^2 \frac{m_{\beta_1}^2}{\rho^2} + \left(\frac{\partial x_K}{\partial \beta_2}\right)^2 \frac{m_{\beta_2}^2}{\rho^2} + \cdots + \left(\frac{\partial x_K}{\partial \beta_n}\right)^2 \frac{m_{\beta_n}^2}{\rho^2} +$$

$$\left(\frac{\partial x_K}{\partial l_1}\right)^2 m_{l_1}^2 + \left(\frac{\partial x_K}{\partial l_2}\right)^2 m_{l_2}^2 + \cdots + \left(\frac{\partial x_K}{\partial l_{n1}}\right)^2 m_{l_n}^2$$

$$M_{y_K}^2 = \left(\frac{\partial y_K}{\partial \beta_1}\right)^2 \frac{m_{\beta_1}^2}{\rho^2} + \left(\frac{\partial y_K}{\partial \beta_2}\right)^2 \frac{m_{\beta_2}^2}{\rho^2} + \cdots + \left(\frac{\partial y_K}{\partial \beta_n}\right)^2 \frac{m_{\beta_n}^2}{\rho^2} +$$

$$\left(\frac{\partial y_K}{\partial l_1}\right)^2 m_{l_1}^2 + \left(\frac{\partial y_K}{\partial l_2}\right)^2 m_{l_2}^2 + \cdots + \left(\frac{\partial y_K}{\partial l_{n1}}\right)^2 m_{l_n}^2$$

$$\begin{cases} M_{x_K}^2 = \dfrac{1}{\rho^2} \sum_1^n \left(\dfrac{\partial x_K}{\partial \beta_i}\right)^2 m_{\beta_i}^2 + \sum_1^n \left(\dfrac{\partial x_K}{\partial l_i}\right)^2 m_{l_i}^2 \\ M_{y_K}^2 = \dfrac{1}{\rho^2} \sum_1^n \left(\dfrac{\partial y_K}{\partial \beta_i}\right)^2 m_{\beta_i}^2 + \sum_1^n \left(\dfrac{\partial y_K}{\partial l_i}\right)^2 m_{l_i}^2 \end{cases} \quad (8-16)$$

上式等号右边第一项为测角误差对终点坐标的误差影响，第二项为量边误差的影响，故可写成

$$
\begin{cases}
M_{x_\beta}^2 = \dfrac{1}{\rho^2} \displaystyle\sum_1^n \left(\dfrac{\partial x_K}{\partial \beta_i} \right)^2 m_{\beta_i}^2 \\[4mm]
M_{x_l}^2 = \displaystyle\sum_1^n \left(\dfrac{\partial x_K}{\partial l_i} \right)^2 m_{l_i}^2
\end{cases}
\tag{8-17}
$$

$$
\begin{cases}
M_{y_\beta}^2 = \dfrac{1}{\rho^2} \displaystyle\sum_1^n \left(\dfrac{\partial y_K}{\partial \beta_i} \right)^2 m_{\beta_i}^2 \\[4mm]
M_{y_l}^2 = \displaystyle\sum_1^n \left(\dfrac{\partial y_K}{\partial l_i} \right)^2 m_{l_i}^2
\end{cases}
\tag{8-18}
$$

$$
\begin{cases}
M_{x_K}^2 = M_{x_\beta}^2 + M_{x_l}^2 \\[2mm]
M_{y_K}^2 = M_{y_\beta}^2 + M_{y_l}^2
\end{cases}
\tag{8-19}
$$

1. 由测角误差引起的导线终点坐标误差

测角误差由本章第一节分析的方法得到，对式（8-14）第一式取偏导数：

$$
\begin{cases}
\dfrac{\partial x_K}{\partial \beta_1} = -\left(l_1 \sin\alpha_1 \dfrac{\partial \alpha_1}{\partial \beta_1} + l_2 \sin\alpha_2 \dfrac{\partial \alpha_2}{\partial \beta_1} + \cdots + l_n \sin\alpha_n \dfrac{\partial \alpha_n}{\partial \beta_1} \right) \\[4mm]
\dfrac{\partial x_K}{\partial \beta_2} = -\left(l_1 \sin\alpha_1 \dfrac{\partial \alpha_1}{\partial \beta_2} + l_2 \sin\alpha_2 \dfrac{\partial \alpha_2}{\partial \beta_2} + \cdots + l_n \sin\alpha_n \dfrac{\partial \alpha_n}{\partial \beta_2} \right) \\[2mm]
\cdots \\[2mm]
\dfrac{\partial x_K}{\partial \beta_n} = -\left(l_1 \sin\alpha_1 \dfrac{\partial \alpha_1}{\partial \beta_n} + l_2 \sin\alpha_2 \dfrac{\partial \alpha_2}{\partial \beta_n} + \cdots + l_n \sin\alpha_n \dfrac{\partial \alpha_n}{\partial \beta_n} \right)
\end{cases}
\tag{8-20}
$$

由式（8-15）知

$$
\begin{cases}
\alpha_1 = \alpha_0 + \beta_1 \pm 180° \\[2mm]
\alpha_2 = \alpha_0 + \beta_1 + \beta_2 \pm 2 \times 180° \\[2mm]
\cdots \\[2mm]
\alpha_n = \alpha_0 + \beta_1 + \beta_2 + \cdots + \beta_n \pm n \times 180°
\end{cases}
$$

因此得到

$$
\begin{cases}
\dfrac{\partial \alpha_1}{\partial \beta_1} = \dfrac{\partial \alpha_2}{\partial \beta_1} = \cdots = \dfrac{\partial \alpha_n}{\partial \beta_1} = 1 \\[4mm]
\dfrac{\partial \alpha_1}{\partial \beta_2} = 0, \ \dfrac{\partial \alpha_2}{\partial \beta_2} = \dfrac{\partial \alpha_3}{\partial \beta_2} = \cdots = \dfrac{\partial \alpha_n}{\partial \beta_2} = 1 \\[4mm]
\dfrac{\partial \alpha_1}{\partial \beta_3} = \dfrac{\partial \alpha_2}{\partial \beta_3} = 0, \ \dfrac{\partial \alpha_3}{\partial \beta_3} = \dfrac{\partial \alpha_4}{\partial \beta_3} = \cdots = \dfrac{\partial \alpha_n}{\partial \beta_3} = 1 \\[4mm]
\cdots \\[4mm]
\dfrac{\partial \alpha_1}{\partial \beta_n} = \dfrac{\partial \alpha_2}{\partial \beta_n} = \cdots = \dfrac{\partial \alpha_{n-1}}{\partial \beta_n} = 0, \ \dfrac{\partial \alpha_n}{\partial \beta_n} = 1
\end{cases}
$$

将上式代入式（8-20）得

$$\begin{cases} \dfrac{\partial x_K}{\partial \beta_1} = -\,(\,l_1\sin\alpha_1 + l_2\sin\alpha_2 + \cdots + l_n\sin\alpha_n\,) \\[2mm] \dfrac{\partial x_K}{\partial \beta_2} = -\,(\,l_2\sin\alpha_2 + l_3\sin\alpha_3 + \cdots + l_n\sin\alpha_n\,) \\[2mm] \qquad\qquad\qquad \cdots \\[2mm] \dfrac{\partial x_K}{\partial \beta_n} = -\,l_n\sin\alpha_n \end{cases}$$

或

$$\begin{cases} \dfrac{\partial x_K}{\partial \beta_1} = -\,(\,\Delta y_1 + \Delta y_2 + \cdots + \Delta y_n\,) = -\,(\,y_K - y_1\,) \\[2mm] \dfrac{\partial x_K}{\partial \beta_2} = -\,(\,\Delta y_2 + \Delta y_3 + \cdots + \Delta y_n\,) = -\,(\,y_K - y_2\,) \\[2mm] \qquad\qquad\qquad \cdots \\[2mm] \dfrac{\partial x_K}{\partial \beta_n} = -\,(\,y_K - y_n\,) \end{cases} \tag{8-21}$$

可见，支导线终点的 x 坐标对所测某角度的偏导数为导线终点 K 与相应点 i 间的 y 坐标之差，即终点 K 与某一导线点 i 连线 R 在 y 抽上的投影长 R_y，则

$$\begin{cases} \dfrac{\partial x_K}{\partial \beta_1} = -\,R_1\sin\gamma_1 = -\,R_{y_1} \\[2mm] \dfrac{\partial x_K}{\partial \beta_2} = -\,R_2\sin\gamma_2 = -\,R_{y_2} \\[2mm] \qquad\qquad \cdots \\[2mm] \dfrac{\partial x_K}{\partial \beta_n} = -\,R_n\sin\gamma_n = -\,R_{y_n} \end{cases} \tag{8-22}$$

式中　　R——导线各点 i 与终点 K 的连线长度；

γ_i——导线各点 i 与终点 K 的连线 R_i 的坐标方位角。

将式（8-22）代入式（8-17）和式（8-18）得

$$M_{x_\beta}^2 = \frac{1}{\rho^2} \sum_1^n R_{y_i}^2 m_{\beta_i}^2 \tag{8-23}$$

$$M_{y_\beta}^2 = \frac{1}{\rho^2} \sum_1^n R_{x_i}^2 m_{\beta_i}^2 \tag{8-24}$$

式中　　R_{x_i}——导线终点 K 与各导线点 i 的联线长度在 x 轴上的投影长。

2. 由量边误差引起的导线终点坐标误差

量边误差根据本章第一节中的方法求得，对式（8-14）导线各边边长 l_i 求偏导：

$$\frac{\partial x_K}{\partial l_1} = \cos\alpha_1,\quad \frac{\partial x_K}{\partial l_2} = \cos\alpha_2,\quad \cdots,\quad \frac{\partial x_K}{\partial l_n} = \cos\alpha_n$$

代入式（8-17）和式（8-18）得

$$\begin{cases} M_{x_l}^2 = \sum_1^n \cos^2\alpha_i m_{l_i}^2 \\ M_{y_l}^2 = \sum_1^n \sin^2\alpha_i m_{l_i}^2 \end{cases} \tag{8-25}$$

3. 由测角、量边误差引起的导线终点坐标误差

将上面结果代入式（8-19）得

$$\begin{cases} M_{x_K}^2 = \dfrac{1}{\rho^2}\sum_1^n R_{y_i}^2 m_{\beta_i}^2 + \sum_1^n \cos^2\alpha_i m_{l_i}^2 \\ M_{y_K}^2 = \dfrac{1}{\rho^2}\sum_1^n R_{x_i}^2 m_{\beta_i}^2 + \sum_1^n \sin^2\alpha_i m_{l_i}^2 \end{cases} \tag{8-26}$$

支导线终点的位置误差为

$$M_K^2 = \frac{1}{\rho^2}\sum_1^n R_i^2 m_{\beta_i}^2 + \sum_1^n m_{l_i}^2$$

当等精度测角时

$$\begin{cases} M_{x_K}^2 = \dfrac{m_\beta^2}{\rho^2}\sum_1^n R_{y_i}^2 + \sum_1^n \cos^2\alpha_i m_{l_i}^2 \\ M_{y_K}^2 = \dfrac{m_\beta^2}{\rho^2}\sum_1^n R_{x_i}^2 + \sum_1^n \sin^2\alpha_i m_{l_i}^2 \\ M_K^2 = \dfrac{m_\beta^2}{\rho^2}\sum_1^n R_i^2 + \sum_1^n m_{l_i}^2 \end{cases} \tag{8-27}$$

由上式可得出结论：导线精度与测角和量边的精度、测站的数目和导线形状有关，测角误差对导线精度起决定作用。为提高导线精度，首先提高测角精度，同时适当增大边长，减小测站数目，有条件的尽量布设成闭合导线，因为闭合导线的 $\sum_1^n R_i^2$ 要比直伸形的 $\sum_1^n R_i^2$ 小，从而使测角误差对点位误差的影响减小。

4. 支导线终点误差公式的几何意义及判断测角、量边粗差所在位置的方法

（1）由式（8-23）和式（8-24）可以看出，如果 i 点的角度 β_i 有测角误差 m_{β_i}，则它会使 i 点以后的各点 $i+1$，$i+2$，$i+3$，…，$n-1$，K 产生点位误差。如图 8-2 所示，m_{β_i} 引起 i 点以后导线以 i 点为圆心旋转了一个小角度 m_{β_i}，从而引起 K 点移至 K' 点。

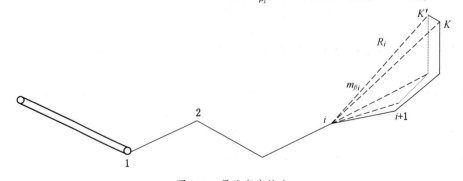

图 8-2　导线角度检查

由上述公式的几何意义分析，如果某闭合（或附合）导线在内业计算时发现角度闭合差超限，且由此引起了很大的线量闭合差 11′，如图 8-3 所示。为此我们作它的垂直二等分线，它所指的点（3 点）便是最有可能产生测角错误的点。

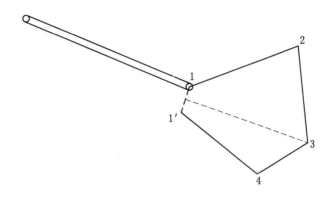

图 8-3　检查导线角度测量错误

（2）由式（8-25）可以看出，de 边如果有量边误差 $m_{l_{de}}$，则会使 e 点及以后的各点均沿 de 边的方向移动一段距离 $m_{l_{de}}$，如图 8-4 所示。

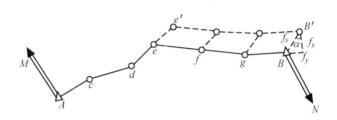

图 8-4　检查导线边长测量错误

由上述分析可知，某条闭合（或附合）导线在内业计算时，如果发现角度闭合差不超限，但线量闭合差超限，可能是边长或坐标方位角错误所致。如图 8-4 所示，由于边长或方位角错误致使 B 点移至 B' 点，可用全长闭合差的坐标方位角来判断，其 BB' 坐标方位角为

$$\alpha_f = \arctan \frac{f_y}{f_x}$$

根据上式求得坐标方位角 α_f 后，将其与各边的坐标方位角相比较，如有与之平行或大致平行的导线边，即坐标方位角相等或相近，则应检查其边长有无用错或算错，如图 8-4 所示。如有与之相差约为 90° 者，则应检查其坐标方位角有无用错或算错，如图 8-5 所示。

上述判断导线错误的方法，仅仅对导线计算过程中只有一个错误存在时的情况有效。

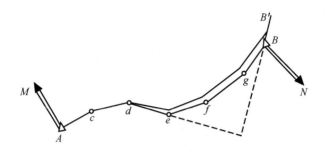

图 8-5　检查导线边的坐标方位角错误

（二）由起算边坐标方位角误差和起算点位置误差所引起的支导线终点位置误差

实际上地下导线起始点的坐标是通过一系列测量与计算传递得来的，因此存在着误差，起始边的坐标方位角是经过定向测量确定的，带有不可忽视的误差，它对导线终点的位置有显著影响，因此需要进行分析。

1. 由起始边坐标方位角误差引起的支导线终点位置误差

设 m_{α_0} 为起始边坐标方位角 α_0 的误差，由起始边坐标方位角误差所引起的支导线终点的坐标误差为

$$M_{x_{0K}} = \frac{\partial x_K}{\partial \alpha_0} \frac{m_{\alpha_0}}{\rho}$$

$$M_{y_{0K}} = \frac{\partial y_K}{\partial \alpha_0} \frac{m_{\alpha_0}}{\rho}$$

$$\frac{\partial x_K}{\partial \alpha_0} = \frac{\partial x_1}{\partial \alpha_0} - l_1 \sin\alpha_1 \frac{\partial \alpha_1}{\partial \alpha_0} - l_2 \sin\alpha_2 \frac{\partial \alpha_2}{\partial \alpha_0} - \cdots - l_n \sin\alpha_n \frac{\partial \alpha_n}{\partial \alpha_0}$$

由式（8-15）得

$$\frac{\partial \alpha_1}{\partial \alpha_0} = \frac{\partial \alpha_2}{\partial \alpha_0} = \cdots = \frac{\partial \alpha_n}{\partial \alpha_0} = 1 \qquad \frac{\partial x_1}{\partial \alpha_0} = 0$$

则

$$\frac{\partial x_K}{\partial \alpha_0} = -(l_1 \sin\alpha_1 + l_2 \sin\alpha_2 + \cdots + l_n \sin\alpha_n) = -(y_K - y_1) = -R_{y_1}$$

同样得

$$\frac{\partial y_K}{\partial \alpha_0} = x_K - x_1 = R_{x_1}$$

故有

$$\begin{cases} M_{x_{0K}} = \pm \dfrac{m_{\alpha_0}}{\rho} R_{y_1} \\[2mm] M_{y_{0K}} = \pm \dfrac{m_{\alpha_0}}{\rho} R_{x_1} \\[2mm] M_{0K} = \pm \dfrac{m_{\alpha_0}}{\rho} R_1 \end{cases} \qquad (8-28)$$

可见，由起始边坐标方位角误差引起的支导线终点的位置误差随终点与起点的连线距离增大而增大。实质上，若把 m_{α_0} 当作导线起始点 1 的测角误差 $m_{\beta 1}$，可由式（8-23）和式（8-24）得到上式。因此，起始边坐标方位角 α_0 的误差的影响与起始点 1 的测角误差的影响相同，即与导线的形状和闭合线长度有关。

2. 考虑起始点 1 的坐标误差

若考虑起始点 1 的坐标误差，则 m_{α_0}、M_{x_1} 和 M_{y_1} 的共同影响为

$$
\begin{cases}
M_{x_{0K}}^2 = M_{x_1}^2 + \left(\dfrac{m_{\alpha_0}}{\rho}R_{y_1}\right)^2 \\[3mm]
M_{y_{0K}}^2 = M_{y_1}^2 + \left(\dfrac{m_{\alpha_0}}{\rho}R_{x_1}\right)^2 \\[3mm]
M_{0K}^2 = M_1^2 + \left(\dfrac{m_{\alpha_0}}{\rho}R_1\right)^2
\end{cases}
\tag{8-29}
$$

上式表明，导线起始点误差对导线各点的影响始终保持常数。

（三）在某一指定方向上的支导线终点点位误差

在地下贯通工程中，常常不需要知道其在 x 轴与 y 轴上的坐标误差，而是需要求垂直于巷（隧）道中线方向上的相遇误差。这时，只需假设某坐标轴（纵轴成横轴）和指定方向重合，然后按此坐标轴求出坐标方向上的误差，这就是所要求的某指定方向上的误差，式（8-26）仍适用。

$$
\begin{cases}
M_{x_K'}^2 = \dfrac{m_\beta^2}{\rho^2}\sum_1^n R_{y_i'}^2 + \sum_1^n \cos^2\alpha_i' m_{l_i}^2 \\[4mm]
M_{y_K'}^2 = \dfrac{m_\beta^2}{\rho^2}\sum_1^n R_{x_i'}^2 + \sum_1^n \sin^2\alpha_i' m_{l_i}^2
\end{cases}
$$

式中的 α_i'、$R_{y_i'}$ 和 $R_{x_i'}$ 是针对指定方向 x' 的新坐标系中求算的，求算的方法和前面讨论的相同。

（四）等边直伸形支导线终点坐标误差

在直线巷（隧）道中一般敷设近似等边直伸形支导线，即各测站水平角 β_i 均近于 $180°$，边长亦等于 l_0。

设 t 为沿导线直伸方向的导线终点误差，简称纵向误差；u 为垂直于导线直伸方向的导线终点误差，简称横向误差。

$$
t^2 = M_{x_K'}^2 = \frac{m_\beta^2}{\rho^2}\sum_1^n R_{y_i'}^2 + \sum_1^n \cos^2\alpha_i' m_{l_i}^2
$$

$$
u^2 = M_{y_K'}^2 = \frac{m_\beta^2}{\rho^2}\sum_1^n R_{x_i'}^2 + \sum_1^n \sin^2\alpha_i' m_{l_i}^2
$$

在假定坐标系统中 $\alpha' \approx 0$，则 $\cos\alpha' \approx 1$，$\sin\alpha' \approx 0$，而 $R_{y_i'}=0$，因而

$$
t^2 = \sum_1^n m_{l_i}^2
\tag{8-30}
$$

$$
u^2 = \frac{m_\beta^2}{\rho^2}\sum_1^n R_{x_i'}^2
$$

由于 $R_{x_1'} = nl$，$R_{x_2'} = (n-1) l$，$\cdots$，$R_{x'_{(n-1)}} = 2l$，$R_{x_n'} = l$，所以

$$\sum_1^n R_{x_i'}^2 = n^2 l^2 + (n-1)^2 l^2 + \cdots + 2^2 l^2 + l^2 =$$

$$l^2 \frac{n(n+1)(2n+1)}{6} \approx n^2 l^2 \frac{n+1.5}{3}$$

设 L 为导线始点与终点的连线长度，对等边直伸形导线而言 $L=nl$，于是

$$u = \frac{m_\beta}{\rho} L \sqrt{\frac{n+1.5}{3}} \tag{8-31}$$

当导线边较多时

$$u = \frac{m_\beta}{\rho} L \sqrt{\frac{n}{3}} \tag{8-32}$$

当导线成直伸形时，测角误差只影响导线终点的横向误差，而量边误差只影响其纵向误差。因此，要减小终点的横向误差，必须提高测角精度，减少测站数目；要减小纵向误差，必须提高量边精度。

地下严格的直伸形导线较少，一般近于直伸形。经分析，只要导线各边与导线起点终点闭合线 L 的最大夹角不大于 $\pm 24°$，导线点离开闭合线 L 的最大垂距不大于 $\pm L/8$，就可以认为它是直伸形导线，其终点位置误差就可以用上面的公式来计算。至于直伸形导线边长不等所引起的纵向误差值的影响是不大的，可以忽略。

（五）支导线任意点的位置误差

前面分析了支导线终点 K 的位置误差，当需要估算支导线任意点 C 的位置误差时，只需将任意点 C 当作终点，然后将起始点 1 与 C 点之间的各点与 C 点连线，即得到 R_i 及 L 等要素，便可利用相应公式进行计算。

（六）支导线任意边的坐标方位角误差

支导线任意坐标方位角是由起始边坐标方位角和所测角计算的，其公式为

$$\alpha_j = \alpha_0 + \sum_1^j \beta_i \pm j \times 180°$$

误差公式为

$$M_{\alpha_j}^2 = M_{\alpha_0}^2 + \sum_1^j m_{\beta_i}^2$$

当测角为等精度时

$$M_{\alpha_j}^2 = M_{\alpha_0}^2 + j m_\beta^2 \tag{8-33}$$

若不考虑起始边坐标方位角误差，则

$$M_{\alpha_j} = m_\beta \sqrt{j} \tag{8-34}$$

（七）求支导线点位误差实例

由隧道中已知点 1 和已知方向 $B-1$ 开始测设地下 $15''$ 级光电测距支导线，如图 8-6 所示。所测导线各边长及左角数值列于表 8-2 中，测距仪标称精度为 $M_D = \pm (5 + 5 \times 10^{-6} D)$ mm。求导线第 7 点在垂直和平行于 6-7 边方向上的位置误差。

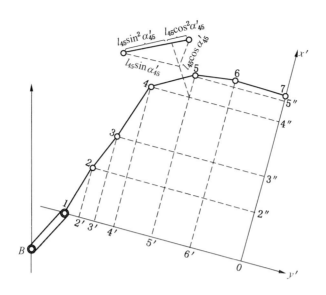

图 8-6　支导线点位误差估算图

表 8-2　边长与水平角数据表

角号	角值	边号	边长/m
1	171°20′35″	1-2	44.632
2	186°58′42″	2-3	32.314
3	172°02′05″	3-4	52.691
4	225°30′10″	4-5	36.300
5	201°01′02″	5-6	35.172
6	187°04′12″	6-7	42.684

计算步骤如下：

（1）按原坐标系统从已知点和已知方向根据所测角度和边长按一定比例尺（1∶2000 或 1∶1000）绘制导线图（图8-6），也可以根据计算出的各点坐标绘制导线图，在图上绘制出新的坐标轴 x' 和 y'，使 x' 轴与所要求的 6-7 边相垂直。

（2）直接在导线图上量取各导线点至第7点的连线在 x' 和 y' 轴上的投影长度 $R_{x'}$、$R_{y'}$，并将其数值列于表 8-3 中。即

$$R_{x'_1} = 0 - 7, \quad R_{x'_2} = 2'' - 7, \quad \cdots, \quad R_{x'_5} = 5'' - 7, \quad R_{x'_6} = 0$$

$$R_{y'_1} = 0 - 1, \quad R_{y'_2} = 0 - 2', \quad \cdots, \quad R_{y'_5} = 0 - 5', \quad R_{y'_6} = 0 - 6'$$

（3）计算由于测角误差引起的第7点的位置误差 $M_{x'_\beta}$ 和 $M_{y'_\beta}$，其结果列于表 8-3 中。即

$$M_{x'_\beta} = \pm \sqrt{407 \times 10^{-6}} = \pm 0.0202 \text{ m} = \pm 20.2 \text{ mm}$$

$$M_{y'_\beta} = \pm \sqrt{192 \times 10^{-6}} = \pm 0.0139 \text{ m} = \pm 13.9 \text{ mm}$$

（4）计算由于量边误差引起的第7点位置误差 $M_{x'_l}$ 和 $M_{y'_l}$。由于导线边较短，各边的中误差均在 5.16~5.26 mm 之间，为计算方便均取 5.3 mm。

$$M_{x'_l} = \pm\sqrt{\sum (m_{l_i}^2 \cos^2\alpha'_i)} = \pm 9.1 \text{ mm}$$

$$M_{y'_l} = \pm\sqrt{\sum (m_{l_i}^2 \sin^2\alpha'_i)} = \pm 8.2 \text{ mm}$$

表8-3　测角误差影响估算表

点号	$R_{x'}/\text{m}$	$R_{y'}/\text{m}$	m_β	$(m_\beta/\rho)^2$
1	143.5	151.0		
2	101.0	137.5	15″	53×10^{-10}
3	71.3	124.4		
4	20.8	109.0		
5	4.1	76.3	$\left(\dfrac{m_\beta}{\rho}\right)^2 [R_{y'}^2]$	$\left(\dfrac{m_\beta}{\rho}\right)^2 [R_{x'}^2]$
6	0	42.7		
$[R^2]$	36320	76700	407×10^{-6}	192×10^{-6}

（5）计算第7点垂直于第6-7边的位置误差和平行于该边的位置误差。

$$M_{x'_7} = \pm\sqrt{407 + 83} = \pm 22.1 \text{ mm}$$

$$M_{y'_7} = \pm\sqrt{192 + 67} = \pm 16.1 \text{ mm}$$

$$M_7 = \pm\sqrt{490 + 259} = \pm 27.4 \text{ mm}$$

（6）6-7边的坐标方位角中误差为

$$M_{\alpha_{67}} = \pm m_\beta\sqrt{n} = \pm 36.7''$$

二、方向附合导线的误差

在长距离地下工程中，采用陀螺经纬仪测定导线起始边方向和中间边及最末边方向，这样就使支导线变成有两个或两个以坚强方向和一个坚强点控制的方向附合导线。这种导线只有一个强制符合条件，只能进行角度平差。

1. 方向附合导线终点点位误差

如图8-7中，导线由坚强边 $A-1$ 的坚强点1开始，经过1，2，…，$n-1$ 到坚强边 $n-K$ 上，进行角度平差后，不考虑起始数据误差影响，其终点 K 的点位误差估算公式为

$$\begin{cases} M_{x_K}^2 = \dfrac{m_\beta^2}{\rho^2}\left\{[y^2] - \dfrac{[y]^2}{n+1}\right\} + [m_l^2\cos^2\alpha] \\[3mm] M_{y_K}^2 = \dfrac{m_\beta^2}{\rho^2}\left\{[x^2] - \dfrac{[x]^2}{n+1}\right\} + [m_l^2\sin^2\alpha] \\[3mm] M_K^2 = \dfrac{m_\beta^2}{\rho^2}\left\{[x^2] + [y^2] - \dfrac{[x]^2 + [y]^2}{n+1}\right\} + [m_l^2] \end{cases} \qquad (8\text{-}35)$$

172

式中 $x = x_K - x_i$，$y = y_K - y_i$。

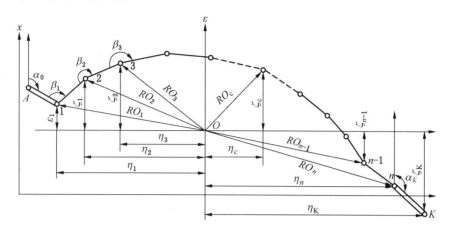

图 8-7　方向附合导线误差

如果将坐标原点移到导线的平均坐标点（导线重心）上，即图 8-7 中的 O 点，则可得终点的误差在重心坐标系中的公式为

$$\begin{cases} M_{x_K}^2 = \dfrac{m_\beta^2}{\rho^2}[\eta_i^2] + [m_{l_i}^2 \cos^2 \alpha_i] \\[3mm] M_{y_K}^2 = \dfrac{m_\beta^2}{\rho^2}[\xi_i^2] + [m_{l_i}^2 \sin^2 \alpha_i] \\[3mm] M_K^2 = \dfrac{m_\beta^2}{\rho^2}[R_{O_i}^2] + [m_{l_i}^2] \end{cases} \tag{8-36}$$

式中 $\eta_i = y_i - y_0$，$\xi_i = x_i - x_0$，$R_{O_i}^2 = \eta_i^2 + \xi_i^2$，$x_0 = \dfrac{[x_i]}{n+1}$，$y_0 = \dfrac{[y_i]}{n+1}$。

分析可知：对于形状、长度基本相同的支导线和方向附合导线，量边误差对两者的导线终点位置的误差影响相同，而测角误差的影响在角度平差后明显减少了，因为 $[R_O^2]$ 比 $[R_i^2]$ 小。因此，在地下工程测量中，布设控制导线时，一般每 $1.5 \sim 2.0$ km 应加测陀螺定向边。

2. 方向附合导线中任意点 C 的点位误差

方向附合导线中任意点 C 的点位误差可按下式计算：

$$\begin{cases} M_{x_C}^2 = \dfrac{m_\beta^2}{\rho^2}\left\{ \sum_1^{C-1} R_{y_{Ci}}^2 - \dfrac{\left(\sum_1^{C-1} R_{y_{Ci}}\right)^2}{n+1} \right\} + \sum_1^{C-1} m_{l_i}^2 \cos^2 \alpha_i \\[5mm] M_{y_C}^2 = \dfrac{m_\beta^2}{\rho^2}\left\{ \sum_1^{C-1} R_{x_{Ci}}^2 - \dfrac{\left(\sum_1^{C-1} R_{x_{Ci}}\right)^2}{n+1} \right\} + \sum_1^{C-1} m_{l_i}^2 \sin^2 \alpha_i \\[5mm] M_C^2 = M_{x_C}^2 + M_{y_C}^2 \end{cases} \tag{8-37}$$

式中　$R_{x_{Ci}}$、$R_{y_{Ci}}$——任意点 C 与 C 点之前的各点的连线在 x、y 轴上的投影；

$n+1$——方向附合导线的角度总个数。

3. 加测陀螺定向边的导线终点误差

为提高导线精度，除了测定导线的终端坐标方位角外，还在导线的中间根据需要加测一个或多个导线边的坐标方位角。如图8-8所示，在导线中间加测多条陀螺边的坐标方位角，当测定的陀螺定向边坐标方位角可看作坚强数据时，经角度平差后，同时顾及陀螺定向边本身的误差影响，则终点 K 的点位误差公式为

$$
\begin{cases}
M_{x_K}^2 = \dfrac{m_\beta^2}{\rho^2}\{[\eta^2]_{\mathrm{I}} + [\eta^2]_{\mathrm{II}} + \cdots + [\eta^2]_N\} + \dfrac{m_{\alpha_0}^2}{\rho^2}(y_A - y_{O_{\mathrm{I}}}) + \\[2mm]
\qquad \dfrac{m_{\alpha_1}^2}{\rho^2}(y_{O_{\mathrm{I}}} - y_{O_{\mathrm{II}}}) + \cdots + \dfrac{m_{\alpha_N}^2}{\rho^2}(y_K - y_{O_N}) + [m_{l_i}^2 \cos^2\alpha_i] \\[2mm]
M_{y_K}^2 = \dfrac{m_\beta^2}{\rho^2}\{[\xi^2]_{\mathrm{I}} + [\xi^2]_{\mathrm{II}} + \cdots + [\xi^2]_N\} + \dfrac{m_{\alpha_0}^2}{\rho^2}(x_A - x_{O_{\mathrm{I}}}) + \\[2mm]
\qquad \dfrac{m_{\alpha_1}^2}{\rho^2}(x_{O_{\mathrm{I}}} - x_{O_{\mathrm{II}}}) + \cdots + \dfrac{m_{\alpha_N}^2}{\rho^2}(x_K - x_{O_N}) + [m_{l_i}^2 \sin^2\alpha_i] \\[2mm]
M_K^2 = M_{x_K}^2 + M_{y_K}^2
\end{cases} \tag{8-38}
$$

式中　η、ξ——各导线点到本段导线重心 O 的距离在 y 轴和 x 轴上的投影长。

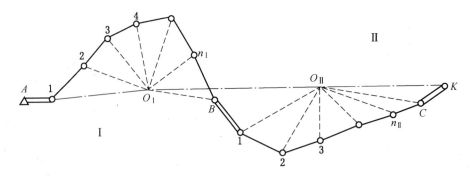

图 8-8　中间加测陀螺定向边的导线终点点位误差估算图

4. 角度平差后导线边坐标方位角的误差

角度平差后，导线边坐标方位角是平差角度的函数，即

$$
\alpha_j = \alpha_0 + \sum_1^j (\beta_i) \pm j \times 180°
$$

式中　β_i——经平差后的角值。

因为任意边的坐标方位角是角度平差值的函数，故按平差值函数权倒数的公式可求出任意边的坐标方位角中误差。

$$
M_{\alpha_j} = m_\beta \sqrt{\dfrac{j(n+1-j)}{n+1}} \tag{8-39}
$$

要确定导线坐标方位角误差的最大值及其出现的地点，可由求极值的方法确定，经计算坐标方位角误差的最大值位于导线中央。

当 $j = \dfrac{n+1}{2}$ 时

$$M_{\alpha_{\text{最大}}} = \frac{m_\beta}{2}\sqrt{n+1} \tag{8-40}$$

由此可见，附合或闭合导线的坐标方位角最大误差要比同样测站数的支导线的最大误差减小一半。

第三节 定向精度分析

本节主要从垂球线投点的投点误差、投向误差、一井定向、两井定向和陀螺定向的误差分析定向精度。

一、投点和投向误差分析

1. 垂球线投点误差来源

井筒中垂球线投点误差的主要来源有：①气流对垂球线和垂球的作用；②滴水对垂球线的影响；③钢丝的弹性作用；④垂球线的摆动面和标尺面不平行；⑤垂球线的附生摆动。

这些影响十分复杂，但又很重要，国内外矿山测量人员进行了不少研究，综合起来主要有以下结论：井筒中的气流是投点误差的主要因素，这些误差很难用公式进行定量计算，只能定性分析，并根据分析结果采取相应措施。

2. 减少投点误差的措施

为减少投点误差，可采取下列主要措施：①尽量增大两垂球线间的距离，并选择合理的垂球线位置；②采用挡风布等方法，尽量减少马头门处气流对垂球线的影响；③采用小直径、高强度的钢丝，适当加大垂球重量，并将垂球浸入稳定液中；④摆动监测时，垂球线摆动的方向应尽量与标尺平行，并适当增大摆幅，但不宜超过 100 mm；⑤减小滴水对垂球线及垂球的影响，在稳定液中加入锯末或给盛稳定液的容器加挡水盖。

3. 投向误差

由一井定向可知，由于垂球线偏斜，引起了两垂球线方向的误差，即投向误差，以 θ 表示。θ 值的大小直接与投点误差 e 的大小及其方向有关，如图 8-9 所示。

假设在投点时，B_0 点没有误差，而 A_0 点有一线量误差 e_A，则由图 8-9a 可知，由此面引起的投向误差 θ_A 为

$$\theta_A = \pm\rho\,\frac{e_A}{c\sqrt{2}}$$

同理可得

$$\theta_B = \pm\rho\,\frac{e_B}{c\sqrt{2}}$$

若两根垂球线的投点条件相同，即认为 $e_A = e_B = e$，则总的投向误差为

$$\theta = \pm\sqrt{\theta_A^2 + \theta_B^2} = \pm\frac{e}{c}\rho \tag{8-41}$$

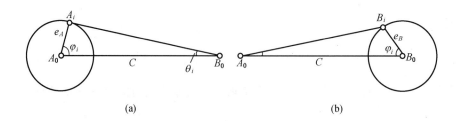

(a)   (b)

A_0、B_0—垂球线在地面上的位置；A_i、B_i—垂球线在定向水平上偏斜后的某一位置；

e_A、e_B—A_0 和 B_0 在定向水平上的投点线量误差；φ_i—垂球线的偏斜方向与两垂球线联线方向的夹角；

θ_i—垂球线在某一偏斜情况下所引起的投向误差；c—两垂球线之间的距离

图 8-9　垂球线的投向误差

由此可见，投向误差的大小与 e 成正比，而与 c 成反比。因此，投点时应尽量加大垂球线间的距离，并采用完善的投点方向，以减少投向误差 θ。

二、一井定向误差分析

一井定向一般采用三角形法，下面对三角形定向精度进行分析。由图 8-10 可知，地下导线起始边 $C'D'$ 的方位角 $\alpha_{C'D'}$ 可用下式计算：

$$\alpha_{C'D'} = \alpha_{DC} + \varphi - \alpha + \beta' + \varphi' \pm 4 \times 180°$$

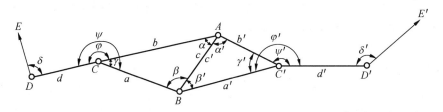

图 8-10　连接三角形示意图

方位角 $\alpha_{C'D'}$ 的误差就是定向误差，以 $m_{\alpha_{C'D'}}$ 表示。它除了包括计算中所用到的角度误差外，还有投向误差 θ。因此，总的定向误差为

$$m_{\alpha_{C'D'}}^2 = m_{\alpha_{DC}}^2 + m_\varphi^2 + m_\alpha^2 + m_{\beta'}^2 + m_{\varphi'}^2 + \theta^2 \tag{8-42}$$

如果将上式分为地上连接误差、地下连接误差和投向误差三部分，则又可写成

$$M_{\alpha_0}^2 = m_{\alpha_{C'D'}}^2 = m_上^2 + \theta^2 + m_下^2 \tag{8-43}$$

其中

$$m_上^2 = m_{\alpha_{DC}}^2 + m_\varphi^2 + m_\alpha^2 \tag{8-44}$$

$$m_下^2 = m_{\beta'}^2 + m_{\varphi'}^2 \tag{8-45}$$

下面分别对这些误差进行分析。

（一）连接三角形中垂球线处角度的误差及三角形最有利的形状

计算中所用到的垂球线处的角度 α，在延伸三角形中是用正弦公式算得的。

$$\sin\alpha = \frac{a}{c}\sin\gamma$$

角度 α 为测量值 a、c 和 γ 的函数，故误差公式为

$$m_\alpha^2 = \left(\frac{\partial\alpha}{\partial a}\right)^2 m_a^2\rho^2 + \left(\frac{\partial\alpha}{\partial c}\right)^2 m_c^2\rho^2 + \left(\frac{\partial\alpha}{\partial\gamma}\right)^2 m_\gamma^2 \qquad (8-46)$$

式中偏导数分别为：$\dfrac{\partial\alpha}{\partial a} = \dfrac{\sin\gamma}{c\cos\alpha}$，$\dfrac{\partial\alpha}{\partial c} = -\dfrac{a\sin\gamma}{c^2\cos\alpha}$，$\dfrac{\partial\alpha}{\partial\lambda} = \dfrac{a\cos\gamma}{c\cos\alpha}$。

将各偏导数代入式（8-46），并根据 $\sin\gamma = \dfrac{c}{a}\sin\alpha$，$\cos^2\gamma = 1 - \dfrac{c^2}{a^2}\sin^2\alpha$ 得

$$m_\alpha = \pm\sqrt{\rho^2\tan^2\alpha\left(\frac{m_a^2}{a^2} + \frac{m_c^2}{c^2} - \frac{m_\gamma^2}{\rho^2}\right) + \frac{a^2}{c^2\cos^2 a}m_\gamma^2} \qquad (8-47)$$

对 β 角同样可得

$$m_\beta = \pm\sqrt{\rho^2\tan^2\beta\left(\frac{m_b^2}{b^2} + \frac{m_c^2}{c^2} - \frac{m_\gamma^2}{\rho^2}\right) + \frac{b^2}{c^2\cos^2 b}m_\gamma^2} \qquad (8-48)$$

对井下定向水平的连接三角形，也可得到同样的公式。

由式（8-47）和式（8-48）可以看出，当 $\alpha\approx 0°$，$\beta\approx 180°$（或 $\alpha\approx 180°$，$\beta\approx 0°$）时，则各测量元素的误差对于垂球线处角度的精度影响最小。因为此时

$$\tan\alpha\approx 0,\quad \tan\beta\approx 0,\quad \cos\alpha\approx 1,\quad \cos\beta\approx -1$$

故式（8-47）和式（8-48）可变成

$$\begin{cases} m''_\alpha = \pm\dfrac{a}{c}m''_\gamma \\[2ex] m''_\beta = \pm\dfrac{b}{c}m''_\gamma \end{cases} \qquad (8-49)$$

当 $\alpha<2°$、$\beta>178°$时，角度误差即可用上式计算。

分析上述误差公式可得出如下结论：

（1）连接三角形最有利的形状为锐角不大于 2° 的延伸三角形。

（2）计算角 α 和 β 的误差，随测量角 γ 的误差（m_γ 只含测角方法误差）增大而增大，随比值 a/c 的减小而减小。故在连接测量时，应使连接点 C 和 C' 尽可能靠近最近的垂球线，并精确地测量角度 γ。《煤矿测量规程》规定，a/c（或 b/c）的值应尽量小些。

（3）两垂球线间的距离 c 越大，则计算角的误差越小。

（4）在延伸三角形时，量边误差对定向精度的影响较小。

综合结论（1）和（4），作为延伸形三角形，锐角不大于 2°，$a+c\approx b$，相当于直伸形导线。因此，量边误差只产生纵向误差，不产生投向误差。

（二）连接角误差对连接精度的影响

如图 8-11 所示，A 和 B 为垂球线，CD 为地面连接边。布置连接三角形时，要求连接点 C 适当地靠近垂球线。那么，在短边情况下，测连接角 φ 的误差对连接精度（即方位角 α_{AB}）的影响必须进行讨论。

首先，讨论经纬仪在连接点 C 上的对中误差对连接精度的影响。

假设经纬仪在连接点 C 上的对中有线量误差 e_T 而对中在 C_1 点上，则连接边就成了 C_1D。因为在定向时，连接三角形的各测量元素（γ 角和 a、b、c 边）都是根据经纬仪中

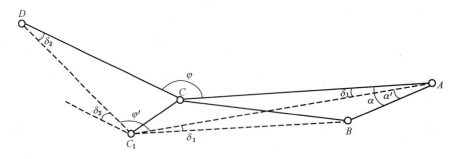

图 8-11 经纬仪在连接点上的对中误差

心来测得的，所以仪器在 C 点的对中误差对连接三角形的解算没有影响，而只是对垂球线的方位角 α_{AB} 的确定有影响。当经纬仪对中无误差时，则

$$\alpha_{AB} = \alpha_{CD} + \varphi - \alpha \pm 2 \times 180°$$

当经纬仪有对中误差时，则

$$\alpha'_{AB} = \alpha_{CD} + \varphi' - \alpha' \pm 2 \times 180°$$

由此而引起方位角 α_{AB} 的误差为

$$\Delta = \alpha_{AB} - \alpha'_{AB} = \varphi - \varphi' - \alpha + \alpha'$$

但由图 8-11 可知

$$\Delta = \delta_2 + \delta_1 - \delta_1 = \delta_2$$

因此，经纬仪对中不正确对 α_{AB} 的影响为 δ_2，故可得中误差为

$$m_{e_T} = \pm \rho \frac{e_T}{\sqrt{2}\, d} \tag{8-50}$$

由上式可知，连接边 d 越长，则此项误差就越小，它与 CA 的长短无关。

另外，在连接测量时，还要考虑 D 点上的觇标对中误差 m_{e_D}，即

$$m_{e_D} = \pm \rho \frac{e_D}{\sqrt{2}\, d}$$

在 C 点测连接角 φ 的误差，对连接精度的影响 m_φ 为

$$m_\varphi = \pm \sqrt{m_i^2 + \left(\frac{e_T}{\sqrt{2}\, d}\right)^2 \rho^2 + \left(\frac{e_D}{\sqrt{2}\, d}\right)^2 \rho^2} \tag{8-51}$$

式中　m_i——测量方法误差。

当 $e_T = e_D = e_1$ 时，则

$$m_\varphi = \pm \sqrt{m_i^2 + \frac{e_1^2}{d^2}\rho^2} \tag{8-52}$$

由此可知，要减少测量连接角的误差影响，连接边 d 应尽可能长些，并提高仪器及觇标的对中精度，《煤矿测量规程》要求 d 尽量大于 20 m。

上述公式对估算井下连接测量角 φ' 的误差也同样适用。

（三）三角形连接法连接时一并定向总误差

根据式（8-49）得定向总误差为

$$M_{a_0} = m_{\alpha_{C''D''}} = \pm \sqrt{m_{\alpha_{DC}}^2 + m_\varphi^2 + m_{\alpha''}^2 + m_{\beta''}^2 + m_{\varphi'}^2 + \theta^2}$$

式中各项误差的计算方法如下。

m_{φ} 和 $m_{\varphi'}$ 一样可用式（8-52）计算，即

$$m_{\varphi} = \pm \sqrt{m_i^2 + \frac{e_1^2}{d^2}\rho^2}$$

投向误差 θ 可按式（8-41）计算，即

$$\theta'' = \pm \frac{e}{c}\rho''$$

$m_{\alpha''}$（或 $m_{\beta''}$）在 $\alpha < 2°$、$\beta > 178°$ 的延伸三角形中可用式（8-49）计算，即

$$m_{\alpha}'' = \pm \frac{a}{c}m_{\gamma}'' \qquad m_{\beta}'' = \pm \frac{b}{c}m_{\gamma}''$$

由于连接边的方位角 α_{DC} 是由地面近井点设导线测出的，故 $m_{\alpha_{DC}}$ 可按支导线的误差累积公式计算，即

$$m_{\alpha_{DC}} = \pm m_{\beta}\sqrt{n}$$

式中　m_{β}——地面近井导线的测角中误差；

　　　n——近井导线的角数。

（四）按正弦公式解算三角形时所用检查方法的可靠性

按正弦公式解算三角形时，常用两种方法检查测量和计算的正确性：其一是对比两垂球线间距离的丈量值和计算值；其二是用三角形内角和是否等于180°来检查。下面分别讨论这两种检查方法的可靠程度。

1. 两垂球线间距离检查的可靠性

若两垂球线间距离的丈量值为 c，而计算值为 c'，则其差数 $d=c-c'$ 的误差为

$$m_d^2 = m_c^2 + m_{c'}^2 \tag{8-53}$$

因 $c'^2 = a^2 + b^2 - 2ab\cos\gamma$，故

$$m_{c'}^2 = \left(\frac{\partial c'}{\partial a}\right)^2 m_a^2 + \left(\frac{\partial c'}{\partial b}\right)^2 m_b^2 + \left(\frac{\partial c'}{\partial \gamma}\right)\frac{m_{\gamma}^2}{\rho^2} \tag{8-54}$$

按上式取各偏导数后，令 $c=c'$，得

$$m_{c'}^2 = m_a^2\cos^2\beta + m_b^2\cos^2\alpha + \frac{m_{\gamma}^2}{\rho^2}b^2\sin^2\alpha$$

当用正弦公式解延伸三角形时，$\cos\alpha \approx 1$，$\cos\beta \approx -1$，将上式代入式（8-53）和式（8-54），得

$$m_d^2 = m_c^2 + m_b^2 + m_a^2 + \frac{m_{\gamma}^2}{\rho^2}b^2\sin^2\alpha \tag{8-55}$$

上式等号右边前 3 项为量边误差对差数 d 的影响，而最后一项为测角误差的影响。因为在延伸三角形中，$\sin\alpha \approx 0$，所以测角误差的影响反映不出来。因此，这种检查方法只能检查量边的正确性，而不能检查测角的正确性。

当三角形用正弦公式解算时，式（8-55）可近似写为

$$m_d^2 = m_c^2 + m_b^2 + m_a^2$$

若

$$m_c = m_a = m_b = m_l$$

则

$$m_d = \pm m_l \sqrt{3} \tag{8-56}$$

当 $m_l = 0.5$ mm 时，$m_d = \pm 0.5\sqrt{3} \approx 1.0$ mm。取容许误差为中误差的两倍，则

$$d = m_{d容} = 2m_d = 2 \times 1.0 = 2.0 \text{ mm}$$

《煤矿测量规程》规定，两垂球线间距离的丈量值与计算值之差，井上不应超过 2 mm。考虑到井下的工作条件较困难，故对井下放宽到不超过 4 mm。

2. 内角和检查的可靠性

三角形中三内角和数公式为

$$S = \alpha + \beta + \gamma \tag{8-57}$$

式中角度 γ 是实际测的，而 α 及 β 按下式计算：

$$\sin\alpha = \frac{a}{c}\sin\gamma \qquad \sin\beta = \frac{b}{c}\sin\gamma$$

因此，和数 S 是角度 γ 及边长 a、b、c 的实测值的函数。当测角、量边均有误差时，则和数 S 的误差价 m_S 为

$$m_S^2 = \left(\frac{\partial S}{\partial a}\right)^2 m_a^2 \rho^2 + \left(\frac{\partial S}{\partial b}\right)^2 m_b^2 \rho^2 + \left(\frac{\partial S}{\partial c}\right)^2 m_c^2 \rho^2 + \left(\frac{\partial S}{\partial \gamma}\right)^2 m_\gamma^2 \tag{8-58}$$

将上列各偏导数值代入，则

$$m_S^2 = \left(\rho\frac{\sin\gamma}{c}\right)^2 (m_a^2 + m_b^2 + m_c^2) + (\tan\alpha \cdot \tan\beta)^2 m_\gamma^2 \tag{8-59}$$

上式等号右边第一项为量边误差对内三角和的影响，第二项为测角误差的影响。在延伸形三角形中，$\tan\alpha$ 及 $\tan\beta$ 都近似等于零。三内角和不能检查测角 γ 的正确性，也不能检查量边的正确性，但可以检查计算的正确性。

三、两井定向误差分析

两井定向也和一井定向一样，是由投点、井上连接和井下连接 3 个部分组成。因此，井下连接导线某一边方位角的总误差为

$$M_{\alpha_0} = \pm\sqrt{m_上^2 + m_下^2 + \theta^2}$$

式中 θ 为投向误差，因两垂球线间的距离 c 加大，投向误差对定向精度的影响就不像一井定向那样起主要作用了。

《煤矿测量规程》规定，两井两次独立定向所计算的井下定向边的坐标方位角之差，不应超过 $\pm1'$。则一次定向的中误差为

$$M_{\alpha_0} = \pm\frac{60''}{2\sqrt{2}} = \pm21.2''$$

若忽略投向误差 θ，且取地上地下连接误差大致相同，则

$$m_上 = m_下 = \pm\frac{21.2''}{\sqrt{2}} = \pm15''$$

下面分别研究井上、下连接误差 $m_上$ 和 $m_下$ 的估算方法。

（一）地面连接误差

两井定向时，井下连接导线某一边的方位角是按下式计算的：

$$\alpha_i = \alpha_{AB} - \alpha'_{AB} + \alpha'_i \tag{8-60}$$

式中　α_{AB}——两垂球线的连线在地面坐标系统中的方位角；

　　　α'_{AB}——两垂球线的连线在井下假定坐标系统中的方位角；

　　　α'_i——该边在假定坐标系统中的假定方位角。

式（8-60）中仅方位角 α_{AB} 与地面连接有关，故地面连接误差 $m_{上} = m_{\alpha_{AB}}$。

两井定向的地面连接，根据两井距离的远近，可以采取两种不同的方案。现分述其连接误差如下。

1. 由一个近井点向两垂球线敷设连接导线方案的误差

如图 8-12 所示，地面连接误差包括由近井点 T 到结点 II 和由结点 II 到两垂球线 A、B 所设两部分导线的误差。为了研究方便起见，假定一坐标系统：AB 为 y 轴，垂直于 AB 方向线为 x 轴。则

$$m_{上} = m_{\alpha_{AB}} = \pm \sqrt{\frac{\rho^2}{c^2}(m_{x_A}^2 + m_{x_B}^2) + nm_\beta^2} \tag{8-61}$$

式中　　c——两垂球线间的距离；

　　　m_{x_A}——由结点到垂球线 A 间所测设的支导线误差所引起的 A 点在 x 轴方向上的位置误差；

　　　m_{x_B}——由结点到垂球线 B 间所测设的支导线误差所引起的 B 点在 x 轴方向上的位置误差；

　　　n——由近井点到结点间的导线测角数；

　　　m_β——由近井点到结点间导线的测角误差。

其中　　　　　$m_{x_A} = \pm \sqrt{m_{x_{A\beta}}^2 + m_{x_{Ai}}^2}$　　　　$m_{x_B} = \pm \sqrt{m_{x_{B\beta}}^2 + m_{x_{Bi}}^2}$

$$m_{x_{A\beta}} = \pm \frac{m_\beta}{\rho} \sqrt{\sum_{II}^{A} R_{yAi}^2} \qquad m_{x_{Ai}} = \pm \sqrt{\sum_{II}^{A} m_{l_i}^2 \sin^2 \varphi_i}$$

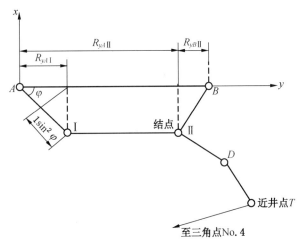

图 8-12　一个近井点的两井定向地面连接

$$m_{x_{B\beta}} = \pm \frac{m_\beta}{\rho} \sqrt{\sum_{\mathrm{II}}^B R_{y_{Bi}}^2} \qquad m_{x_{Bi}} = \pm \sqrt{\sum_{\mathrm{II}}^B m_{li}^2 \sin^2 \varphi_i}$$

式中　$R_{y_{Ai}}$——由结点到垂球线 A 间的导线上各点到 A 的距离在 AB 线上的投影；

　　　　$R_{y_{Bi}}$——由结点到垂球线 B 间的导线上各点到 B 的距离在 AB 线上的投影；

　　　　φ_i——导线各边与 AB 连线间的夹角。

2. 分别由两个近井点向相应的两垂球线连接方案的误差

如图 8-13 所示，同样假定 AB 为 y 轴，垂直于 AB 的方向为 x 轴。则方位角 α_{AB} 的误差用下式计算：

$$m_{上} = m_{\alpha_{AB}} = \pm \frac{\rho}{c} \sqrt{m_{x_A}^2 + m_{x_B}^2} \tag{8-62}$$

其中

$$m_{x_A}^2 = m_{x_{\alpha_{01}}}^2 + m_{x_S}^2 + \frac{m_\beta^2}{\rho^2} \sum_S^A R_{y_{Ai}}^2 + \sum_S^A m_l^2 \sin^2 \varphi_i$$

$$m_{x_B}^2 = m_{x_{\alpha_{02}}}^2 + m_{x_T}^2 + \frac{m_\beta^2}{\rho^2} \sum_T^B R_{y_{Bi}}^2 + \sum_T^B m_l^2 \sin^2 \varphi_i$$

式中　$m_{x_{\alpha_{01}}}$、$m_{x_{\alpha_{02}}}$——近井点 S 和 T 处的起始方位角中误差所引起的 A、B 垂球线在 x 轴上的误差；

　　　　m_{x_S}、m_{x_T}——近井点 S 和 T 的 x 坐标误差，可按相对点位误差椭圆来求算。

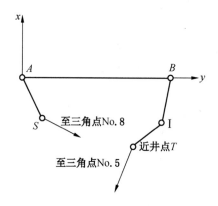

图 8-13　两个近井点的两井定向地面连接

（二）井下连接误差

图 8-14 所示的井下连接导线图，共测了 $n-1$ 个角和 n 个边。井下连接误差是由井下导线的测角误差 m_β 和量边误差 m_l 所引起的。即

$$m_{下}^2 = m_{\alpha_1}^2 = m_{\alpha_\beta}^2 + m_{\alpha_l}^2 \tag{8-63}$$

式中　m_{α_β}、m_{α_l}——测角和量边误差所引起的井下导线某边的方位角误差。

1. 由井下导线测量误差所引起的连接误差

$$m_{\alpha_\beta}^2 = \left(\frac{\partial \alpha}{\partial \beta_1}\right)^2 m_{\beta_1}^2 + \left(\frac{\partial \alpha}{\partial \beta_2}\right)^2 m_{\beta_2}^2 + \cdots + \left(\frac{\partial \alpha}{\partial \beta_{n-1}}\right)^2 m_{\beta_{n-1}}^2 \tag{8-64}$$

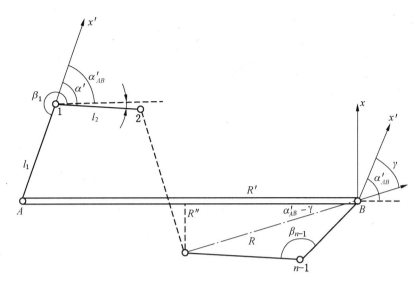

图 8-14　两井定向的井下连接导线

由式（8-60）对井下导线的角度取偏导数，得

$$\frac{\partial \alpha}{\partial \beta} = \frac{\partial \alpha_{AB}}{\partial \beta} - \frac{\partial \alpha'_{AB}}{\partial \beta} + \frac{\partial \alpha'}{\partial \beta}$$

　　因为方位角 α_{AB} 是地面连接测量所算得的，与井下测量无关，故 $\dfrac{\partial \alpha_{AB}}{\partial \beta} = 0$。因此，上式写为

$$\frac{\partial \alpha}{\partial \beta} = \frac{\partial \alpha'}{\partial \beta} - \frac{\partial \alpha'_{AB}}{\partial \beta} \tag{8-65}$$

　　由于井下导线各边的假定方位角是同由不同的角度 β 算得的，因此不同的边，其 $\dfrac{\partial \alpha'_{AB}}{\partial \beta}$ 之值不同。将偏导数代入上式，再代入式（8-64）即得不同边的连接误差公式：

$$\begin{cases} m^2_{\alpha_{2\beta}} = \dfrac{m^2_{\beta}}{c^2}\Big(R'^2_{1A} + \sum\limits_{2}^{n-1} R'^2_{\beta_i} \Big) \\[3mm] m^2_{\alpha_{3\beta}} = \dfrac{m^2_{\beta}}{c^2}\Big(\sum\limits_{1}^{2} R'^2_{A_i} + \sum\limits_{3}^{n-1} R'^2_{\beta_i} \Big) \\[3mm] m^2_{\alpha_{i\beta}} = \dfrac{m^2_{\beta}}{c^2}\Big(\sum\limits_{1}^{i-1} R'^2_{A_i} + \sum\limits_{1}^{n-1} R'^2_{\beta_i} \Big) \end{cases} \tag{8-66}$$

上式中的 R'_{A_i}（图 8-15）是由导线点 1，2，3，…，$(i-1)$ 到垂球线 A 的距离在 AB 连线上的投影，R'_{B_i} 为由导线点 i，$i+1$，…，$(n-1)$ 到垂球线 B 的距离在 AB 连线上的投影。

　　2. 由井下导线量边误差所引起的连接误差

$$m^2_{\alpha_1} = \Big(\frac{\partial \alpha}{\partial l_1}\Big)^2 \rho^2 m^2_{l_1} + \Big(\frac{\partial \alpha}{\partial l_2}\Big)^2 \rho^2 m^2_{l_2} + \cdots + \Big(\frac{\partial \alpha}{\partial l_n}\Big)^2 \rho^2 m^2_{l_n} \tag{8-67}$$

因

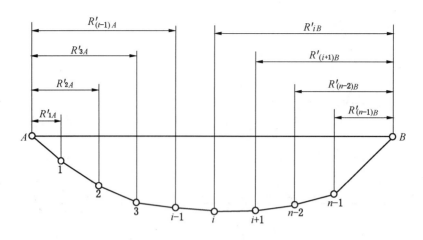

图 8-15　由测角误差引起井下导线边坐标方位角误差的简化计算

$$\alpha = \alpha_{AB} - \alpha'_{AB} + \alpha'$$

则

$$\frac{\partial \alpha'}{\partial l} = \frac{\partial \alpha_{AB}}{\partial l} - \frac{\partial \alpha'_{AB}}{\partial l} + \frac{\partial \alpha'}{\partial l}$$

由于 α_{AB} 及 α' 均与井下量边无关，因此

$$\frac{\partial \alpha}{\partial l} = - \frac{\partial \alpha'_{AB}}{\partial l}$$

将各偏导数代入式（8-67）中，得

$$m_{\alpha_i}^2 = \frac{\rho^2}{c^2}(\sin^2\varphi_1 m_{l_1}^2 + \sin^2\varphi_2 m_{l_2}^2 + \cdots + \sin^2\varphi_n m_{l_n}^2)$$

$$= \frac{\rho^2}{c^2}\sum_1^n \sin^2\varphi_i m_{l_i}^2$$

$$m_{\alpha_i} = \pm\frac{\rho}{c}\sqrt{\sum_1^n \sin^2\varphi_i m_{l_i}^2} \tag{8-68}$$

上式即为计算井下导线量边误差而引起的任一边方位角的误差公式。

3. 由井下导线测角、量边误差所引起的各边连接总误差

（1）第一边的井下连接误差。

$$m_{\alpha_1} = \pm\sqrt{m_{1\beta}^2 + m_{\alpha_l}^2}$$

（2）其他各边的井下连接误差。其他各边可类推，第 i 边则为

$$m_{\alpha_i} = \pm\sqrt{m_{i\beta}^2 + m_{\alpha_l}} \tag{8-69}$$

（三）井上下两垂球间距离的容许差值

在两井定向中，两垂球线之间的距离是由坐标反算得来的。根据地面连接所算得的距离 c 同井下连接按原定坐标系所算得的距离 c' 加上改正数 $\frac{H}{R}c$ 后，在理论上应该相等。

但由于投点误差和井上下连接误差的影响，两者不可能相等，其差值为 $f_0 = c - \left(c' + \frac{H}{R}c\right)$。

考虑到投点误差的影响很小，可忽略不计，故可把 f_0 看作是由井上、下连接误差所引起的。将连接导线看作始点为 A、终点为 B 的支导线，根据前边的分析，并按《煤矿测量规程》要求，取两倍中误差作为容许误差。则

$$f_0 \leq \pm 2 \sqrt{\frac{m_{\beta_{\text{下}}}^2}{\rho^2} \sum R_{\text{下}(\perp AB)_i}^2 + \sum m_{l_i}^2 \cos^2 \varphi_{i_{\text{下}}}} \tag{8-70}$$

关于两井定向的平差，即差值 f_0 的分配问题，通常用近似平差法解决。

四、陀螺定向误差分析

陀螺经纬仪的定向精度主要以陀螺方位角一次测定中误差 m_{T} 和一次定向中误差 m_α 表示。

（一）陀螺方位角一次测定中误差

在待定边进行陀螺定向前，陀螺仪需在地面已知坐标方位角边上测定仪器常数 Δ。按《煤矿测量规程》规定，前后共需测 6 次，这样就可按白塞尔公式来求算陀螺方位角一次测定中误差，即仪器常数一次测定中误差（简称一次测定中误差）。

$$m_\Delta = m_{\text{T}} = \pm \sqrt{\frac{[vv]}{n-1}} \tag{8-71}$$

式中　n——测定仪器常数的次数。

则测定仪器常数平均值的中误差为

$$m_{\Delta_{\text{平}}} = m_{\text{T}_{\text{平}}} = \pm \frac{m_{\text{T}}}{\sqrt{n}} \tag{8-72}$$

（二）一次定向中误差

地下陀螺定向边（即待定边）的坐标方位角为

$$\alpha = \alpha'_{\text{T}} + \Delta_{\text{平}} - \gamma$$

式中　α'_{T}——地下陀螺定向边的陀螺方位角；

$\quad\quad \Delta_{\text{平}}$——仪器常数平均值；

$\quad\quad \gamma$——地下陀螺定向边仪器安置点的子午线收敛角。

根据误差传播定律，一次定向中误差可按下式计算：

$$m_\alpha = \pm \sqrt{m_{\Delta_{\text{平}}}^2 + m'^2_{\text{T}_{\text{平}}} + m_\gamma^2}$$

式中　$m_{\Delta_{\text{平}}}$——仪器常数平均值中误差；

$\quad\quad m'_{\text{T}_{\text{平}}}$——待定边陀螺方位角平均值中误差；

$\quad\quad m_\gamma$——确定子午线收敛角的中误差。

因确定子午线收敛角的误差 m_γ 较小，可忽略不计，故上式可写为

$$m_\alpha = \pm \sqrt{m_{\Delta_{\text{平}}}^2 + m'^2_{\text{T}_{\text{平}}}} \tag{8-73}$$

当按《煤矿测量规程》要求，陀螺经纬仪定向的观测顺序按 3（测前地面测定仪器常数次数）、3（井下测定定向边陀螺方位角次数）、3（测后地面测定仪器常数次数）操作时，此时因地下只有一条定向边或定向边极少，且观测陀螺方位角的次数又少（3 次），则地下陀螺方位角一次测定中误差可采用近似方法计算。因地面地下都采用同一台仪器，

使用同一种观测方法，一般都由同一观测者操作，则可认为地上地下一次测定陀螺方位角的条件大致相同，所以可取 $m'_\text{T} = m'_\Delta$。此时，一次定向中误差为

$$m_\alpha = \pm \sqrt{m_{\Delta\Psi}^2 + m'^2_{\text{T}\Psi}} = \pm \sqrt{\frac{m_\Delta^2}{6} + \frac{m_\Delta^2}{3}} = \pm 0.707 m_\Delta \qquad (8\text{-}74)$$

【例 8-1】　在某地铁 3 号线陀螺定向，利用 BTJ-5 陀螺全站仪采用 3-3-3 的观测方式。地面上，在 T3082-YWSO 测线上进行仪器常数测定，在地下测量 Y11 中-YX10 陀螺方位角，观测数据见下表，请评定未知边 Y11 中-YX10 的方位角精度。

　　解　（1）地面陀螺方位角平均值为 332°58′32″。

　　（2）改正数为 2″、-6″、-4″、0″、3″、5″。

　　（3）一次测定陀螺常数的中误差为

$$m_\Delta = \pm \sqrt{\frac{[vv]}{n-1}} = \pm 4.2″$$

　　（4）仪器常数平均值的中误差为

$$m_{\Delta\Psi} = \pm \frac{m_\Delta}{\sqrt{n}} = \pm 1.7″$$

　　（5）未知边 Y11 中-YX10 的方位角中误差。

　　地下未知边陀螺方位角平均值为 57°19′08″，改正数为 1″、0″、-2″。

$$m_\alpha = \pm \sqrt{m_{\Delta\Psi}^2 + m_{\text{T}\Psi}^2} = \pm \sqrt{\frac{m_\Delta^2}{6} + \frac{m_\text{T}^2}{3}} = \sqrt{1.7^2 + \frac{\dfrac{1^2 + (-2)^2 + 0^2}{3-1}}{3}} = \pm 1.9″$$

测　　　线	陀螺方位角/(°　′　″)
T3082-YWSO	332 58 30
	332 58 38
	332 58 36
	332 58 32
	332 58 29
	332 58 27
Y11 中-YX10	57 19 07
	57 19 08
	57 19 10

　　（三）陀螺经纬仪一次测定方位角的中误差分析

　　如前所述，陀螺经纬仪的测量精度，以陀螺方位角一次测定中误差表示。不同的定向方法，其误差来源也有差异。这里以跟踪逆转点法和中天法为例进行分析。

　　1. 跟踪逆转点法定向时误差分析

　　按跟踪逆转点法进行陀螺定向时，主要误差来源有：①经纬仪测定测线方向的误差；

②上架式陀螺仪与经纬仪的连接误差；③悬挂带零位变动误差；④灵敏部摆动平衡位置的变动误差；⑤外界条件，如风流、气温及摆动等因素的影响。

2. 中天法定向时误差分析

用中天法定向时的主要误差来源有：①经纬仪测定测线方向误差；②陀螺仪与经纬仪的连接误差；③悬挂带零位变动误差和摆动平衡位置的变动误差；④中天时间的测定误差和摆幅的离散误差；⑤外界条件的影响。

第四节　贯通测量方案设计及误差预计

一、贯通测量方案设计

（一）贯通测量设计书的编制

贯通工程，尤其是重要的贯通工程，关系到整个工程的设计、建设与生产，所以必须认真对待。测量人员应在重要贯通工程施测之前，编制好贯通测量设计书。特别重要的贯通测量设计书要报主管部门审批。

编制贯通测量设计书的主要任务是选择合理的测量方案和测量方法，以保证正确贯通。设计书可参照下列提纲编制：

（1）贯通工程概况。包括巷道贯通工程的目的、任务和要求，巷道贯通允许偏差值的确定，比例尺不小于 1∶2000 的贯通工程图。

（2）贯通测量方案的选定。地面控制测量、联系测量及地下控制测量，包括起算数据的情况。

（3）贯通测量方法。包括采用的仪器、测量方法及其限差。

（4）贯通测量误差预计。绘制比例尺不小于 1∶2000 的贯通测量设计平面图，在图上绘出与工程有关的巷道和地上、地下测量控制点；确定测量误差参数，并进行误差预计，预计误差采用中误差的两倍，它应小于规定的容许偏差。

（5）贯通测量成本预计。包括所需工时数、仪器折旧和材料消耗等成本概算。

（6）贯通测量中存在的问题和采取的措施。

贯通测量误差预计，就是按照所选择的测量方案和测量方法，应用最小二乘法及误差传播定律，对贯通精度的一种估算。它是预计贯通实际偏差最大可能出现的限度，而不预计贯通实际偏差的大小，因此，误差预计只有概率上的意义。其目的是优化测量方案与选择适当的测量方法，做到对贯通心中有数。在满足地下工程要求的前提下，既不因精度太低而造成工程损失，影响正常功能，也不盲目追求高精度而增加测量成本或工作量。贯通误差预计分为一井内巷道贯通测量误差预计、两井间巷道贯通测量误差预计、竖（立）井贯通测量误差预计。

（二）贯通测量方法的选择

1. 初步确定贯通测量方案

在接受贯通测量任务之后，首先应向贯通工程的设计和施工部门了解有关贯通工程的设计、部署、工程限差要求和贯通相遇点的位置等情况，并检核设计部门提供的图纸资料。还要收集与贯通测量有关的测量资料，抄录必要的测量起始数据，并确认其可靠性和精度。绘制贯通测量设计平面图，并在图上绘出与工程有关的巷道和地上地下测量控制点、导线点、水准点等，为测量设计做好准备工作。然后就可以根据实际情况拟订出可供选择的测量方案。在开始时可能有几个方案，如地面平面控制是采用 GNSS 网、测角网、测边网，还是导线网？平面联系测量采用几何定向（两井定向或一井定向），还是采用陀螺定向？如果贯通距离较长，则在地下导线中加测几条陀螺定向边，加测在什么位置等。经过对几种方案的对比，根据误差大小、技术条件、工作量和成本大小、作业环境好坏等进行综合考虑，结合以往的实际经验，初步确定一个较优的贯通测量方案。

2. 选择合适的测量方法

测量方案初步确定后，选用什么仪器和采用哪种测量方法，规定多大的限差，采取哪些检核措施，都要逐个确定下来。这步工作是和误差预计相配合进行的，常常有反复的过程。通常是根据生产单位现有的仪器和常用的测量方法，凭以往的经验先确定一种，反复经过误差预计，最后才能确定下来。对于大型重要贯通，有必要时也可以考虑向上级单位求助，或者通过谈判、竞标、招标等方式，借助有资质的第三方来完成。不管采用何种方式，都要进行两次独立测量，并把最终成果互相对比检核，确保贯通精度满足要求。

3. 进行贯通误差预计

根据所选择的测量仪器和测量方法，确定各种误差参数。这些参数原则上应尽量采用以往积累和分析得到的实际数据。如果缺乏足够的实测资料时，可采用有关测量规程中提供的数据或比照同类条件的其他测量单位的资料。当然，也可采用理论公式来估算各项误差参数。以上 3 种方法可以结合使用、互相对比，从而确定出最理想的误差参数。

依据初步选定的贯通测量方案和各项误差参数，就可估算出各项测量误差引起的贯通相遇点在贯通重要方向上的误差。通过误差预计，不但能求出贯通的总预计误差的大小，而且还可以知道哪些测量环节是主要误差来源，以便在修改测量方案与测量方法时有所侧重，并在将来实测过程中给予充分重视。

4. 贯通测量方案和测量方法的最终确定

将估算所得的贯通预计误差与设计要求的容许偏差进行比较，当前者小于后者时，则初步确定的测量方案和测量方法认为是可行的；当前者大于后者时，则应调整测量方案与测量方法，如增加观测的测回数或加测陀螺定向边等，然后再进行估算，通过逐步趋近的方法，直到符合精度要求为止。当然，若预计的精度过高也是不合适的，这样将会增加测量成本、劳动强度和测绘工作量。应当指出，在确有困难的情况下，可以要求在施工中采取某些特殊技术措施或改变贯通相遇点位置。

通过以上 4 个步骤，按照测量方案最优、测量方法合理、预计误差小于容许偏差的原则，把测量方案与方法最终确定下来，编写出完整详细的贯通测量设计书，作为施测的依据。

二、贯通误差预计

（一）一井内巷道贯通测量误差预计

一井内巷道贯通时只需要进行井下导线和高程测量，不需要进行地面连测和联系测量等工作，其贯通误差预计仅仅估算井下导线测量和高程测量在贯通点处重要方向上误差的大小。

1. 贯通相遇点 K 在水平重要方向 x' 上的误差预计

如图 8-16 所示，贯通测量误差就是从贯通点 K 开始，沿上、下平巷和一、二号下山布设导线，并测回到 K 点所引起的测量误差。巷道在贯通前只是一条支导线，因此，水平重要方向上的贯通误差就是预计支导线终点在水平重要方向 x' 上的误差 $M_{x'_K}$ 的大小。

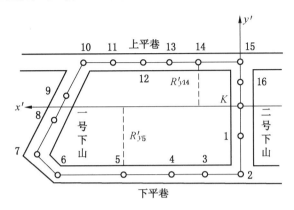

图 8-16 一井内巷道贯通测量误差预计图

（1）由导线测角误差引起的 K 点在 x' 方向上的误差大小为

$$M_{x'_\beta} = \frac{m_\beta}{\rho} \sqrt{\sum_1^n R_{y'_i}^2}$$

式中 m_β——井下导线测角中误差；

$R_{y'_i}$——K 点与导线点的连线在 y' 轴方向上的投影长度，可以从设计图上量取；

n——导线点数。

（2）由导线量边误差引起的 K 点在 x' 方向上的误差大小为

$$M_{x'_l} = \pm \sqrt{\sum_1^n m_{l_i}^2 \cos^2 \alpha'_i}$$

式中 m_{l_i}——井下光电测距的量边误差，一般按仪器标称精度计算；

α'_i——导线各边与 x' 轴的夹角；

n——导线边数。

（3）K 点在 x' 方向上的预计中误差为

$$M_{x'_K} = \pm \sqrt{M_{x'_\beta}^2 + M_{x'_l}^2}$$

若导线独立观测 n 次，则可计算 n 次算术平均值的中误差为

$$M_{x'_{K平}} = \frac{M_{x'_K}}{\sqrt{n}}$$

（4）取两倍中误差作为 K 点在 x' 方向上的预计中误差，则有

$$M_{x'_{K预}} = 2M_{x'_{K平}}$$

2. 贯通相遇点在竖直方向上的误差预计

一井内贯通测量在竖直方向上的误差，是由上、下平巷中的水准测量和一、二号下山中的三角高程测量误差引起的，可按水准测量和三角高程测量的误差计算公式分别计算，

然后求得其误差累计的总和。

（1）水准测量引起的 K 点高程误差。按每千米水准路线的高差中误差估算：

$$M_{H_水} = m\sqrt{R}$$

式中　m——每1 km 水准测量观测高差中误差，可按有关测量规程或按以往实测资料分析取得；

R——水准路线总长度，km。

（2）三角高程测量引起的高差中误差为

$$M_{H_三} = m_s\sqrt{L}$$

式中　m_s——每1 km 三角高程测量观测高差中误差，可按有关测量规程或按以往实测资料取得；

L——三角高程测量路线总长度，km。

（3）K 点在竖直方向上的预计中误差为

$$M_{H_K} = \pm\sqrt{M_{H_三}^2 + M_{H_经}^2}$$

若独立观测 n 次，则可以计算 n 次算术平均值的中误差为

$$M_{H_{K平}} = \frac{M_{H_K}}{\sqrt{n}}$$

（4）取两倍的中误差作为 K 点在竖直方向上的预计误差，则有

$$M_{H_预} = 2M_{H_{K平}}$$

【例8-2】　如图8-16所示，为贯通二号下山，已知上、下平巷总长为1200 m，两个下山的长度均为380 m，设计采用30″导线进行井下平面控制测量，高程控制测量时，平巷内采用水准测量，斜巷内采用三角高程测量，控制测量均独立进行两次。量边用标称精度为（2 mm+2×D mm）的测距仪进行，各项误差参数没有以往实测资料和经验积累，试分别预计 K 点在水平重要方向和竖直方向上的贯通误差。

解　因为没有以往实测资料和经验积累，误差参数选用《煤矿测量规程》的规定，$m_{公里水} = \pm17.1$ mm，$m_{公里三} = \pm50$ mm，$m_\beta = \pm30″$。

作1：2000的贯通测量设计图（图8-16），在图上分别量取 $R_{y_i'}$、l_i 和 α_i'，计算 $m_{l_i}^2\cos^2\alpha_i'$，然后累加求和得

$$\sum_1^n R_{y_i'}^2 = 453600 \text{ m}^2$$

$$\sum_1^n m_{l_i}^2\cos^2\alpha_i' = 0.000841 \text{ m}^2$$

导线测角引起的误差为

$$M_{x_\beta'} = \frac{m_\beta}{\rho}\sqrt{\sum_1^n R_{y_i'}^2} = \pm\frac{30}{206265}\times\sqrt{453600} = \pm0.098 \text{ m}$$

导线量边引起的误差为

$$M_{x_{l_i}'} = \pm\sqrt{\sum_1^n m_{l_i}^2\cos^2\alpha_i'} = \pm\sqrt{0.000841} = \pm0.029 \text{ m}$$

K 点在 x' 方向上的预计中误差为

$$M_{x'_K} = \pm \sqrt{M_{x'_B}^2 + M_{x'_l}^2} = \pm \sqrt{0.098^2 + 0.029^2} = \pm 0.102 \text{ m}$$

因独立测量两次，则两次算术平均值的中误差为

$$M_{x'_{K\text{平}}} = \frac{M_{x'_K}}{\sqrt{2}} = \pm \frac{0.102}{\sqrt{2}} = \times 0.072 \text{ m}$$

取两倍的中误差作为 K 点在 x' 方向上的预计误差

$$M_{x'_{K\text{预}}} = 2M_{x'_{K\text{平}}} = \pm 0.144 \text{ m}$$

有关规程规定通过允许误差为±0.3 m，本例的贯通点在水平重要方向上的预计误差远远小于贯通允许误差，而且可以看出测角误差引起的贯通误差是最主要的。因此，如果误差超限，则应重点考虑提高角度测量的精度。

水准测量的中误差为

$$M_{H_{\text{水}}} = m\sqrt{R} = \pm 17.7 \times \sqrt{1.2} = \pm 19.4 \text{ mm}$$

三角高程测量引起的高差中误差可以按下式进行估算：

$$M_{H_{\text{三}}} = m_s\sqrt{L} = \pm 50 \times \sqrt{0.76} = \pm 43.6 \text{ mm}$$

K 点在 x' 方向上的预计中误差为

$$M_{H_K} = \pm \sqrt{M_{H_{\text{三}}}^2 + M_{H_{\text{经}}}^2} = \pm \sqrt{19.4^2 + 43.6^2} = \pm 47.7 \text{ mm}$$

因独立测量两次，则可以计算两次算术平均值的中误差为

$$M_{H_{K\text{平}}} = \frac{M_{H_K}}{\sqrt{n}} = \pm \frac{47.7}{\sqrt{2}} = \pm 33.7 \text{ mm}$$

取两倍的中误差作为 K 点在竖直方向上的预计贯通误差：

$$M_{H_{\text{预}}} = 2M_{H_{K\text{平}}} = \pm 2 \times 33.7 = \pm 67.4 \text{ mm}$$

由本例可以看出，有关规程所规定的在竖直方向的容许误差为±0.2 m 的要求，是很容易达到的。

（二）两井间巷道贯通测量误差预计

两井间的巷道贯通时，除进行井下导线测量和井下高程测量之外，还必须进行地面控制测量和联系测量。所以在进行贯通测量误差预计时，要考虑地面测量误差、联系测量误差及井下测量误差的综合影响。

1. 贯通相遇点 K 在水平重要方向 x' 上的误差预计

贯通相遇点 K 在水平重要方向上的误差来源包括地面平面控制测量误差、联系测量中的定向测量误差和井下平面控制测量误差，下面分别讨论这些误差影响的预计方法。

1）地面平面控制测量误差引起的 K 点在重要方向 x' 上的贯通误差

两井间地面连测的平面控制测量有 GNSS 控制、导线控制和三角网（测角网、测边网和边角网）等方法。目前，主要采用 GNSS 和导线测量方案。

（1）地面采用 GNSS 控制的贯通误差。

采用 GNSS 用于两井间巷道贯通测量时，可选用 E 级网或 D 级网精度来测设井口附近的近井点，而且两近井点之间应尽量通视。如图 8-17 所示，A、B 为两井的近井点，中点 K 为贯通相遇点，这时由于地面 GNSS 测量误差所引起的 K 点在 x' 方向上的贯通误差可按

下式估算：

$$M_{x'_{\perp}} = \pm M_{S_{AB}} \cos\alpha'_{AB} \tag{8-75}$$

式中　　$M_{S_{AB}}$——近井点 A 和 B 直接的边长中误差，按 $M_{S_{AB}} = \pm\sqrt{a^2 + (bS)^2}$ 计算；

　　　　a——固定误差，对于 D 级及 E 级 GNSS 网，$a \leqslant 10$ mm；

　　　　b——比例误差系数，D 级 GNSS 网，$b \leqslant 10\times10^{-6}$；E 级 GNSS 网，$b \leqslant 20\times10^{-6}$；

　　　　α'_{AB}——两近井点连线与贯通重要方向 x' 轴之间的夹角。

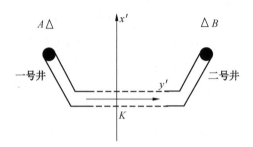

图 8-17　GNSS 测量近井点图

　　从式（8-75）可以看出，地面控制测量采用 GNSS 方案时，施测简单方便，误差预计计算简单。采用此方案时，应尽量使两近井点 A 与 B 之间互相通视。这样，在由近井点 A 向一号井井口施测连接导线时，可以用近井点 B 作为后视点，同样由近井点 B 向二号井井口施测连接导线时，也可以用近井点 A 作为后视点，从而消除了起始边（A-B）的坐标方位角中误差对于贯通的影响。

　　（2）地面采用导线方案时的贯通误差。

　　如图 8-18 所示，当井上地面控制采用导线测量时，地面导线测量误差引起的 K 点在 x' 方向上的误差预计方法，与井下导线测量的误差预计方法基本相同，在此不再赘述。

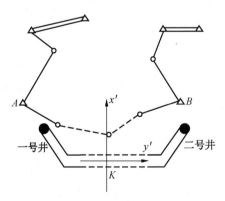

图 8-18　导线布网图

　　一般情况下，应当在地面两井口近井点之间布设闭合导线或附合导线，这时在进行地面闭合导线或附合导线的严密平差时，应当同时评定出近井点 A 与近井点 B 两点之间在 x' 方向上的相对点位中误差和两条近井点后视边坐标方位角之间的相对中误差，然后按下式计算出地面导线测量误差对于贯通的影响。即

$$M_{x'_{\pm}} = \pm \sqrt{\left(M_{x'_{AB}}\right)^2 + \frac{M_{\Delta\alpha}^2}{\rho^2} \times \left(\frac{R_{y'_A}^2 + R_{y'_B}^2}{2}\right)} \qquad (8\text{-}76)$$

式中　　　$M_{x'_{AB}}$——两个近井点 A 与 B 在 x' 方向上的相对点位中误差；

$\quad\quad\quad M_{\Delta\alpha}$——两条近井点后视边坐标方位角之间的相对中误差；

$\quad R_{y'_A}$、$R_{y'_B}$——近井点 A 和 B 与 K 点连线在 y' 轴上的投影长。

2）定向测量引起的 K 点在 x' 方向上的贯通误差

联系测量包括定向测量和导入高程。其目的是把地面点的坐标、方位及高程传递到井下去。其中定向测量不论采用几何定向或陀螺定向，其测量的误差都集中反映在井下导线起始边的坐标方位角误差上。所以，定向测量误差引起的 K 点在 x' 方向上的误差为

$$M_{x'_0} = \frac{m_{\alpha_0}}{\rho} R_{y'_0} \qquad (8\text{-}77)$$

式中　　m_{α_0}——定向测量误差，即由定向引起的井下导线起始边坐标方位角误差；

$\quad\quad R_{y'_0}$——井下导线起始点与 K 点连线在 x' 方向上的投影长度，如图 8-19 中所示的 $R_{y'_{01}}$ 和 $R_{y'_{02}}$。

应当注意，两个立井的定向测量误差所引起的 K 点在 x' 方向上的误差 $M_{x'_{01}}$ 和 $M_{x'_{02}}$ 应分别求出。定向过程中所积累的井下导线起始点的坐标误差值很小，一般可以忽略不计。

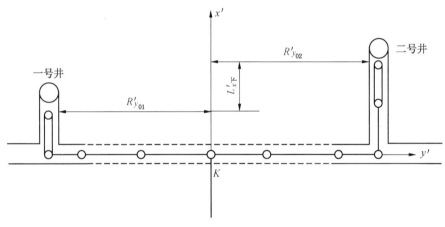

图 8-19　定向测量误差图

3）井下导线测量引起的 K 点在 x' 方向上的误差

井下导线测角和量边误差引起的 K 点在 x' 方向上的误差 $M_{y'_{B\text{下}}}$ 和 $M_{x'_{l\text{下}}}$ 的预计公式与一井内巷道贯通误差公式相同。如果井上、下采用同一台测距仪测量边长，可认为量边系统误差相同。

当采用平硐或斜井开拓时，可以把平硐或斜井中的导线与井下导线一起进行误差预计。

4）各项误差引起的 K 点在 x' 方向上的总误差

由地面测量误差、定向测量误差和井下导线测量误差所引起的 K 点在 x' 方向上的总中误差为

$$M_{x_K'} = \pm \sqrt{M_{x_{\perp}'}^2 + M_{x_{01}'}^2 + M_{x_{02}'}^2 + M_{x_{\beta_{\top}}'}^2 + M_{x_{\perp}'}^2}$$ (8-78)

若各项测量均独立进行 n 次，则平均值的中误差为

$$M_{x_{K_{\text{平}}}'}^2 = \frac{M_{x_K'}^2}{\sqrt{n}}$$ (8-79)

最后可得 K 点在 x' 方向上的预计贯通误差为

$$M_{x_{\text{预}}'} = 2M_{x_{K_{\text{平}}}'}$$ (8-80)

2. 贯通相遇点 K 在高程上的误差预计

两井间巷道贯通相遇点 K 在高程上的误差来源包括地面水准测量误差、导入高程误差、井下水准测量和三角高程测量误差。

1）地面水准测量误差

地面水准测量引起的高程误差 $M_{H_{\perp}}$ 的估算公式为

$$M_{H_{\perp}} = m_{\text{公里}} \sqrt{L}$$ (8-81)

或

$$M_{H_{\perp}} = m_{\text{站}} \sqrt{n}$$ (8-82)

式中　$m_{\text{公里}}$——地面水准测量每 1 km 长度的高差观测中误差；

　　　$m_{\text{站}}$——地面水准测量每测站观测高差中误差，可以认为是水准尺读数误差；

　　　n——地面水准测量的测站数；

　　　L——地面水准路线的长度，km。

当缺乏大量实测资料无法求得 $m_{\text{公里}}$ 时，可以按有关规程中规定的限差进行反算求得。如规程中规定地面水准测量测段往返测高差互差的限差为 $20\sqrt{L}$ mm，则取 $L = 1$ km 时，得 1 km（每 1 km）往返测高差互差的限差为 20 mm；如果认为限差是中误差的 2 倍，则有每 1 km 往返测观测高差的中误差为 10 mm，那么一次测量每 1 km 观测高差中误差为 $m_{\text{公里}} = \pm \dfrac{10}{\sqrt{2}} = \pm 7.07$ mm。

2）导入高程误差

当缺乏大量实测资料无法求得导入高程中误差时，也可以按《煤矿测量规程》中规定的两次独立导入高程的容许互差来反算求得一次导入高程的中误差。规程中规定：两次独立导入高程的互差不得超过井筒深度 h 的 $1/8000$，则一次导入高程的中误差为

$$M_{H_0} = \pm \frac{h}{8000} \cdot \frac{1}{2\sqrt{2}}$$ (8-83)

两井定向时，两个立井的导入高程中误差 $M_{H_{01}}$ 和 $M_{H_{02}}$ 应分别计算。

当矿井用平硐或斜井开拓时，可将平硐中的水准测量或斜井中的三角高程测量与井下水准测量或三角高程测量一起来进行误差预计。

3）井下水准测量和三角高程测量误差引起的 K 点在高程上的贯通误差

$M_{H_{\top}}$ 的估算方法与一井内巷道贯通时相同，这里不再重述。

4）各项误差引起的 K 点在高程上的总误差

由地面水准测量误差、导入高程误差和井下高程测量误差所引起的 K 点在高程上的总

中误差为

$$M_{H_K} = \pm \sqrt{M_{H_上}^2 + M_{H_{01}}^2 + M_{H_{02}}^2 + M_{H_下}^2}$$ (8-84)

若各项测量均独立进行 n 次，则算术平均值的中误差为

$$M_{H_平} = \frac{M_{H_K}}{\sqrt{n}}$$ (8-85)

若取两倍中误差作为预计误差，则 K 点在高程上的贯通预计误差为

$$M_{H_预} = 2M_{H_平}$$ (8-86)

3. 两井间巷道贯通误差预计实例

如图 8-20 所示，某煤矿需要在主、副井与风井之间贯通回风上山，工程要求水平重要方向 x' 上的容许偏差为 0.5 m，竖直方向上的容许偏差为 0.2 m。图中粗线条为地面控制导线，细线条为井下控制导线，K 点为贯通相遇点，主、副井定向采用两井定向，风井采用一井定向，三角形法连接。主、副井两井定向独立进行 2 次，风井的一井定向独立进行 3 次。井下导线测量平均边长 200 m，按 5″导线测设。风井与主、副井之间的地面水准测量按四等水准要求施测，往返独立观测。导入高程采用长钢尺法。导入高程独立进行两次，互差不得超过井深的 1/8000。井下高程测量平巷中采用水准测量往返观测，斜巷中三角高程测量与导线同时施测，以上高程测量均独立进行两次。

1）误差预计基本误差参数的确定

由于该矿区过去积累了较多的实测资料，因此，像测角中误差、量边误差、定向误差等大部分观测量的误差参数均根据以前的实测资料分析求得。少部分误差参数（如地面水准和导入高程等）根据《煤矿测量规程》中的限差规定反算求得。

（1）地面导线的测角中误差：$m_{\beta_上} = \pm 4.8''$。

（2）地面量边误差：导线平均边长 200 m，按本单位全站仪的测距标称精度取 $m_{l_上} = 0.005 + 5 \times 10^{-6} D = 0.005 + 5 \times 10^{-6} \times 200 = \pm 0.006$ m $= \pm 6$ mm。

（3）联系测量：一井定向一次定向中误差 $m_{\alpha_0} = \pm 32''$，两井定向一次定向中误差 $m_{\alpha_0} = \pm 16''$。

（4）井下导线测角误差：$m_{\beta_下} = \pm 5.6''$。

（5）井下导线量边误差：按导线平均边长 70 m，根据仪器的标称精度取 $m_{l_下} = 0.005 + 5 \times 10^{-6} \times 70 = \pm 5.4$ mm。

（6）地面水准测量误差：按规程限差反算四等水准测量每 1 km 的高差中误差：

$$m_{公里_上} = \pm \frac{20}{2\sqrt{2}} = \pm 7 \text{ mm}$$

（7）导入高程误差：一次导入高程的中误差 $m_{H_D} = \pm 0.018$ m（井深在 100～450 m 之间）。

（8）井下水准测量误差：每 1 km 的高差中误差 $m_{公里_下} = \pm 15$ mm。

（9）井下三角高程测量误差：每 1 km 的高差中误差 $m_{公里_三} = \pm 32$ mm。

2）贯通测量误差预计

绘制一张比例尺不小于 1:2000 的误差预计图，其形式如图 8-20 所示（限于篇幅此图为缩小后的示意图）。在图上根据设计和生产部门共同商定的贯通点位置绘出 K 点，过

K 点作 x' 轴和 y' 轴，并在图上标出设计的导线点位置。

（1）贯通相遇点 K 在水平重要方向 x' 上的误差。

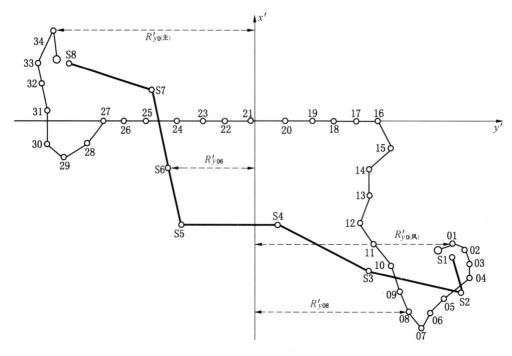

图 8-20　两井贯通误差预计图

①地面导线测量误差引起的 K 点在 x' 方向上的误差。

测角误差引起的 K 点在 x' 方向上的误差：

$$M_{x'_{\beta\pm}} = \frac{m_{\beta\pm}}{\rho} \sqrt{\sum_1^n R_{y'_i}^2} = \pm \frac{4.8}{206265} \times \sqrt{2280000} = \pm 0.036 \text{ m}$$

其中 $R_{y'_i}$ 从设计图上直接量取。

量边误差引起的 K 点在 x' 方向上的误差：

$$M_{x'_{l\pm}} = \pm \sqrt{\sum_1^n m_{l\pm}^2 \cos^2\alpha'_i} = \pm 0.014 \text{ m}$$

其中 $m_{l\pm} = \pm 6$ mm，α' 是地面各导线边与 x' 轴方向的夹角。

②定向误差引起的 K 点在 x' 方向上的误差。

主、副两井独立两次定向平均值的误差所引起 K 点的误差：

$$M_{x'_{0\pm}} = \frac{1}{\sqrt{2}} \frac{m_{\alpha_0}}{\rho} R_{y'_{0\pm}} = \frac{\pm 16}{\sqrt{2} \times 206265} \times 788 = \pm 0.043 \text{ m}$$

风井一井独立三次定向平均值的误差引起 K 点的误差

$$M_{x'_{0\text{风}}} = \frac{1}{\sqrt{3}} \frac{m_{\alpha_0}}{\rho} R_{y'_{0\text{风}}} = \frac{\pm 32}{\sqrt{3} \times 206265} \times 650 = \pm 0.058 \text{ m}$$

其中 $R_{y'_{0\pm}}$、$R_{y'_{0\text{风}}}$ 从设计图上直接量取。

③井下导线测量误差引起的 K 点在 x' 方向上的误差。

井下测角误差引起的 K 点的误差（角度独立测量两次）：

$$M_{x'_{\beta下}} = \frac{1}{\sqrt{2}} \frac{m_{\beta下}}{\rho} \sqrt{\sum_1^n R_{y'_i}^2} = \frac{\pm 5.6}{\sqrt{2} \times 206265} \times \sqrt{15270000} = \pm 0.075 \text{ m}$$

其中 $R_{y'_i}$ 根据井下导线从设计图上直接量取。

井下量边误差引起的 K 点的误差（井下边长独立测量两次）：

$$M_{x'_{下}} = \pm \frac{1}{2} \sqrt{\sum_1^n m_{l_下}^2 \cos^2 \alpha'_i} = \pm 0.018 \text{ m}$$

其中 $m_{l_下} = \pm 5.4$ mm，α'_i 是井下各导线边与 x' 轴方向的夹角。

④贯通在水平重要方向 x' 上的总中误差。

$$M_{x'_K} = \pm \sqrt{M_{x'_{\beta上}}^2 + M_{x'_{上}}^2 + M_{x'_{0主}}^2 + M_{x'_{0风}}^2 + M_{x'_{\beta下}}^2 + M_{x'_{下}}^2}$$

$$= \pm \sqrt{0.036^2 + 0.014^2 + 0.043^2 + 0.058^2 + 0.075^2 + 0.018^2} = \pm 0.1125 \text{ m}$$

⑤贯通在水平重要方向 x' 上的预计误差（取 2 倍的中误差）。

$$M_{x预} = 2M_{x'_K} = \pm 0.225 \text{ m}$$

（2）贯通相遇点 K 在高程上的预算误差。

①地面水准测量引起的 K 点高程误差。即

$$M_{H_上} = m_{公里上} \sqrt{L} = \pm 0.007 \times \sqrt{1.5} = \pm 0.009 \text{ m}$$

②导入高程引起的 K 点高程误差。即

$$M_{H_{0主}} = M_{H_{0风}} = \pm 0.018 \text{ m}$$

③井下水准高程引起的 K 点高程误差。即

$$M_{H_水} = m_{公里下} \sqrt{R} = \pm 0.015 \times \sqrt{1.16} = \pm 0.016 \text{ m}$$

④井下三角高程测量引起的 K 点高程误差。即

$$M_{H_三} = m_{公里三} \sqrt{L} = \pm 0.032 \times \sqrt{1.13} = \pm 0.034 \text{ m}$$

⑤贯通在高程上的总中误差（以上各项高程测量均独立进行两次）。即

$$M_{H_{K平}} = \pm \frac{1}{\sqrt{2}} \sqrt{M_{H_上}^2 + M_{H_{0主}}^2 + M_{H_{0风}}^2 + M_{H_{下水}}^2 + M_{H_{下三}}^2}$$

$$= \pm \frac{1}{\sqrt{2}} \sqrt{0.009^2 + 0.018^2 + 0.018^2 + 0.016^2 + 0.034^2} = \pm 0.033 \text{ m}$$

⑥贯通在高程上的误差。即

$$M_{H预} = 2M_{H_{K平}} = \pm 0.066 \text{ m}$$

从误差预计结果可知：在水平重要方向上和高程方向上均未超过容许偏差，说明选定的测量方案和测量方法满足贯通精度要求。通过误差预计可以看出，在引起水平重要方向上的贯通误差的诸多因素中，井下测角误差及风井一井定向误差是最主要的误差来源。而高程预计误差仅为 ±0.066 m，远远小于容许的贯通高程偏差值，说明目前的高程测量仪器及方法所达到的技术水平已足以满足大型贯通测量的精度要求。

（三）竖（立）井贯通测量误差预计

立井贯通时，测量工作的主要任务是保证井筒上、下两个掘进工作而上所标定出的井

筒中心位于一条铅垂线上，贯通的偏差为上、下两个工作面上井筒中心的相对偏差，而竖直方向在立井贯通中属于次要方向，无须进行误差预计。

实际工作中，一般是分别预计井筒中心在提升中心线方向（作为假定的 y' 方向）和与它垂直的方向（作为假定的 x' 方向）上的误差，然后再求出井筒中心的平面位置误差。当然，也可以直接预计井筒中心的平面位置误差。

对于从地面和井下相向开凿的立井贯通（图 8-21），需要进行地面测量、联系测量和井下测量。这些测量误差所引起的贯通相遇点（井筒中心）的误差，其预计方法与前面讨论的预计方法基本相同，只是必须同时预计 x' 和 y' 两个方向上的误差，并按下式求出平面位置中误差：

$$M_{中} = \pm \sqrt{M_{x'}^2 + M_{y'}^2} \tag{8-87}$$

立井延深贯通时，贯通点的平面位置误差只受井下导线测量误差的影响，所以可按下式直接预计相遇点的平面位置中误差：

$$M_{中} = \pm \sqrt{\frac{m_\beta^2}{\rho^2} \sum R_i^2 + \sum m_{l_i}^2} \tag{8-88}$$

式中　　R_i——导线各点与井中连线的水平投影长度；

l_i——导线各边边长。

当采用通过辅助下山和辅助平巷在原井筒下部的保护岩柱（或人造保护盖）下进行井筒延深时，由于这时多为井筒全断面掘进，甚至要求将下部新延深的井筒中的罐梁罐道全部安装好后再打开保护岩柱，所以对井中标设精度要求很高，尽管这时的导线距离不长，一般也需要进行误差预计。下面通过一个实例来说明井筒延深时贯通的误差预计方法。

【例 8-3】　某矿立井延深工程如图 8-21 所示，在预留的 6 m 保护岩柱下进行施工。要求在下部新掘进的井筒中预先安装罐梁罐道，破岩柱后上、下罐道准确连接，罐道连接时在 x' 和 y' 方向上的容许偏差预定为 10 mm，即井筒中心位置的容许偏差为 $10\sqrt{2}$ mm = 14 mm。

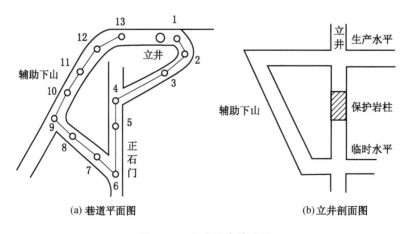

(a) 巷道平面图　　　　　　　　　(b) 立井剖面图

图 8-21　立井延伸贯通图

采用的测量方案和测量方法：根据井巷具体情况，从立井井底车场内的 1 点经正石

198

门、绕道、辅助下山至临时水平的 13 号点测设光电测距导线，共计 13 个导线点，全长 346 m。其中 1 号点用以测定立井井底原有井筒中心的坐标，13 号点用以标定保护岩柱下立井井筒延深部分的井筒中心位置。导线先后独立施测 3 次，两次对中，每次对中一个测回测角，测回间互差小于 10″，量边往、返各两个测回，测回间互差不大 10 mm；往返测互差不大于边长的 1/1000。

解 首先绘制一张比例尺为 1∶1000 的误差预计图（图 8-21）。导线测量误差参数参照仪器标称精度及实测数据分析取 $m_\beta = \pm5''$，$m_l = \pm3$ mm，考虑到导线测量共独立施测 3 次，取其平均值作为标定井筒中心的依据，则井中的预计误差为

$$M_{预} = \pm2\sqrt{\frac{1}{3}\left(\frac{m_\beta^2}{\rho^2}\sum R_i^2 + \sum m_{l_i}^2\right)} = \pm12.6 \text{ mm}$$

（四）加测陀螺边后水平重要方向贯通误差预计

当贯通巷道距离较长时，由于测角、量边误差随测量导线距离的变长积累得越来越大，直接影响贯通巷道的质量。因此，在实际工作中，通常要在井下导线中加测一些高精度的陀螺定向边，以提高井下平面控制的精度。下面将讨论井下经纬仪导线加测一定数量的陀螺边后，巷道贯通误差预计的方法。

1. 井下导线加测陀螺边后导线终点 K 的误差估算公式

图 8-22 所示的井下经纬仪导线，共加测 N 条陀螺边，它们将整条导线分成了 N 段，其中最后一段 $B—K$ 为支导线。各段导线的重心为 O_1，O_{II}，…，O_N，重心坐标按下式计算：

$$x_{O_j} = \frac{\sum_{i=1}^{n_j} x_i}{n_j} \qquad y_{O_j} = \frac{\sum_{i=1}^{n_j} y_i}{n_j} \qquad (j = \text{I}，\text{II}，\cdots，N) \tag{8-89}$$

式中 n_j——各导线段的导线点数。

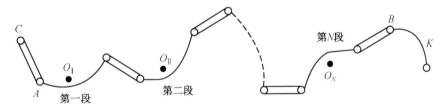

图 8-22 加测陀螺边导线图

（1）由井下导线测角误差引起的 K 点的贯通误差。

$$M_{x_K'_\beta}^2 = \frac{m_\beta^2}{\rho^2}\{[\eta_i^2]_1 + [\eta_i^2]_{II} + \cdots + [\eta_i^2]_N + [R_{y_i'}^2]_B^K\} \tag{8-90}$$

式中 η_i——各段导线点至本段导线重心连线在 y' 轴上的投影长度；

R_{y_i}——由 B 至 K 的支导线上各导线点与 K 点连线在 y' 轴上的投影长度。

（2）由导线测边误差引起的 K 点的贯通误差。

$$M_{x_{K_i}'} = \pm\sqrt{\sum_1^n m_{l_i}^2 \cos^2\alpha_i'} \tag{8-91}$$

式中各符号的意义同前。

（3）由陀螺定向误差引起的贯通误差。

$$M_{x'_{K_O}}^2 = \frac{m_{\alpha_0}^2}{\rho^2}(y'_A - y'_{O_1})^2 + \frac{m_{\alpha_1}^2}{\rho^2}(y'_{O_1} - y'_{O_{II}})^2 + \cdots +$$

$$\frac{m_{\alpha_{N-1}}^2}{\rho^2}(y'_{O_{N-1}} - y'_{O_N})^2 + \frac{m_{\alpha_N}^2}{\rho^2}(y'_K - y'_{O_N})^2 \qquad (8-92)$$

式中 m_{α_i}——陀螺边的定向误差。

2. 加测陀螺边后—井内贯通误差预计

如图 8-23 所示，在贯通导线 K—E—A—B—C—D—F—K 中加测了 3 条陀螺定向边 α_I、α_{II}、α_{III}，将导线分成 4 段，其中 A—B 和 C—D 两段是两端附合在陀螺定向边上的附合导线，相应导线段的重心分别为 O_I、O_{II}，而 E—K 和 F—K 均为支导线，导线独立观测两次。

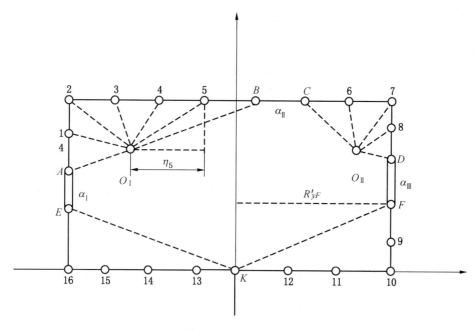

图 8-23　加测陀螺边—井贯通误差预计

根据上述公式可以求出 K 点在水平重要方向上的贯通预计误差为

$$M_{x'_{K\beta}}^2 = \frac{m_\beta^2}{2\rho^2}\{[\eta_i^2]_A^B + [\eta_i^2]_C^D + [R_{y_i}^2]_E^K + [R_{y_i}^2]_F^K\}$$

$$M_{x'_{K_l}}^2 = \frac{1}{2}\sum m_{l_i}^2 \cos^2\alpha_i'$$

$$M_{x'_{K_O}}^2 = \frac{m_{\alpha_I}^2}{\rho^2}(y'_K - y'_{O_I})^2 + \frac{m_{\alpha_{II}}^2}{\rho^2}(y'_{O_I} - y'_{O_{II}})^2 + \frac{m_{\alpha_{III}}^2}{\rho^2}(y'_{O_{II}} - y'_K)^2$$

则 K 点的贯通总中误差为

$$M_{x'_K}^2 = M_{x'_{K\beta}}^2 + M_{x'_{Kl}}^2 + M_{x'_{KO}}^2$$

贯通相遇点 K 在水平重要方向上的预计误差取两倍的中误差,有

$$M_{x\text{预}} = 2M_{x'_K}$$

3. 加测陀螺定向边后两井定向贯通误差预计

如图 8-24 所示,地面平面控制从近井点 P 向一号井和二号井间布设两条支导线,测角中误差为 $m_{\beta_{\text{上}}}$,量边误差为 $m_{l_{\text{上}}}$,井下加测 5 条陀螺定向边,图中用双线表示。5 条边的定向误差均为 m_{α_0},井下导线被分为 $A—E$、$E—M$、$M—K$ 和 $B—C$、$C—N$、$N—K$ 6 段,其中 $M—K$、$B—C$、$N—K$ 3 段为支导线,其余为方向附合导线。井下导线独立观测两次,测角中误差为 $m_{\beta_{\text{下}}}$,量边误差为 $m_{l_{\text{下}}}$。在两井中各挂一条钢丝以传递平面坐标。

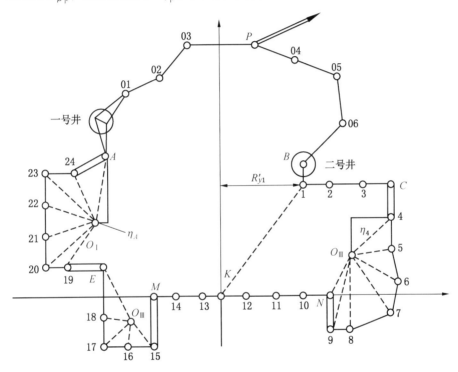

图 8-24 加测陀螺边两井贯通误差预计

贯通相遇点 K 在水平重要方向上的误差预计如下。

(1) 地面导线测量引起的 K 点在 x' 方向上的误差。

$$M_{x'_{\text{上}}}^2 = \frac{m_{\beta_{\text{上}}}^2}{2\rho^2}\Big(\sum_P^A R_{y'_i}^2 + \sum_P^B R_{y'_i}^2\Big) + \frac{1}{2}\Big(\sum_P^A m_{l_{\text{上}}}^2 \cos^2\alpha'_i + \sum_P^B m_{l_{\text{上}}}^2 \cos^2\alpha'_i\Big)$$

式中 $R_{y'_i}$——地面导线各点与井下导线起始点 A 和 B(可视为近井导线的终点)的连线。

(2) 由陀螺定向误差引起的 K 点在 x' 方向上的误差。

$$M_{x'_0}^2 = \frac{m_{\alpha_0}^2}{\rho^2}\{(y'_{24} - y'_{O_1})^2 + (y'_{O_1} - y'_{O_{\text{II}}})^2 + (y'_{O_{\text{II}}} - y'_{O_k})^2 + (y'_{O_{\text{III}}} - y'_B)^2 + (y'_{O_{\text{III}}} - y'_K)^2\}$$

(3) 由井下测角误差引起的 K 点在 x' 方向上的误差。

$$M_{x'_{\beta_{\text{下}}}}^2 = \frac{m_{\beta_{\text{下}}}^2}{2\rho^2}\{[\eta_i^2]_{\text{I}} + [\eta_i^2]_{\text{II}} + [\eta_i^2]_{\text{III}} + [R_{y'_i}^2]_M^K + [R_{y'_i}^2]_N^K + [R_{y'_i}^2]_C^B\}$$

（4）由井下量边误差引起的 K 点在 x' 方向上的误差。

$$M_{x'_{K下}} = \pm \sqrt{\sum_1^n m_{l_{下}}^2 \cos^2 \alpha'}$$

（5）K 点在 x' 方向上的总误差。

$$M_{x'_K} = \pm \sqrt{M_{x'_{上}}^2 + M_{x'_o}^2 + M_{x'_{\beta下}}^2 + M_{x'_{l下}}^2}$$

（6）贯通点 K 点在 x' 方向上的预计误差。

$$M_{x'_{测}} = 2 M_{x'_K}$$

以上计算应根据井下导线加测陀螺边的数目多少，灵活应用计算公式。

第五节　贯通实测资料精度分析评定与总结

一、贯通实测资料的精度分析评定

贯通测量工作，尤其是一些大型重要贯通的测量工作，通常都独立进行两次甚至更多次，这样便积累了相当多的实测资料，使我们有可能对这些资料进行精度分析，以评定实测成果的精度，并为以后再进行类似贯通测量工作提供可靠的参考依据。

例如，可以由多个测站的角度两次或多次独立观测值分析评定测角精度；用多条导线边长的两次或多次独立观测结果分析评定量边精度，并将分析评定得到的数值与原贯通测量误差预计时要求的测角、量边精度进行对比，看是否达到了要求的精度。如果实测精度太低，则有必要返工重测，或采取必要措施以提高实测精度，以免对贯通工程造成无法挽回的损失。又如，可以由两次或多次独立定向成果求得一次定向中误差；由地面、井下复支导线的两次或多次复测所求得的导线最终边坐标方位角的差值和导线最终点的坐标差值来衡量导线的整体实测精度。尽管根据两次或三次成果来评定定向和导线测量的精度时，由于数据较少，评定出的结果不十分可靠，但也在一定程度上客观地反映了实测成果的质量，有利于我们在贯通测量的施测过程中及时了解和掌握各个测量环节，而不是直到贯通工程结束后才一次性地核对最后的实际贯通值差。

二、贯通测量技术总结编写提要

贯通测量技术总结是一项重要的工作，重大贯通工程结束后，除了测定实际贯通偏差、进行精度评定外，还应编写相应的贯通测量技术总结，连同贯通测量设计书和全部内业资料一起存档保管。

下面简要列出贯通测量技术总结的编写提要：

（1）贯通工程概况。贯通巷道的用途、长度以及贯通相遇点的确定。

（2）贯通测量工作情况。参加测量的单位、人员；完成的测量工作量及完成日期；测量所依据的技术设计和有关规范；测量工作的实际支出决算，包括人员工时效、仪器折旧费和材料消耗费等。

（3）地面控制测量，包括平面控制测量和高程控制测量。平面控制网的图形；测量时间和单位，观测方法和精度要求，观测成果的精度评定；近井点的测设及其精度评定。

（4）联系测量。定向及导入高程的方法；所采用的仪器，定向及导入高程的实际精度。

（5）地下控制测量。贯通导线施测情况及实测精度的评定；导线中加测陀螺定向边的条数、位置及实测精度；井下高程控制测量情况及其精度；原设计的测量方案的实施情况及对其可行性的评价，曾做了哪些变动及变动的原因说明。

（6）贯通精度。贯通工程的容许偏差值；贯通的预计误差，贯通巷道正常使用的影响程度。

（7）对本次贯通测量工作的综合评述。

（8）全部贯通测量工作明细表及附图。

习　题

1. 简述评定井下测角误差的方法及优缺点。

2. 简述评定井下量边误差的方法及优缺点。

3. 简述评定井下水准测量误差的方法。

4. 试根据理论分析阐述支导线终点位置误差的相对精度与哪些因素有关。

5. 采用三角形法一井定向时，根据误差理论简述最有利形状。

6. 如图所示：已知支导线起始边 $\overline{AB}$ 的方位角 $\alpha = 90°$，其中误差为 $m_\alpha = \pm 20''$，各边的边长均为 50 m，测距仪器的标称精度为 $2+2×D$ mm，测角中误差为 $m'_\beta = \pm 10''$，当不考虑起始点 B 的点位误差影响时，求 K 点在 Y 坐标轴方向的中误差 m_{yk}，计算取至 0.001 m。

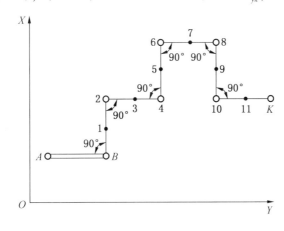

参 考 文 献

［1］周立吾，张国良，林家聪．矿山测量学（第一分册）：生产矿井测量［M］．徐州：中国矿业大学出版社，1987．

［2］田個俊，陈汉华．矿山测量学（第二分册）：矿区建设施工测量［M］．徐州：中国矿业大学出版社，1988．

［3］中国统配煤矿总公司生产局．煤矿测量手册（上、下册）［M］．修订本．北京：煤炭工业出版社，1990．

［4］中华人民共和国能源部．煤矿测量规程［M］．北京：煤炭工业出版社，1989．

［5］张国良，朱家钰，顾和和．矿山测量学［M］．徐州：中国矿业大学出版社，2019．

［6］郑文华，魏峰远，吉长东，等．地下工程测量［M］．北京：煤炭工业出版社，2007．

［7］李聚方．工程测量［M］．北京：测绘出版社，2013．

［8］侯建国，王腾军．变形监测理论与应用［M］．北京：测绘出版社，2008．

［9］中华人民共和国住房和城乡建设部．城市轨道交通工程测量规范：GB/T 50308—2017［M］．北京：中国建筑工业出版社，2017．

［10］中华人民共和国住房和城乡建设部．工程测量规范：GB 50026—2020［M］．北京：中国计划出版社，2021．

［11］中华人民共和国住房和城乡建设部．建筑物变形测量规范：JGJ 8—2016［M］．北京：中国建筑工业出版社，2016．

图书在版编目（CIP）数据

地下工程测量学／齐修东主编 . --北京：应急管理出
版社，2024

煤炭高等教育"十四五"规划教材

ISBN 978-7-5237-0075-4

Ⅰ.①地… Ⅱ.①齐… Ⅲ.①地下工程测量—高等学
校—教材 Ⅳ.①TU198

中国国家版本馆 CIP 数据核字（2023）第 228514 号

地下工程测量学（煤炭高等教育"十四五"规划教材）

主　　编	齐修东
责任编辑	郭玉娟
责任校对	张艳蕾
封面设计	罗针盘

出版发行　应急管理出版社（北京市朝阳区芍药居 35 号　100029）
电　　话　010-84657898（总编室）　　010-84657880（读者服务部）
网　　址　www.cciph.com.cn
印　　刷　河北鹏远艺兴科技有限公司
经　　销　全国新华书店

开　　本　787mm×1092mm$\frac{1}{16}$　印张　13$\frac{1}{4}$　字数　310 千字
版　　次　2024 年 2 月第 1 版　2024 年 2 月第 1 次印刷
社内编号　20231172　　　　　　定价　39.00 元